全国高职高专园林类专业“十二五”规划教材

园林植物栽培与养护

主　编　庞丽萍　苏小惠

副主编　张清丽　朱永兴　杜兴臣

黄河水利出版社

·郑州·

内容提要

全书共分园林植物资源调查与选配、园林植物栽植技术、园林植物的整形修剪、园林植物养护管理、各类园林植物的养护管理、教学实习实训6个项目、42个任务。通过6个项目的实施，园林植物栽培与养护的知识和技能有机融合，学生能更好地掌握知识、学习技能。本书打破了传统教材的体系，以项目教学、任务驱动突出应用性、实用性和操作性，以培养学生的园林植物栽培与养护技能为主来组织教学内容，体现了高职教育的特点。

本书可以作为高职高专园林、园艺、林学等专业学生的教材，也可以作为园林绿化工作者的参考用书。

图书在版编目(CIP)数据

园林植物栽培与养护/庞丽萍，苏小惠主编. —郑州：黄河水利出版社，2012.4 (2014.4 重印)
全国高职高专园林类专业"十二五"规划教材
ISBN 978-7-5509-0224-4

Ⅰ.①园… Ⅱ.①庞… ②苏… Ⅲ.①园林植物-观赏园艺-高等职业教育-教材 Ⅳ.①S688

中国版本图书馆CIP数据核字(2012)第051930号

策划编辑：李洪良 韩美琴 电话：0371-66026352 E-mail：hongliang0013@163.com

出 版 社：黄河水利出版社
地址：河南省郑州市顺河路黄委会综合楼14层 邮政编码：450003
发行单位：黄河水利出版社
发行部电话：0371-66026940、66020550、66028024、66022620(传真)
E-mail：hhslcbs@126.com
承印单位：河南地质彩色印刷厂
开本：787 mm×1 092 mm 1/16
印张：16.75
字数：387千字 印数：3 101—6 100
版次：2012年4月第1版 印次：2014年4月第2次印刷

定价：30.00元

全国高职高专园林类专业“十二五”规划教材

编审委员会

参编院校

湖北生态工程职业技术学院
黑龙江林业职业技术学院
信阳农林学院
长沙环境保护职业技术学院
黑龙江农垦科技职业学院
商丘职业技术学院
泰山职业技术学院
湖北城市建设职业技术学院
山东农业工程学院
河南质量工程职业学院
佛山科学技术学院
河南农业职业学院
杭州万向职业技术学院
哈尔滨铁道职业学院
山东东营职业学院
河南林业职业学院
甘肃林业职业技术学院
辽宁农业职业技术学院
河南牧业经济学院
黑龙江生物科技职业学院
周口职业技术学院
潍坊职业学院
黑龙江农业经济职业学院
衡水学院
山东水利职业学院
河南科技学院
许昌职业技术学院
哈尔滨理工大学
哈尔滨商业大学广厦学院
山东日照职业技术学院

出版说明

近年来，随着社会的进步和人们生活水平的提高，人类对生存环境的质量要求越来越高，园林作为生态环境建设的重要组成部分和提高人类生存环境质量的重要凭借手段，越来越受到环境决策者和建设者的重视，特别是在城市，生态园林建设已成为解决社会快速发展所带来的环境问题的主要方式之一，因而以服务和改造室内外环境为基本内容的园林专业也随之迅速发展，新观念、新技术不断涌现，社会对园林工程专业高素质技能型人才的要求也不断提高。

为了配合全国高职高专园林类专业的教学改革与教材建设规划，按照国家对高职高专园林专业人才培养目标定位和市场对园林专业人才生态知识及实践技能的要求，在对现有园林工程专业教材出版情况进行深入调研并充分征求了各课程主讲老师意见的基础上，我社组织出版了这套"全国高职高专园林类专业'十二五'规划教材"。教材的编写立足于高起点、出精品，本着知识传授与能力培养并重的原则，以培养园林高级专业技术人才为目标，着重加强职业教育的技能培养特色，重点突出实验、实训教学环节。

本系列教材的编写和出版得到了全国20多所园林类高职高专院校的大力支持，我们特别邀请了多所高等院校相关专业的老师对稿件进行了严格审查把关。正是由于他们的辛勤工作和无私奉献，才使得这些教材能够在最短的时间内付梓印刷，并有效保证了教材的整体水平和质量。在此，对推进此次教材编写与出版工作的各院校领导、参编和审稿的老师表示衷心的感谢和诚挚的敬意。

诚然，人才的培养需要教育者长期坚持不懈的努力，好的教材也需要经过时间的考证和实践的检验。希望各院校在使用这些教材的过程中提出改进意见与建议，以便再版时不断修改和完善。

黄河水利出版社

前　言

随着中国经济的持续快速增长和城市化进程的不断加快，改善生态环境、提高人居质量、发展城乡一体化的城市绿化，正成为我国城市建设的主旋律，园林工作者们竞相为城市营造一道绿色的“生态屏障”。这使园林植物栽培与养护在园林绿化中占有更加重要的位置，需要的专业人才越来越多，发展空间极大。

园林植物栽培与养护是一门综合性、应用性很强的课程，是园林专业的一门主要专业课。本教材的编写以为社会主义现代化建设培养高素质技能型专门人才为培养目标，打破了传统的教材体系，采用项目教学、任务驱动来组织教材体系，着力体现“重应用、重技术、重技能、重现场”的教学目标。按照植物资源调查与选配、园林植物栽植技术、园林植物的整形修剪、园林植物养护管理、各类园林植物的养护管理及教学实习，遵循学生认知及职业能力培养的基本规律，以园林植物栽培与养护真实工作任务及工作过程为依据整合、序化教学内容，使其符合学生的认知规律，激发学生的学习兴趣。通过相关知识、知识拓展的学习来完成理论教学任务，通过提出任务、任务分析、任务实施来完成技能培养，通过任务考核、思考与练习和实习实训来检验教学效果。

本教材由庞丽萍任第一主编，苏小惠任第二主编，张清丽、朱永兴、杜兴臣任副主编，庞丽萍负责全书统稿，编写分工如下：

项目一（任务一～任务四）、项目六（任务一）由河南农业职业学院朱永兴编写；

项目二（任务一～任务四）、项目三（任务一～任务七）、项目四（任务一、任务七）、项目六（任务二～任务四、任务七～任务十一）由黑龙江林业职业技术学院庞丽萍编写；

项目二（任务五～任务八）、项目四（任务二）、项目六（任务五～任务六）由甘肃林业职业技术学院苏小惠编写；

项目四（任务三～任务六）、项目六（任务十二）由黑龙江农业经济职业学院杜兴臣编写；

项目五（任务一～任务四）由黑龙江生物科技职业学院张清丽编写。

由于编者水平有限，书中不妥之处在所难免，望广大师生、读者提出宝贵意见。

作　者

2012 年 1 月

目　录

项目一　园林植物资源调查与选配

任务一　园林绿化应用中植物类型调查

一、教学目标

(1)了解当地园林绿化应用中的植物类型。

(2)会制订本地区园林植物类型调查方案。

二、任务提出

以所在学校为对象,制订详细的调查方案,调查学校园林绿化使用的植物种类,统计各类型所占比例。

三、任务分析

要调查当地园林植物的种类,首先要了解园林植物的分类方法及种类,然后制订调查方案,并与当地绿化部门联系,取得翔实可靠的数据,或者实地考察,做好详细的记录,最后归类统计,计算比例。

四、相关知识

依树木在园林绿化中的主要用途可分为以下几种。

(一)独赏树类

独赏树类是指孤植于草坪、花坛中心,道路弯曲的两端、机关厂矿大门入口处、建筑物两侧,树体端庄、雄伟高大、树形优美、寿命较长、具独特风姿和特殊的观赏价值的树木。如雪松、南洋杉、银杏、樱花、凤凰木(见图1-1)、白玉兰等。

图1-1　凤凰木

(二)庭荫树类

庭荫树类主要是指能形成大片绿荫供人纳凉、休闲、消夏之用的树木。此类树木常用于居民小区、公共园林、街头绿地中,故称庭荫树(见图1-2)。一般树木高大、树形美观、树冠宽阔、枝叶茂盛、无污染物,选择时应兼顾其他观赏价值,如梧桐、国槐、玉兰、枫杨、柿树等常用做庭荫树。

图1-2　庭荫树

(三)行道树类

行道树类是指栽植在道路(如公路、园路、街道等)两侧,以遮阴、美化为目的的乔木树种(见图1-3)。由于城市街道环境条件复杂,如土壤板结、肥力差、地下管道的影响、空中电线电缆的障碍等,故对行道树种的要求也较高。一般来说,行道树应树形高大、冠幅大、枝叶茂密、枝下高较高,发芽早、落叶迟,生长迅速,寿命长,耐修剪,根系发达,不易倒伏,抗逆性强,病虫害少,无不良污染物,抗风,大苗栽植易成活。在园林实践中,完全符合要求的行道树种并不多。我国常见的有悬铃木、樟树、国槐、榕树、重阳木、女贞、毛白杨、银桦、鹅掌楸、椴树、柳树、杨树等。

(四)防护树类

防护树类主要是指能从空气中吸收有毒气体、阻滞尘埃、防风固沙、保持水土的一类树木(见图1-4)。这类树木一般在应用时多植成片林,以充分发挥其生态效益。能吸收有毒物质的树种有女贞、樱花、大叶黄杨、石榴等;能阻滞烟尘的树种有榆、朴、广玉兰、木槿等;树木含抗菌素的有侧柏、合欢、紫薇等;能降噪的树种有龙柏、梧桐、垂柳、云杉等;能防火的树种有苏铁、银杏、棕榈、榕树等。

图1-3　行道树

图1-4　防护树

(五)花灌木类

花灌木类一般是观花、观果、观叶及具其他观赏价值的灌木类的总称,这类树木在园林中应用最广。观花灌木如榆叶梅(见图1-5)、蜡梅、绣线菊等,观果灌木如火棘、金银木、华紫珠、凌霄、金银花等。

图 1–5　榆叶梅

（六）攀缘木类

攀缘木类是指供各种棚架、凉廊、围篱、墙面、拱门、台柱、树桩等垂直绿化栽植的藤本类植物（见图 1–6），主要特点是形体可随攀缘物变化。对提高绿化质量、增强造园效果、美化空间环境等具有独特的生态保护功能。如五味子、悬钩子、五叶地锦、爬山虎、常春藤、葡萄等。

图 1–6　攀缘植物

（七）绿篱类

绿篱类是指栽植在城市街道、居民小区、街头绿地、公园里用于分隔空间、屏蔽视线、衬托景物等的园林树木（见图1-7），一般要求树木枝叶密集、生长慢、耐修剪、耐密植、养护简单。按其特点又分为花篱、果篱、刺篱、叶篱、彩叶篱等，按高度可分为矮篱、中篱、高篱、绿墙等。常见的有水蜡、茶条槭、小叶丁香、金焰绣线菊、大叶黄杨、雀舌黄杨、法国冬青、侧柏、小叶女贞、九里香、马甲子、火棘等。

（八）地被类

地被类是指能覆盖地面并有一定观赏价值的低矮植物（见图1-8），包括蔓生植物、丛生植物、草甸植物、缠绕藤本植物及蕨类植物。其多以覆盖裸露地表、防止尘土飞扬、防止水土流失、减少地表辐射、增加空气湿度、美化环境为主要目的。如六月雪、雀香栀子、偃柏、铺地柏、五叶地锦、木通、常春藤、五味子、小叶黄杨、矮生黄杨、凌霄等。

图1-7　绿篱植物

图1-8　地被植物

（九）盆栽类

盆栽类主要指用于观赏及制作树桩盆景的树木（见图1-9）。要求树姿优雅、生长缓慢、枝叶细小、耐修剪、耐干旱瘠薄、易栽植、寿命长。如银杏、杜鹃花、福建茶、紫藤、含笑、小叶栀子、南天竹、罗汉松、圆柏、云杉及石榴、金橘等各类矮化果木。

图1-9　盆景

(十)室内装饰类

室内装饰类主要指那些耐阴性强、观赏价值高、常盆栽放于室内观赏的树木(见图1-10),如散尾葵、朱蕉、鹅掌柴等。木本切花类主要用于室内装饰,故也归于此类,如蜡梅、银芽柳等。

图1-10　观叶植物

五、任务实施

(一)调查地点选择

选择当地有代表性的几个地点,如学院、公园、主干道、河道护坡地、高速路入口处为调查对象。

(二)设计调查表格

可以根据调查的目的和思路自行设计调查表格,如表1-1所示。

表1-1　××市区内园林绿化植物调查表(室外)

植物类型	乡土树种		引进树种	
	树种	比例	树种	比例
行道树类				
庭荫树类				
地被类				
绿篱类				
花灌木类				
攀缘木类				
独赏树类				
盆栽类				
防护树类				

（三）制订详细的调查计划

根据有关资料制订详细的调查计划。

（四）进行实地调查

在调查地进行园林植物类型的调查。

（五）统计、计算调查结果

根据调查结果，计算出本地树种所占的比例、引进树种所占的比例，并根据不同树种的表现对本地的园林绿化树种的选择提出合理化建议。

六、评分标准

序号	考核项目	考核内容	考核标准	考核方法	得分
1	校园内绿化植物调查	不同类型绿化植物所占比例(50分)	正确识别不同类型绿化植物，准确计算不同类型绿化植物所占比例	个人考核 小组考核	
2	公园内绿化植物调查	不同类型绿化植物所占比例(50分)	正确识别不同类型绿化植物，准确计算不同类型绿化植物所占比例	个人考核 小组考核	

七、思考与练习

(1)依据树木的园林用途可以把园林树木分成哪几类？

(2)举例说明常见的木质藤本类植物又可分为哪几类。

八、知识拓展

（一）按树木的生长习性分类

(1)乔木类：树体高大，具有明显的高大主干。如毛白杨、悬铃木等。

(2)灌木类：树体矮小，无发达主干或多主干。如榆叶梅、珊瑚树、紫叶小檗、金丝桃等。

(3)匐地类：此类木本植物的干、枝均匐地向前生长。如砂地柏、平枝栒子等。

(4)藤本类：树体的干茎不能独立向上延伸，只能攀缘支撑物向上生长，树体没有固定的树形，树形依支撑物的支撑方式而定。如五叶地锦、葡萄、爬山虎、常春藤等。

（二）按树木的观赏特性分类

(1)观姿类：观赏树木的姿态。如雪松的尖塔形树冠、龙爪槐的伞形树冠等。

(2)观叶类：观赏树木的叶形或叶色。如红色叶或紫色叶有红枫、元宝槭、红叶李等，黄色叶或橙色叶有银杏、金叶榆等。

（3）观花类：观赏树木的花形、花色，闻其花香。如白兰花、海棠、月季、米兰、山杏、榆叶梅、山梅花等。

（4）观果类：果实色泽美丽，经久不落，或果形奇特、色形俱佳。如佛手、金银木、忍冬、鸡树条荚蒾、山楂、花楸等。

（5）观干类：观赏树木的枝干色或枝干形。如红瑞木、白桦等。

（三）按生态特性分类

1. 按园林树木对温度的要求分

（1）热带树种：分布区一般局限在南北回归线之间的热带，通常在 5 ℃以下即受冻害或死亡。如椰子、槟榔、可可、橡胶等。

（2）亚热带树种：主要分布在亚热带，能忍受短时间的霜雪，大多在-10 ℃即受冻害。如夹竹桃、木兰、佛肚竹、山茶、棕榈类等。

（3）温带树种：主要分布在暖温带，能适应霜雪的寒冷，但在-20 ℃以下受冻害，夏季高温会使树木生长受影响。如海棠、李、樱桃、香椿、小檗、紫藤、枸杞等。

（4）寒带树种：主要分布在寒温带至寒带，能忍受-30 ℃以下的严寒，在温热环境中易生长不良或不能生长。如落叶松、水曲柳、刺五加、白桦、黄檗、郁李等。

2. 按园林树木对光照的要求分

（1）阳性树种：需要在充足的光照下才能正常生长发育的树木。如樟子松、白桦、核桃楸、银杏、白蜡、栾树、重阳木、白玉兰、毛白杨、王棕等。

（2）阴性树种：具有一定的耐阴能力，能在较弱的光照条件下生长良好。如大叶黄杨、金银木、八角金盘、常春藤、猬实等。

（3）中性树种：介于阳性和阴性之间，比较喜光，能稍耐阴。如榆叶梅、珍珠梅、紫藤、丁香、凌霄、七叶树等。

任务二　园林绿地类型调查

一、教学目标

（1）掌握园林绿地的类型及特征。

（2）会调查不同城市园林绿地的类型。

二、任务提出

由于城市各种因素的特性和分布特点，城市的不同区域和部位具有明显差异的局部环境条件，形成了不同类型的园林绿地，应对不同地区的园林绿地类型进行一次全面调查。

三、任务分析

为了更好地进行园林植物栽培及养护，应掌握园林绿地的类型及特征，以便根据不同类型的园林绿地特点，选择适宜的园林植物，以创造出优美的绿化环境。

四、相关知识

(一)公共绿地

公共绿地指市内人们文化娱乐游憩的场所,包括文化休息公园、体育公园、儿童公园、动物园、植物园、纪念性园林、古典园林、小游园等。公共绿地光照条件较好,蒸发量及蒸腾量较大,空气湿度较高,冬夏气温偏低,土壤条件较好,适合生长的树种较多。

(二)居住区绿地

居住区绿地是居住区用地的一部分,如小公园、小游园、公共庭园、宅旁绿地、居住区道路绿地,其功能是改善居住区环境卫生和小气候、美化环境,为居民的日常休息、户外活动、体育锻炼、儿童游戏等创造良好条件。

(三)道路河道绿地

道路绿地指由市政府投资建设的、居住区道路级别以上的街道绿化用地,包括道旁绿地、交通岛绿地、立体交叉口绿地、桥头绿地、公共建筑前装饰绿地及河、湖水旁绿地。道旁绿地,是指城市道路两旁栽植乔灌木的绿地,包括道路旁停车场、加油站、公共汽车站(台)等地段绿地。交通岛绿地,是为控制车辆行驶方向和保障行人安全,在车道之间设置的高出路面的岛状设施,包括"分隔岛"、"中心岛"、"安全岛"上的绿地,一般人们不得进入。立体交叉口及桥头绿地,即城市街道立交路口、桥头绿化地带。另外,还有公路、铁路的防护绿地及对外交通站、场的附属绿地。

(四)单位附属绿地

单位附属绿地是指专属某一部门或某一单位使用的绿地,如机关、部队、团体、学校、医院、工矿企业、仓库、公共事业单位、私家庭园等绿地,不对外公开开放。工矿企业、仓库等绿地,是为了减轻有害物质对工厂及附近居民的危害,调节内部空气温度和湿度、降低噪声、防风、防火、美化环境等所建的绿地。公用事业绿地,是指停车场、水厂、污水及污物处理厂的绿地。公共建筑庭园,如机关、学校、医院、影剧院、体育馆、博物馆、展览馆、图书馆、商业服务等公共建筑旁的附属绿地。

(五)生产绿地

生产绿地是指为城市园林绿化提供苗木、花卉、种子和其他园林产品的苗圃、花圃、果园、竹园、林场,是城市绿化所需要的植物材料的生产基地,也可定期供游人观赏游览。常位于郊区,土壤和水源较好、交通方便的地段,以利于培育管理、节约开支。其光照条件好,蒸发作用强,空气湿度较大,土壤侵入体较少,污染较轻,适合生长的树种较多。

(六)防护绿地

防护绿地是指市区、郊区以隔离、卫生、安全防护等为目的的林带和绿地,主要功能是改善城市的环境、卫生条件、通风或防风、防沙,特别是夏季炎热的城市结合水系河岸形成楔形林带、透风走廊,使郊区新鲜空气吹进城区。常遇台风的城市,可建立垂直于常年风向的150~200 m宽的防风林带。另外,还有卫生防护林、防风沙林、农田防护林、水土保持林等。

(七)城市郊区风景林地

城市郊区风景林地是指充分利用大面积的自然山水森林风景、名胜古迹,配备一定的服务设施,以供人们节假日游览休息之用的绿地。如杭州西湖、无锡太湖、桂林漓江、江西庐山、山东泰山、四川峨眉山、安徽黄山、北京香山等。

五、任务实施

(一)确定调查地点

选取所在城市的不同绿地类型,组织参观、调查。

(二)材料及工具

一般包括调查记录表、皮尺、测杆、GPS 等。

(三)实施步骤

以小组为单位,每组 5~6 人,对不同类型的园林绿地进行实地调查,包括不同形式绿地所在的位置、面积、周围环境条件、绿地设施等,并填写调查记录表(见表 1-2)。对调查结果进行整理、汇总。

表 1-2　城市园林绿地类型调查记录表

调查地点		调查时间	
园林绿地类型		小组	
园林绿地面积		调查人	
园林绿地的位置			

六、评分标准

序号	考核项目	考核内容	考核标准	考核方法	得分
1	调查地园林绿地的类型	不同园林绿地类型的特征(100 分)	正确区分不同园林绿地类型,会使用仪器准确测出园林绿地面积	个人考核 小组考核	

七、思考与练习

(1)根据城市总体规划并结合城市用地分类园林绿地分为哪几类?各类的特点是什么?

(2)你对所调查城市的绿地类型及植物配置有何想法?

八、知识拓展

(一)园林绿地的概念

1. 园林

园林是指在一定地域范围内,主要由地形地貌,山、石、水、泉、植物、建筑、园路、广场、动物等要素组成,根据功能要求、自然、艺术和工程技术规律组合建造的,主要供休息、游览和文化生活、体育活动的环境优美的空间境域。园林包括各类公园、花园、动物园、植物园、森林公园、风景名胜区、自然保护区和休息疗养胜地等。

2. 绿地

凡是生长绿色植物的地块统称为绿地,既包括天然植被和人工植被,也包括观赏、游憩绿地和农林牧业生产绿地,观赏、游憩绿地又称为园林绿地。

(二)园林绿地的类型

1. 根据使用要求分

1)观赏绿地

观赏绿地对造景要求较高,强调观赏性。其造景方法多是先确定一种主体,或以主景树、花坛、风景石、水池、雕塑为中心,再配以地形起伏变化及植物的色彩与季相变化,创造出四季皆宜的优美绿化环境(见图 1-11)。

2)休憩绿地

休憩绿地在进行园林造景的同时,注重休闲空间的创造,且重点在坐享空间的处理方面(见图 1-12)。

图 1-11 观赏绿地

图 1-12 休憩绿地

3)多功能绿地

多功能绿地设有停车场、游乐场或各种专类园,在进行规划设计时,更要合理地组合各种装饰造景因素,巧妙布局,发挥整体功能(见图 1-13)。

2. 根据园林绿化风格与形式分类

1)规则式绿地

规则式绿地强调整齐、对称和均衡,有明显的中轴线,给人以庄严、雄伟、整齐、明朗和富丽堂皇的感觉，但缺乏自然美，不够含蓄（见图1-14）。

图1-13　多功能绿地

图1-14　规则式绿地

2）自然式绿地

自然式绿地以自然山水作为园林风景表现的主要题材，全园无中轴线，不讲究对称，而是以构成连续序列布局的主要导游线控制，地形起伏变化，水体轮廓自然。树木的配置以自然群落为主，注重自然景观（见图1-15）。如承德避暑山庄、苏州拙政园。

3）混合式绿地

混合式绿地综合了规则式和自然式两种形式的特点（见图1-16）。如以自然式为主的颐和园，其行宫部分佛香阁以下的建筑群是规则式，而全园是以自然式为主的。

图 1-15　自然式绿地

图 1-16　混合式绿地

3. 根据立面形式分类

1）平地式绿地

平地式绿地基本处于同一平面上，这类绿地在布局上相对较为简单，只要考虑景物平面之间的关系即可（见图 1-17）。

2）台地式绿地

台地式绿地多处于地形变化较大的地方，规划设计既要考虑到几个平面之间的相互衔接，又要考虑景物平面之间的相互关系，其观赏层次丰富，景观更具主体化与空间感（见图 1-18）。

图 1-17　平地式绿地

图 1-18　台地式绿地

任务三　园林植物选择

一、教学目标

（1）掌握园林植物选择的原则。

（2）能根据栽植地气候、环境条件、树种特性选择不同用途的园林植物。

二、任务提出

树木在系统发育过程中，经过长期的自然选择，逐步适应了自己的生存环境。长期的栽培实践和科学的研究证明，树种选择适当与否是园林绿化成败的关键之一。树种的选择满足栽培目的、适应栽植地的立地条件和当地生态环境，就能旺盛生长、正常发育，不断发挥其功能效益。如图1-19为北京市某游憩公园，整体规划设计方案已经定稿，请根据当地气候和环境条件，进行园林植物种类选择设计。

1.次入口处
2.文化广场
3.文化展览馆
4.文化长廊
5.亲水平台
6.运动草坪
7.儿童乐园
8.亲水平台
9.儿童活动广场
10.主入口
11.停车场
12.管理用房
13.游客接待区广场
14.民俗商业广场
15.亲水平台
16.密林活动区
17.密林烧烤区
18.中心码头
19.木栈道
20.林中步道
21.码头
22.田园风光带
23.农家乐
24.湿地观鸟区
25.观鸟屋
26.生态湿地
27.管理后勤处
28.湿地入口广场
29.公园入口

图1-19　规划设计图

三、任务分析

要选择适合北京地区栽植的园林绿化植物，首先要了解园林植物选择的原则，了解不同用途园林植物的特性及选择条件，根据设计要求、园林植物生态学特性、栽植地立地条件选择不同绿化类型的园林植物。

四、相关知识

北京市气候为典型的暖温带半湿润大陆性季风气候，夏季炎热多雨，冬季寒冷干燥，春、秋短促。年平均气温10～12 ℃，1月-7～-4 ℃，7月25～26 ℃。极端最低温

-27.4 ℃,极端最高温 42 ℃以上。全年无霜期 180~200 d。年平均降水量 600 mm 以上,为华北地区降水量最多的地区之一,山前迎风坡可达 700 mm 以上。降水季节分配很不均匀,全年降水的 80%集中在夏季 6、7、8 月三个月,7、8 月常有暴雨。

适宜北京市种植的园林植物有:油松、锦带花、蜡梅、大果榆、杏、云杉、天目琼花、枳椇、灯台树、梨、冷杉、香荚蒾、枸杞、苹果、杠柳、太白红杉、金银木、柿树、楸树、梅、白皮松、华北忍冬、黄檗、牡荆、花楸、华北落叶松、白榆、臭椿、槐树、紫荆、华山松、千金榆、栾树、核桃楸、黑松、黑榆、黄连木、毛泡桐、紫藤、细叶小檗、日本赤松、小叶朴、大叶朴、黄栌、刺楸、南天竹、侧柏、火炬树、锦鸡儿、十大功劳、圆柏、蒙桑、平基槭、高丽槐、山楂、杜松、柽柳、五角枫、多花栒子、海棠、牡丹、糠椴、茶条槭、七叶树、楝树、槲栎、小叶椴、黄刺玫、黄波罗、花曲柳、毛白杨、箭杆杨、银白杨、石榴、连翘、鸡爪槭、元宝槭、水蜡、小叶杨、桂香柳、白蜡、秦岭白蜡、紫槭、白桦、胡颓子、棣棠、牛奶子、马鞍树、池杉、旱柳、玉兰、木瓜、落羽杉等。

(一)园林植物选择的意义

选择合适的树种是城市园林建设的重要环节,直接关系到园林绿化的质量及其各种效应的发挥。树种选择合理,不仅可以大大提高绿化、美化效果,还可以节约建设资金投入与后期的养护管理费用。如果选择不当,树木栽植成活率低,后期生长不良,不仅影响树木观赏性的正常发挥,也起不到保护环境、维持城市生态系统平衡的作用。

园林树种的选择,一方面要考虑树种的生态学特性,另一方面要使栽培树种最大限度地满足生态与观赏效应的需要。前者是树种的适地适树,后者是树种功能的选择。

(二)园林植物选择的原则和要求

1. 适地适树

城市的生态环境与造林地相比,有很多不利于植物生长的因素存在,而且每种植物的观赏价值不同,在园林中各具用途,如何正确地选择植物造景,既创造和丰富园景,又能使植物生长发育良好、枝繁叶茂、花团锦簇是非常重要的。因此,在进行植物选择时,既要选用各层次、各色彩的乔、灌、草上下相结合,合理搭配花期,达到彩化、美化和绿化的目的,又要最能适应栽植地点的立地条件。

2. 以乡土树种为主,外来树种为辅

树种选择要充分考虑植物的地带性分布规律及特点。乡土树种最适应当地的气候及土壤条件,具有抗性强、耐旱、抗病虫害等特点,具有较高的观赏价值,也能体现地方特色,应选为城市绿化的主要树种。同时,为了丰富绿化景观,还要注意对外来种的引种驯化和试验。只要对当地生态条件比较适应,而实践证明又是适宜树种,也应积极地采用。但不能盲目引种不适于本地生长的其他地带的树种。

3. 选择抗性强的植物

抗性强是指对土壤的酸、盐、旱、涝、贫瘠等,以及对不良气候条件和烟尘、有害气体具有较强的抵抗能力。

4. 满足各种绿地的特定功能要求

如侧重庇荫要求的绿地,应选择树冠高大、枝叶茂密的植物;侧重观赏作用的绿地,应选择色、香、姿、韵俱佳的植物;侧重吸滤有害气体的绿地,应选用吸收和抗污染能力强的植物。要选择那些形态美观,在色彩、风韵、季相变化上有特色的和卫生、能净化空气的植

物，以更好地美化市容、改善环境，促进人们身体健康。

5. 具有很好的观赏价值，兼顾一定的经济价值

园林结合生产的树种适合于综合利用，既要符合园林功能要求，便于栽培管理，又可获得适当比例的木材、果品、药材、油料、香料等产品。

6. 速生树和慢生树相结合

一般速生树易衰老、寿命短，慢生树见效慢，但寿命较长。只有合理地搭配，才能达到近期与远期相结合的目的，做到有计划地、分期分批地使慢生树取代速生树。

7. 重视选择基调树种与骨干树种

基调树种是在城市中分布广、数量大的少数几种树，其品种数视城市绿地规模而定，一般小型城市基调树种3~5种。骨干树种是城市各类园林绿地中常用的、种类多、数量少的一些主要树种。

8. 制定合理的主要树种比例

（1）乔木与灌木的比例：以乔木为主，一般占70%以上。

（2）落叶与常绿的比例：落叶树由于年复一年的落叶，对有害气体和灰尘的抵抗能力强，所以在北方以落叶树为主。一般落叶树占60%左右，常绿树占40%左右。在南方应注意选择适生的落叶树种，加大其比例，以丰富季相色彩。

（3）大力发展草坪植物及地被植物：城市绿地中除乔、灌木及花卉外，还要加大地被植物的配置，做到"黄土不见天"，使城市绿化提高到一个新的水平。

9. 根据功能选择树种

在功能不同的场所，如体育场与儿童活动区周围不能选带钩刺的植物，如玫瑰、黄刺玫等，防止意外刺伤事故。生产精密仪器的工厂绿化时应少用或不用杨、柳、悬铃木等，因为这些树种的种子细小，或带有纤细的绒毛，在晴朗有风的天气会漫天飞舞，难以控制，飞入车间后影响产品的精密度，应选栽樟子松、雪松、薄壳山核桃、水杉及池杉等。此外，应选择苗木来源较多、栽培技术可行、成本不太高的树种。

（三）园林植物的适地适树

1. 适地适树的概念

适地适树是使栽植树种（或品种）的生态学特性与栽植地的立地条件相适应，即选择合适的树种以适应场地自然条件的种植。适地适树是充分发挥土地和树种的潜力，使园林树木的生长发育达到当前经济技术条件下最高水平的基础。

2. 适地适树的途径

途径一：对应选择。即为特定立地条件选择与其相适应的园林植物或者为特定植物选择能满足其要求的立地。前者为选树适地，是绿地设计与植物栽培中最常见的；后者为选地适树，是偶尔得到某些栽植材料时所采用的，是最简单也是最可靠的方法。

途径二：改地适树。即当栽植地段的立地条件有某些不适合所选植物的生态学特性时，采取适当的措施如整地、换土、灌溉、排水、施肥、遮阴、覆盖等加以改善，使之适合于树木生长。适合用于小规模的绿地建设，除非特别重要的景观，一般不宜动用大量的投入来改地适树，因为可供选择的树种很多，选择替代树种会减少不必要的投资。

途径三：改树适地。当"地"和"树"在某些方面不相适应时，通过选种、引种、育种等

方法改变园林植物的某些特性，以适应特定立地条件。如可通过抗性育种增强树种的耐寒性、耐旱性或抗污染性等，以适应在寒冷、干旱和污染环境中的生长；还可通过选用适应性广、抗性强的砧木进行嫁接，以扩大适栽范围。

五、任务实施

（一）不同用途园林树种的选择

1. 行道树种的选择

行道树是城市园林绿化的重要组成部分，是城市绿化的骨干树种，起组织交通、美化街景、遮阴送凉的作用。既能减轻噪声、减少烟尘、增加空气湿度，又能降低气温。但行道树生长的环境——街道两旁条件较差，日照时间短、人为破坏性大、土层坚硬、建筑垃圾多、架空线与地下管线纵横、汽车排放的有害气体多、灰尘大。所以，树种选择时应谨慎。

1）行道树应具备的条件

（1）主干通直，有一定的枝下高，冠幅大，枝叶浓密，树形优美或花果色彩丰富。

（2）对土壤适应性强，耐干旱、贫瘠和管道密布的浅土层。

（3）萌芽力强，耐修剪，干皮不怕强光暴晒。

（4）生长快、寿命长、发芽早、落叶迟的落叶树种或常绿树种，能体现地方风格。

（5）抗污染、抗逆性和抗病虫害能力强。

（6）无毒，无臭，对人无刺激。

2）适合做行道树的树种

行道树一般以阔叶乔木为主，可选择喜光、耐旱的常绿树或落叶树，也可选择观果、观花、观叶乔木。针叶树对烟尘污染的抵抗力弱，不耐修剪，一般较少用于行道树。适合做行道树的树种见表1-3。

表1-3 适合做行道树的树种

植物类型	树种
一般常绿树或落叶树	重阳木、枫杨、鹅掌楸、垂柳、毛白杨、银白杨、小青杨、滇杨、胡杨、枫香、木棉、青桐、悬铃木、银杏、水曲柳、槐树、蓝桉、杜仲、白榆、柠檬桉、大叶桉、新疆杨、榔榆、白蜡、木波罗、泡桐、椿树、紫椴、糠椴、小叶榕、黄葛榕、鱼尾葵、椰子、杧果、皇后葵、油松、黑松、苦楝、油棕、柳杉、乌桕、栾树、樟树、广玉兰、合欢、元宝树、白兰花、台湾相思、七叶树、羊蹄甲、洋紫荆、凤凰木、槟榔、假槟榔、黑桦、薄壳山核桃、大花紫薇、白桦、银桦、楝树、皂荚、木麻黄、桂花、白千层、刺槐、小叶朴、红皮云杉、樟子松、油松、榆树、春榆等
观花观果树种	柑橘、无患子、木瓜、秤锤树、核桃、栾树、天目琼花、紫金牛、红豆杉、山栀子、枸骨、红豆树、胡颓子、冬青类、石榴、丝棉木、西府海棠、青桐、火棘、海桐、小果蔷薇、刺梨、葡萄、杏、乌桕、海棠类、南天竹、小檗、卫矛、柿树、毛樱桃、石楠、山楂、枸杞、苦楝、枣、四照花、枇杷、荚蒾、铜钱树、山桃稠李等
观叶树种	石楠、杏、山麻杆、胡颓子、红叶李、鹅掌楸、野鸦椿、红叶桑、红枫、黄栌、羽毛枫、三角枫、五角枫、元宝槭、鸡爪槭、银杏、四照花、枸骨、榉树、火炬树、柿树、青桐、落羽杉、刺楸、盐肤木、乌桕、金钱松、池杉、无患子、杜英、枫香、黄连木、桃叶珊瑚、七叶树、南天竹、丝棉木、水杉、丁香、红瑞木、海桐、卫矛等

2. 庭荫树种的选择

庭荫树主要形成绿荫供游人纳凉和装饰用。在公园内栽植高大、雄伟、树冠如伞的孤立木或丛植树，以组织园景或供游人在树下休息纳凉的树木属于庭荫树；房前屋后供居民休息乘凉的大树也属于庭荫树。选择树种时通常以观赏效果为主，并结合遮阳的功能来考虑。许多具有观花、观果、观叶的乔木均可作为庭荫树（具体可参见行道树和观花树部分），但不宜选用易于污染衣物的种类。

在庭园中最好不用过多的常绿庭荫树，否则易致终年阴暗有抑郁之感，距建筑物窗前亦不宜过近以免室内阴暗。庭荫树在园林中占有很大比重，在配植应用上应充分发挥各种庭荫树的观赏特性，在树种选择上应因景区而异。为尽快达到孤植树的景观效果，最好选用胸径 8 cm 以上的大树，能利用原有古树名木更好。

1）庭荫树应具备的条件

（1）树体高大，主干通直，树冠开展，枝叶浓密，树形优美。

（2）生长快速，稳定，寿命较长。

（3）病虫害少，抗逆性强。

（4）如果栽植地点空旷，空气湿度小，宜选择喜光耐旱的常绿树或落叶树。

2）适合做庭荫树的树种

与适合做行道树的树种一致。

3. 独赏树

独赏树又称孤植树、标本树、赏形树或独植树。主要表现树木的体形美，可以独立成景。

1）适合作独赏树的条件

（1）一般树冠应开阔宽大，树形优美，呈圆锥形、尖塔形、垂枝形或圆柱形等。

（2）寿命较长的，可以是常绿树，也可以是落叶树。

（3）常选具有美丽的花、果、树皮或叶色的种类。

2）适合做独赏树的树种

适合做独赏树的树种见表 1-4。

表 1-4　适合做独赏树的树种

姿态优美或体形高大雄伟或冠大荫浓的树	圆球形	海桐、大叶黄杨、苏铁等
	尖塔形	雪松、南洋杉、松、冷杉、云杉等
	伞形	合欢、凤凰木、棕榈、龙爪槐等
	垂枝形	垂柳等
	树大荫浓	梧桐、悬铃木、香樟、椿树等

续表 1-4

叶色美丽的树	红色叶	红枫、红花檵木、紫叶李、紫叶桃等
	银灰色叶	桂香柳、银桦等
	蓝色叶	绒柏、蓝桉等
	秋叶红色	枫香、元宝枫、栎类、乌桕、鸡爪槭、红枫等
	秋叶黄色	银杏、马褂木、无患子、金钱松等
	叶色镶嵌状	金心(金边、银心、银边)大叶黄杨等
花大色艳芳香的树	观花效果显著	广玉兰、白玉兰、凤凰木、栾树、樱花、梅花、海棠、茶花等
	花有芳香的	白兰花、桂花、波斯丁香等
果实有特色的树	果实形状奇、巨、丰	枸骨、接骨木、金银木、柚子、柿树
树干颜色突出的树	树干白色	柠檬桉、白皮松、白桦
	枝条红色	红瑞木等

4. 片林和疏林树种的选择

片林和疏林在城市园林绿地中是经常应用的配置形式之一,在森林公园中表现为风景林,有纯林和混交林两种形式。纯林一般形成整齐、壮观的整体效果,但缺少季相变化,如杉木、油杉、铁杉、马尾松、银杉等;而混交林由多种树种组成,往往有明显的季相变化。

城市园林中的片林一般出现在大的公园、林荫道、小型山体、较大水面的边缘等,可在林中散步的树林,多选具秋色叶特性、树干光滑、无病虫害的种类,如杨、白桦、柠檬桉、枫香、银杏、无患子、栾树、元宝枫等;有花的海洋般的片林,如桃花、樱花、梅花、山桃、杏、梨等。疏林常与草地结合成疏林草地,树种选择可按孤植树要求进行。

5. 观花树(花木)树种的选择

凡具有美丽的花朵或花序,其花形、花色或芳香有观赏价值的乔木、灌木、丛木及藤本植物均称为观花树或花木。

观花树在园林中具有巨大作用,应用极广,具有多种用途。可作独赏树兼庭荫树、行道树、花篱、地被植物等。

1) 花灌木应具备的条件

(1) 花灌木是观花树种的主要类群,应考虑植物的开花物候期,进行花期搭配,尽量做到四季有花。

(2) 选择喜光或稍耐庇荫,适应性强,能耐干旱瘠薄的土壤,抗污染、抗病虫害能力强,花大色艳、花香浓郁或花虽小而密集、花期长的植物。

2) 不同条件下的树种

在树丛旁或树荫下栽植时选择杜鹃、含笑、棣棠、檵木等。在空旷地栽植可选择梅花、海棠、紫薇、月季、玉兰、金丝桃、黄刺玫、丁香等。

3)不同季节观花树种

不同季节观花树种见表1-5。

表1-5　不同季节观花树种

季节	树　种
春季	桃、牡丹、泡桐、含笑、梅、杏、金缕梅、丁香、玫瑰、樱花、月季、连翘、梨、金钟花、杜鹃、木香、迎春花、雪柳、黄槐、山茶、棣棠、金银花、木绣球、海棠、紫藤、木莲、四照花、紫荆、瑞香、白玉兰、忍冬、红千层、榆叶梅、紫玉兰等
夏季	紫薇、扶桑、茉莉花、夹竹桃、凌霄、石榴、锦带花、木本夜来香、米兰、栀子、月季、木槿、六月雪、九里香、合欢、夏鹃、白兰花、广玉兰、金丝桃、夏蜡梅、枸杞、六道木、木芙蓉等
秋季	月季、扶桑、茉莉、米兰、紫薇、九里香、旱蜡梅、木芙蓉、白兰花、桂花、凤尾兰、伞房决明等
冬季	茶梅、结香、油茶、迎春(冬末)、山茶、蜡梅等

6.藤本类(攀缘植物)树种的选择

藤本类树木在园林中用途广泛,可用于各种形式的棚架、建筑及设施的垂直绿化。我国城市人口集中,建筑密集,可供绿化的面积有限,因此利用攀缘植物进行垂直绿化和地面覆盖,是提高城市绿化覆盖率的重要途径之一。

1)功能要求

用于降低建筑物墙面及室内温度,应选择枝叶茂密的攀缘植物,如爬山虎、五叶地锦、常春藤等。用于防尘时尽量选用叶片粗糙且密度大的攀缘植物,如中华猕猴桃等。

2)生态要求

不同攀缘植物对环境条件要求不同,因此要注意立地条件。用于墙面绿化时,西向墙面应选择喜光、耐旱的攀缘植物;北向墙面应选择耐阴的攀缘植物,如中国地锦是极耐阴植物,用于北墙垂直绿化生长速度快,生长势强,开花结果繁茂。

3)观赏要求

藤本类树种要与攀附建筑设施的色彩、风韵、高低相配合,如灰色、白色墙面,可选用秋叶红艳的攀缘植物。

7.绿篱树种的选择

1)绿篱树种应具备的条件

(1)适应当地的气候和土壤条件,是乡土树种或引种驯化的植物。

(2)生长缓慢,耐寒、耐旱、耐阴,抗逆性强。

(3)萌芽力与成枝力强,耐修剪。

(4)叶片小而密,适宜密植,花果观赏期长、叶形美丽。

(5)大量繁殖容易,栽植易于成活,管理方便。

(6)无毒、无臭、病虫害少。

2)绿篱树种的选择

适合做绿篱的树种见表1-6。

表1-6　适合做绿篱的树种

绿篱种类	选择树种
常绿篱	大叶黄杨、珊瑚树、小叶黄杨、侧柏、千头柏、圆柏、蜀桧、红皮云杉等
落叶篱	小叶女贞、紫穗槐、榆树、水蜡等
花篱	选开花期长，花朵美丽、密集的植物，如栀子、六月雪、木槿、九里香、茉莉等
果篱	火棘、枸橘、山里红等
彩叶篱	各种斑叶黄杨、斑叶珊瑚、金叶女贞、金叶桧、紫叶小檗、茶条槭等
刺篱	枸橘、枸骨、刺老牙
高篱	植株高大、枝叶密集的珊瑚树、千头柏、侧柏、蜀桧
矮篱	生长矮小、枝叶密集优美的植物，如雀舌黄杨、地肤、小叶黄杨等

8. 地被植物的选择

凡能覆盖地面的植物均称地被植物。草本植物、木本植物中个体矮小的丛木、偃伏性或半蔓性灌木以及藤木均可作地被植物用。

1）地被植物的作用

地被植物在改善环境、防止尘土飞扬、保持水土、抑制杂草生长、增加空气湿度、减少地面辐射热、美化环境等方面有良好作用。

2）地被植物选择条件

根据植物生态习性需要选择适应环境条件，与全光、半阴、干旱、潮湿、土壤酸度、土层厚薄等立地条件相匹配，耐踩性的强弱以及观赏特性，在大面积应用时还应注意其在生产上的作用和经济价值。

（二）不同栽植地园林植物的选择

1. 住宅区树种的选择

住宅区树种的选择要考虑居民享用绿地的需求，建设人工生态植物群落。有益身心健康的保健植物群落，如松柏林、银杏林、香樟林、枇杷林、柑橘林、榆树林；有益消除疲劳的香花植物群落，如栀子花丛、月季灌丛、丁香树丛、银杏—桂花丛林等；有益招引鸟类的植物群落，如海棠林、火棘林、松柏林等。可选择在小区边缘整块绿地上安排或与居住区中心绿地融合布置，利用植物群落生态系统的循环和再生功能，维护小区生态平衡。

1）抗污染树种

选择对有毒气体具有较强的抵抗能力的抗污染树种。如山楂、月季、丁香、皂荚、刺槐、槐树、紫穗槐、云杉、赤松、杜松、罗汉松等。

2）具有多种效益的树种

采用具有多种效益（如防风、降噪、抗污染、吸收有毒物质、防火）的树种。如女贞、樱花、大叶黄杨、石榴等能吸收有毒物质，榆、朴、广玉兰、木槿等能阻挡烟尘，侧柏、合欢、紫薇等含抗菌素，龙柏、梧桐、垂柳、云杉、海桐等能降噪，苏铁、银杏、棕榈、榕树等能防火。另外，还可选用易于管理的果树。

3）耐阴树种

由于居住区建筑往往占据光照条件好的位置，绿地受阻挡而处于阴影之中，应选用能耐阴的树种，如垂丝海棠、金银木、枸骨、八角金盘等。

4）根系较发达的树种

采用根系较发达的树种能吸收分解土壤中的有害物质，起到净化土壤和保持水土的作用。

5）无飞絮、无毒、无刺激性和无污染物的树种

尤其在儿童游戏场的周围，忌用带刺和有毒的树种，如夹竹桃有毒汁，花椒、玫瑰、黄刺玫带刺；杨、柳春季产生飞絮，可选用杨、柳的雄株绿化，无飞絮。

2. 工厂区树种的选择

选择工厂区绿化树种时首先考虑树木的抗污染能力，同时考虑选择生长快、树冠大、叶面积指数高的树种，以增强树木对污染物的吸收、滞留作用。

（1）选择观赏和经济价值高、有利于环境卫生的树种。

（2）选择适应当地气候、土壤、水分等自然条件的乡土树种，特别是应选择对有害物质抗性强或净化能力较强的树种。

（3）位于沿海的工厂选择的绿化树种要有抗盐、耐潮、抗风、抗飞沙等特性。

（4）工厂的厂址往往土壤瘠薄，要选择既能耐瘠薄，又能改良土壤的树种。

（5）树种选择要注意速生和慢生相结合，常绿树和落叶树相结合，以满足近、远期绿化效果的需要，冬、夏景观和防护效果的需要。

（6）因工厂土地利用多变，还应选择容易移植的树种。

3. 机关学校内树种的选择

机关单位多为临街建筑，其前庭是与外界广泛接触的部分，又是衬托建筑的绿地，因而应作为绿化重点；学校要形成安静、清洁、美观、庄严的教学环境。在树种的选择上可以多样化，常绿树与落叶树、乔木与灌木、观花树、观叶树、观果树，以及各种草花均可采用。

4. 公共休闲绿地树种的选择

公共休闲绿地是人们文化娱乐游憩的场所，包括风景区、森林公园、文化休闲公园、体育公园、儿童公园、动物园、陵园等。其光照条件较好，但因游人踩踏，土壤比较紧实，环境也受到一定的污染，自净能力较弱，基本上属于半自然状态。这种类型的绿地，其树种选择灵活多样，但仍要注意选择那些较耐土壤紧实、抗污染的树种。

1）风景区或森林公园

风景区或森林公园一般位于郊外，有大面积风景优美的森林或开阔的水面，其交通方便，多为风景名胜地和疗养胜地。由于地处城市外侧，受城市影响较小，大量的植被使其下垫面与市区截然不同。树种选择以乡土树种为主，以外地珍贵的驯化后生长稳定的树种为辅，并充分利用原有树和苗，以大苗为主，适当密植。选择既有观赏价值，又有较强抗逆性，病虫害少、易于管理的树种。

2）动物园

（1）尽量选择能体现动物原栖息地环境特色的植物。

(2)不宜选用对动物和游人身体易造成伤害的树种。

(3)为了加强观赏性及趣味性,可多选用色彩丰富的花卉及花灌木。

(4)注意植株高度的搭配,以保证游览视线的通畅。

3)儿童公园

儿童公园一般位于城市生活区内,环境条件多不理想。为了创造良好的自然环境,外围用树木、树丛绿化和周围环境相隔离。在植物造景选择上应注意以下几点:

(1)应选用叶、花、果形状奇特、色彩鲜艳,能引起儿童兴趣的树木,如白玉兰、橡皮树等。

(2)乔木应选用高大荫浓的树种,分枝点不宜低于 1.8 m。灌木宜选用萌发力强,直立生长的中、高型树种,这些树种生存能力强,占地面积小,不会影响儿童的游戏活动。

(3)不宜选择有刺激性、异味、引起过敏、有毒、有钩刺、过多飞絮及易产生病虫害的树种。

六、评分标准

序号	考核项目	考核内容	考核标准	考核方法	得分
1	行道树的选择	行道树具备的条件;本地区行道树种的识别;适合本地区的行道树(30 分)	准确识别本地行道树,说出行道树的条件,能确定适合本地区的行道树种类	个人考核 小组考核	
2	绿篱植物的选择	绿篱植物具备的条件;本地区绿篱树种的识别;适合本地区的绿篱植物(30 分)	准确识别本地绿篱树种,说出绿篱树种的条件,能确定适合本地区的绿篱种类	个人考核 小组考核	
3	观花树种的选择	花灌木具备的条件;本地区常见花灌木的识别;适合本地区的花灌木(40 分)	准确识别本地花灌木,说出不同花灌木观赏条件,能确定适合本地区的花灌木种类	个人考核 小组考核	

七、思考与练习

(1)你所在地区适合做行道树、庭荫树、绿篱植物及地被植物的树种有哪些?

(2)说出本地区不同季节观花、观果的花灌木。

(3)不同栽植地园林植物选择有哪些要求?

八、知识拓展

(一)我国各区域常用绿化树种

1. 东北地区

东北地区常用绿化树种一般有:红皮云杉、樟子松、榆树、稠李、花楸、茶条槭、梓树、丁香、紫椴、糠椴、黄刺玫、白杆、新疆杨、文冠果、东北杏、银杏、白桦、红松、杜松、兴安落叶松、树锦鸡儿、水曲柳、连翘、山桃稠李、桃叶卫矛、长白落叶松、东北茶藨子、长白忍冬、黄花忍冬、元宝槭、红瑞木、垂柳、柳叶绣线菊等。

2. 华北地区

华北地区常用绿化树种有:油松、锦带花、蜡梅、大果榆、杏、云杉、天目琼花、枳椇、灯台树、梨、冷杉、香荚蒾、枸杞、苹果、杠柳、太白红杉、金银木、柿树、楸树、梅、白皮松、华北忍冬、黄檗、牡荆、花楸、华北落叶松、白榆、臭椿、槐树、紫荆、华山松、千金榆、栾树、核桃楸、黑松、黑榆、黄连木、毛泡桐、紫藤、细叶小檗、日本赤松、小叶朴、大叶朴、黄栌、刺楸、南天竹、侧柏、火炬树、锦鸡儿、十大功劳、圆柏、蒙桑、平基槭、高丽槐、山楂、杜松、柽柳、五角枫、多花栒子、海棠、牡丹、糠椴、紫椴、鄂椴、茶条槭、绣线菊、山荆子、板栗、复叶槭、血皮槭、榆叶梅、红瑞木、麻栎、丁香、七叶树、楝树、槲栎、小叶椴、黄刺玫、黄波罗、花曲柳、毛白杨、箭杆杨、银白杨、石榴、连翘、鸡爪槭、元宝槭、水蜡、小叶杨、桂香柳、白蜡、秦岭白蜡、紫槭、白桦、胡颓子、棣棠、牛奶子、马鞍树、池杉、旱柳、玉兰、木瓜、落羽杉等。

3. 西北地区

西北地区常用绿化树种有:樟子松、千金榆、毛榛、梓树、红松、玉铃花、卫矛、榆叶梅、软枣猕猴桃、狗枣猕猴桃、鱼鳞云杉、红皮云杉、冷杉、杜松、紫杉、紫椴、糠椴、水曲柳、花曲柳、黄檗、核桃楸、圆叶柳、天女花、灯台树、元宝槭、槲栎、蒙古栎、辽东栎、春榆、花楸、白桦、岳桦、大青杨、五角枫、牛皮杜鹃、马鞍树、暴马丁香、黄花忍冬、小花溲疏、花楷槭、东北山梅花、小檗、荚蒾、接骨木、山楂、黄栌、火炬松、连翘、蔷薇、绣线菊、珍珠梅、山梨、玫瑰、山杏、京桃、樱花、锦带花、小叶女贞、山葡萄、北五味子、刺苞南蛇藤、刺楸、赤杨、刺槐、银白杨、新疆杨、云间杜鹃等。

4. 长江中下游地区

长江中下游地区常用绿化树种有:马尾松、黑松、华山松、火炬松、台湾松、湿地松、秦岭冷杉、四川冷杉、柳杉、大果青杆、日本柳杉、水杉、龙柏、池杉、落羽杉、圆柏、侧柏、刺柏、棕榈、罗汉松、广玉兰、紫玉兰、白玉兰、青冈栎、细叶青冈、苦槠、北樟、白楠、红桦、亮叶桦、鹅耳枥、栓皮栎、麻栎、亮叶水青冈、米心水青冈、七叶树、稠李、红桦、山合欢、麻叶绣球、喷雪花、绣线菊、珍珠梅、杏、樱花、碧桃、紫叶李、榆叶梅、棣棠、玫瑰、紫荆、蜡梅、夹竹桃、紫薇、结香、金丝桃、木槿、木绣球、荚蒾、珊瑚树、海仙花、金银花、金钟花、桂花、铜钱树、雪柳、大叶女贞、石榴、枫香、乌桕、竹叶椒、栀子、六月雪、水杨梅、凌霄、厚壳树、南天竹、十大功劳、黄杨、雀舌黄杨、糙叶树、朴树、白榆、榔榆、黄檀、青檀、榉树、红椿、山茶、千年桐、南酸枣、乳源木莲、棕榈、无花果、薜荔、杜仲、海桐、杜英、糯米椴、南京椴、栾树、重阳木、刺槐、槐树、皂荚、香椿、苦楝、梓树、楸树、苦木、构树、皂荚、梧桐、黄金树、泡桐、垂柳、刚竹、桂竹、紫竹、罗汉竹、淡竹、石绿竹、美竹等。

5. 西南地区

西南地区常用绿化树种有：马尾松、湿地松、火炬松、南亚松、云南松、南洋杉、杉木、水松、水杉、池杉、落羽杉、竹柏、罗汉松、大叶桉、柠檬桉、红椿、格木、桢楠、榕树、羊蹄甲、黄槿、朱槿、象牙树、吊钟花、柚、橄榄、木棉、猴欢喜、番石榴、蒲桃、素馨、黄花夹竹桃、台湾相思、南洋楹、波罗蜜、木荷、山茶、南山茶、千年桐、乌榄、蝴蝶果、八角、肉桂、蒲葵、南酸枣、乳源木栅、银桦、一品红、杨桃、黄皮树、人心果、蓝花楹、九里香、银桦、柑橘、木麻黄、苏铁、桃金娘、荔枝、龙眼、红千层、白千层、芭蕉、棕竹、青皮竹、刺竹、麻竹等。

6. 华南地区

华南地区常用绿化树种有：南洋杉、海南松、水松、鸡毛松、竹柏、木麻黄、白兰花、象牙树、黄槿、朱槿、吊钟花、桉树、柚、望江南、肉桂、相思树、凤凰木、羊蹄甲、软荚红豆树、楹树、孔雀豆、橄榄、木棉、猴欢喜、番石榴、蒲桃、素馨、黄花夹竹桃、秋枫、荔枝、龙眼、石栗、白千层、红千层、胡桐、波罗蜜、番荔枝、缅栀子、一品红、杨桃、黄皮树、昆栏树、菩提树、幌伞枫、槟榔、蒲葵、椰子、棕竹、番茉莉、硬骨凌霄、蓝花楹、马缨丹、狗牙花、刺竹、麻竹、青皮竹、芭蕉、银桦、榕树、仙丹花、桃金娘、夜香树、蜡烛树、变叶木、红背桂等。

7. 华东地区

华东地区常用绿化树种有：马尾松、柳杉、杉木、冲天柏、柏木、罗汉松、粗榧、香榧、红豆杉、银杏、棕竹、含笑、木莲、鹅掌楸、石楠、枇杷、红豆树、花榈木、夏蜡梅、杨梅、山茶、茶梅、水松、水杉、竹柏、罗汉松、刺柏、火炬松、湿地松、油茶、虎刺、茶树、木荷、厚皮香、桃叶珊瑚、瑞香、映山红、马银花、云锦杜鹃、冬青、青冈栎、细叶青冈、小叶青冈、栲树、桢楠、苦槠、甜槠、米槠、紫楠、红润楠、珙桐、蓝果树、茉莉、八仙花、金缕梅、枫香、檵木、木芙蓉、梅、碧桃、蔷薇、月季、香樟、柑橘、檫树、广玉兰、白玉兰、厚朴、木香、珍珠梅、郁李、海棠花、贴梗海棠、西府海棠、垂丝海棠、珊瑚朴、榆树、榉树、毛竹、南酸枣、乳源木莲、油橄榄、棕榈、杏树、苏铁、幌伞枫、红千层、芭蕉、刚竹、淡竹、孝顺竹、青皮竹、茶秆竹、慈竹、箬竹、凤尾竹、红椿等。

（二）工厂绿化常用树种

1. 抗二氧化硫气体及对其反应敏感的树种

（1）抗性强的树种有：大叶黄杨、雀舌黄杨、瓜子黄杨、海桐、蚊母、山茶、小叶女贞、枳橙、棕榈、凤尾兰、蟹橙、夹竹桃、女贞、枸骨、枇杷、金橘、构树、无花果、枸杞、青冈栎、白蜡、木麻黄、相思树、榕树、十大功劳、九里香、侧柏、银杏、广玉兰、鹅掌楸、柽柳、梧桐、重阳木、合欢、皂荚、刺槐、槐树、紫穗槐、桂花、碧桃等。

（2）抗性较强的树种有：华山松、白皮松、云杉、赤松、杜松、罗汉松、龙柏、圆柏、侧柏、石榴、月桂、冬青、珊瑚树、柳杉、栀子、飞蛾槭、青桐、臭椿、桑树、楝树、白榆、榔榆、朴树、黄檀、蜡梅、榉树、丝棉木、沙枣、印度榕、高山榕、细叶榕、苏铁、厚皮香、扁桃、枫杨、红茴香、凹叶厚朴、含笑、杜仲、细叶油茶、七叶树、八角金盘、日本柳杉、花柏、粗榧、丁香、卫矛、板栗、无患子、玉兰、八仙花、地锦、梓树、泡桐、槐树、香梓、连翘、金银木、紫荆、黄葛榕、柿树、垂柳、胡颓子、紫藤、三尖杉、杉木、太平花、紫薇、银桦、蓝桉、乌桕、杏树、枫香、加拿大杨、旱柳、垂柳、木麻黄、小叶朴、木波罗等。

（3）反应敏感的树种有：苹果、梨、羽毛槭、郁李、悬铃木、雪松、油松、马尾松、云南松、湿地松、落叶松、白桦、毛樱桃、樱花、贴梗海棠、油梨、梅花、玫瑰、月季等。

2. 抗氯气(Cl_2)及对其反应敏感的树种

(1)抗性强的树种有:龙柏、侧柏、大叶黄杨、海桐、蚊母、山茶、女贞、夹竹桃、凤尾兰、棕榈、构树、木槿、紫藤、无花果、樱花、枸骨、臭椿、榕树、九里香、小叶女贞、丝兰、广玉兰、柽柳、合欢、皂荚、槐树、黄杨、白榆、丝棉木、沙枣、椿树、苦楝、白蜡、杜仲、厚皮香、桑树、柳树、枸杞、五叶地锦等。

(2)抗性较强的树种有:圆柏、珊瑚树、樟树、栀子、青桐、楝树、朴树、板栗、无花果、罗汉松、桂花、石榴、紫薇、紫荆、紫穗槐、乌桕、悬铃木、水杉、天目木兰、凹叶厚朴、红花油茶、银杏、桂香柳、枣、丁香、假槟榔、江南红豆树、细叶榕、蒲葵、枳橙、枇杷、瓜子黄杨、山桃、刺槐、铅笔柏、毛白杨、石楠、榉树、泡桐、银桦、云杉、柳杉、太平花、蓝桉、梧桐、重阳木、黄葛榕、小叶榕、木麻黄、蒲桃、梓树、扁桃、杜松、天竺桂、旱柳、鹅掌楸、卫矛、接骨木、地锦、人心果、米兰、杧果、君迁子、月桂等。

(3)反应敏感的树种有:池柏、薄壳山核桃、枫杨、木棉、樟子松、紫椴、赤杨、杜鹃等。

3. 抗氟化氢(HF)气体及对其反应敏感的树种(铝电解厂、磷肥厂、炼钢厂、砖瓦厂等)

(1)抗性强的树种有:大叶黄杨、海桐、蚊母、山茶、凤尾兰、瓜子黄杨、龙柏、构树、朴树、花石榴、石榴、桑树、香椿、丝棉木、青冈栎、侧柏、皂荚、槐树、柽柳、木麻黄、白榆、沙枣、夹竹桃、棕榈、红茴香、细叶香桂、杜仲、红花油茶、厚皮香、栌木、银杏、天目琼花、金银花等。

(2)抗性较强的树种有:圆柏、女贞、白玉兰、珊瑚树、无花果、垂柳、桂花、枣树、樟树、青桐、木槿、楝树、榆树、枳橙、臭椿、刺槐、合欢、杜松、白皮松、拐枣、旱柳、山楂、胡颓子、楠木、垂枝榕、滇朴、紫茉莉、白蜡、云杉、广玉兰、飞蛾槭、棕榈、榕树、柳杉、丝兰、太平花、银桦、蓝桉、梧桐、乌桕、小叶朴、榉树、泡树、小叶女贞、油茶、鹅掌楸、含笑、紫薇、地锦、柿树、月季、丁香、樱花、凹叶厚朴等。

(3)反应敏感的树种有:葡萄、杏、梅、山桃、榆叶梅、紫荆、梓树、金丝桃、慈竹、池柏、白千层等。

4. 抗乙烯的树种及对其反应敏感的树种

(1)抗性强的树种有:夹竹桃、棕榈、悬铃木、凤尾兰等。

(2)抗性较强的树种有:黑松、女贞、榆树、枫杨、重阳木、乌桕、红叶李、柳香樟、罗汉松、白蜡等。

(3)反应敏感的树种有:月季、臭椿、合欢、大叶黄杨、玉兰、苦楝、刺槐等。

5. 抗二氧化氮(NO_2)的树种

抗二氧化氮的树种有:龙柏、黑松、夹竹桃、大叶黄杨、棕榈、女贞、樟树、构树、广玉兰、臭榕、无花果、桑树、槐树、合欢、枫杨、刺槐、丝棉木、乌桕、石榴、酸枣、旱柳、糙叶树、垂柳、蚊母树、泡桐等。

6. 抗臭氧(O_3)的树种

抗臭氧的树种有:枇杷、悬铃木、枫杨、刺槐、银杏、柳杉、日本扁柏、黑松、梅树、青冈栎、日本女贞、夹竹桃、海州常山、冬青、连翘、八仙花、北美鹅掌楸等。

7. 抗烟尘的树种

抗烟尘的树种有：香樾、粗樾、樟树、黄杨、女贞、苦槠、青冈栎、楠木、冬青、珊瑚树、桃叶珊瑚、广玉兰、石楠、枸骨、桂花、夹竹桃、栀子、槐树、厚皮香、银杏、刺楸、榆树、朴树、木槿、重阳木、刺槐、苦楝、臭椿、构树、三角枫、桑树、紫薇、悬铃木、泡桐、五角枫、乌桕、皂荚、榛树、青桐、麻栎、樱花、蜡梅、黄金树、大绣球、梧桐等。

8. 滞尘能力较强的树种

滞尘能力较强的树种有：楝树、刺槐、白榆、黄杨、女贞、白杨、柳树、广玉兰、石楠、枸骨、槐树、厚皮香、银杏、悬铃木、樟树、榕树、臭椿、凤凰木、青冈栎、冬青、皂荚、榉树、海桐、麻栎、朴树、木槿等。

任务四 园林植物配置

一、教学目标

（1）了解园林植物配置的原则。

（2）掌握园林植物配置的方式方法。

（3）能对不同用途园林植物进行合理配置。

二、任务提出

随着科学技术的高速发展和人们生活水平的提高，城市居民在紧张的工作和生活之余，越来越向往回归自然，图1-20是北方某城市绿化设计的平面图，请按不同用途园林植物进行合理配置。

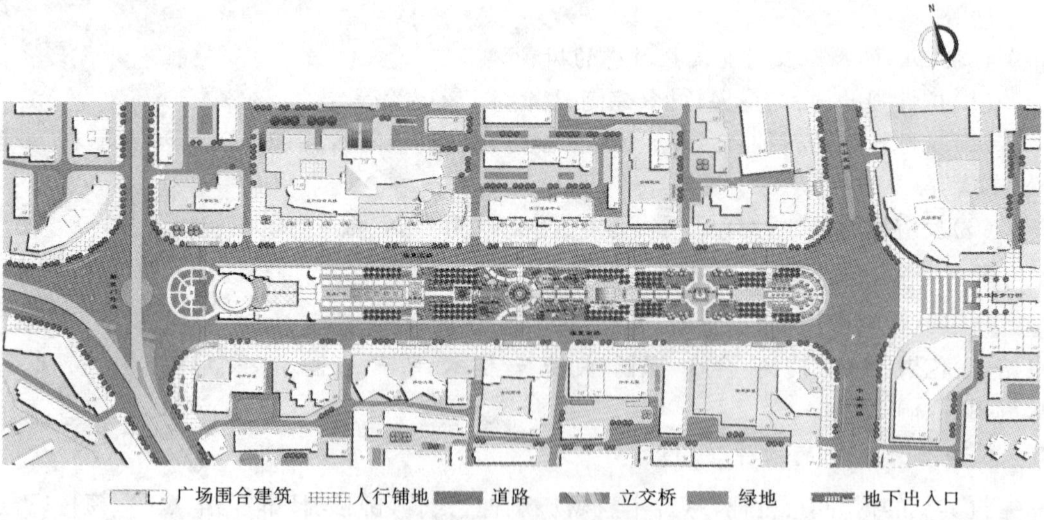

图1-20 绿化设计平面图

三、任务分析

要完成该设计图的绿化配置，即如何选择植物、如何根据现有场地对不同用途植物进行科学的、艺术的搭配，就要了解和掌握园林植物配置的原则、方式方法，熟练掌握园林植物生态和生物学特性，运用美学原理，根据不同环境、功能、景观及经济等要求综合考虑，进行园林植物配置。

四、相关知识

（一）园林植物配置的原则和要求

园林植物配置是在栽植地上对不同树木按一定方式进行的种植，包括树种搭配、排列方式及间距的选择。

1. 满足植物的生态要求

1）满足植物对光的要求

大部分园林植物喜欢生长在光线充足的地方，尤其是观花植物，如栀子种植在荫蔽处可以生长且枝繁叶茂，但开花量减少，观赏效果差。园林绿化中有些荫蔽处如建筑物背面、树荫下等，应选择对光线要求不严的耐阴植物。耐阴植物中小乔木有竹柏、鸡爪槭、山茶等，灌木有杜鹃、八仙花、白绢梅、珍珠梅等，地被植物有蕨类、玉簪、兰花、秋海棠、沿阶草等。

2）满足植物对土壤的要求

大多数园林植物对土壤水分的要求是适中的，少数种类则对此要求不严。

耐水湿的树种有枫杨、重阳木、乌桕、池杉、水松、落羽杉、垂柳、鸢尾、千屈菜、慈姑、荷花、睡莲等。

耐土壤干旱贫瘠的植物有黑松、油松、杨、柳、石楠、火棘、牡荆、合欢、紫藤、夹竹桃、栀子、木芙蓉等。

不同植物对土壤的酸碱性有一定的要求，一般乡土树种对当地的土壤酸碱度已经适应，而外来引种植物需考虑为它提供合适的土壤条件。

在植物配置中，当两种或两种以上乔木与乔木、灌木与灌木、草本与草本植物种植在一起时，其根系就会处在同一深度土壤层上而发生竞争，生长快的植物因根系生长快，吸收到的营养和水分要比慢生植物多，生长势会越来越好；而与其栽于同一处的慢生植物的生长势就会受到影响。因此，在进行园林植物配置时，一般多采用乔、灌、草多层次结合，使其根系分布在土壤的不同深度，或同种树木配置时考虑株行距，以减弱植物根系的竞争，为不同园林植物的生长创造良好的土壤环境。

2. 植物种间关系要协调

与附生植物和谐共处。在植物群落中有很多植物附生在植物的树干、枝丫上，如地衣、蕨类、天南星科、兰科植物，这种附生不但增加了单位面积中绿叶的数量，增大了改善环境的生态效益，还可形成各种各样美丽的植物景观。

有些植物具有菌根，可固氮，为植物吸收和传递营养物质，有的能使树木适应贫瘠不良的土壤条件。如松树、云杉、落叶松、栎、桦、柏、雪松、核桃、红豆杉、白蜡、杨、槭、杜鹃、柑橘、葡萄、兰科植物等。豆科与禾本科植物,松类与蕨类种植在一起,可以相得益彰,如松树能为喜欢阴湿环境的蕨类植物提供适宜的生长环境。

刺槐、丁香两种植物的花香会抑制邻近植物的生长,配置时可将两种植物各自丛植、片植;榆属与栎树、白桦与松、松与云杉之间具有排斥性,配置时尽量不要放在一起;梨、苹果与圆柏、侧柏种植在一起则易得梨桧锈病,故应避免。

有些植物的分泌物具有杀菌作用,可防治病虫害,有益于相邻植物的生长,还能净化空气,有利于人类健康,如松树、苦楝、核桃和一些蔷薇属植物等。

3.充分发挥植物的自身美

植物造景就是应用乔木、灌木、藤本及草本植物来创造景观,充分发挥植物本身形体、线条、色彩等自然美,配置成一幅幅美丽动人的画面,供人们欣赏。

1)构成各种园林空间

园林植物种类繁多,每一种都有特定的外貌形态,可以充分利用植物的不同形态组合出丰富多彩的园林空间。利用植物的叶丛疏密度和分枝高度影响空间的闭合感;利用落叶树随季节发叶和落叶的变化,形成空间的闭合和开敞效果;利用常绿树形成长年稳定的闭合效果。

选择具有浓密树冠的树木可以构成顶部覆盖而四周开敞的空间。一般来说,该空间为夹在树冠和地面之间的宽阔空间,人们能穿行或站立于树干之中,利用覆盖空间的高度,能形成垂直尺度的强烈感觉。利用道路两旁的高大的行道树交冠遮阴形成"隧道式"空间,能增强道路直线前进的运动感。

为使空间四周开敞、外向、无隐密性,可选择低矮灌木及地被植物,如草坪、砂地柏、灌木丛等,使空间完全暴露于天空和阳光之下。

另外,选择柱形、圆锥形等高大植物组合成方向直立、朝天开敞的室外空间,给人以庄严、肃穆、紧张的感觉。

2)变化多端的植物外形

选择具有不同外形的植物,构成不同空间和形成各种氛围。植物的形状极为丰富,有尖塔形、圆锥形,如雪松、金钱松、冷杉、云杉、幼龄的松树和柏树;圆柱形如落羽杉、木麻黄、钻天杨等;圆球形如海桐、大叶黄杨等;伞形如合欢、龙爪槐、棕榈科植物、老龄的松树和柏树等;垂枝形如垂柳等;拱枝形如连翘等;匍匐形如铺地柏、爬行卫矛、平枝栒子等;藤本如紫藤、葡萄、金银花、凌霄、络石等。利用植物不同外形,采取不同的配置方式,或形成庄严、肃穆的气氛,或形成活跃的氛围。

3)丰富多彩的颜色

植物的花、果、叶、枝、树皮是植物色彩的源泉,花色和果色有季节性,持续时间短,只能作为点缀,不能作为基本的设计要素来考虑。一般来说,树叶色彩是主要的,可以产生大面积的效果。对落叶树来说,树枝和树干的色彩在冬季便成了重要因素。

植物叶除以上的颜色外,还有秋色叶如银杏、马褂木、槭类,春色叶如滇润楠、檫木,终年红叶如红枫、紫叶小檗等。这些植物一般采用丛植、林植或点缀,主要依据色彩对比或调和取得配置感觉。

4）植物的质感

不同质感的植物能开拓和提高树木的视觉效果。

4. 植物配置应与景点协调

在运用植物造景时应充分体现整个园林设计的意图，与建筑、山石、水体、园路进行搭配时更应考虑到其协调性。

1）植物的配置与建筑物相协调

建筑物是硬质没有生命力的，需要植物衬托、软化其生硬的轮廓，从而使建筑物因植物的季相变化和树体的变化而产生活力。

高大的建筑物，一般较庄重，视野宽阔，宜选择树体高大、树冠开阔的树种，如雪松。体形小的建筑物小巧玲珑、体态轻盈，选用姿态雅致、色彩较艳或具芳香的树种。

在色彩上，植物的颜色与建筑的色彩对比越明显，观赏效果越好。如灰白色墙面前，宜栽植开红花或红叶植物如紫荆、紫玉兰、榆叶梅、红枫，而红色墙面前则宜种植开白花或黄花的树木如连翘、迎春、玉兰等。

在建筑南面，为了不影响室内采光，在离建筑较近的距离内不宜种植高大乔木，以花灌木和地被植物为主；建筑北面，因环境荫蔽可栽植一些耐阴的地被植物如玉簪、沿阶草、万年青、杜鹃、山茶、八仙花等。

2）植物的配置与水体相协调

在水边配置时宜突出水边的宁静效果，创造更为幽静、含蓄的气氛。选择植物要满足生态要求，应选择耐水湿的种类；树木形体的选择以线条柔和树形为宜，如枝形、拱枝形、圆球形、钟形等；植物色彩的选择应突出水边周围宁静的气氛，以绿色为主，色彩不宜太丰富，将花灌木点缀其中。

3）植物的配置与园路相协调

园路一般起着组织交通、导游路线、连接观赏点的作用。园路两边的植物可以强化园路的作用，或方向感增强，或幽深，或边走边赏。

主路道路较宽，连接园中各主要景点。多选小乔木作为园路树，既可遮阴又可观赏花或叶，如樱花、玉兰、桃花、梅花、槭树、海棠、桂花等。树下可植耐阴花灌木如杜鹃、山茶、迎春，或镶边植物如葱兰、韭兰、月季、石榴等。

小路一般路面较窄，多为弯曲状，以自然式布置为主，常采用花境形式。距离较短的小路可植一种花卉，距离较长的小路，可选用两种以上交替种植以减弱单调沉闷的感觉。如丁香、紫薇可形成拱式幽静的小径；枝条较长的迎春、连翘形成夹道式小径；草本植物则形成开阔的路径，如葱兰、韭兰、萱草、朱顶红、郁金香、美人蕉、鸢尾等。

交叉路口是视线交点处，为主要景点。植物选择视交叉路口面积大小，面积较小设一花坛或植一株或一丛圆球形树木如海桐、大叶黄杨、含笑、苏铁等，或置山石配一株树木如南天竹、十大功劳等；面积较大则植一树丛，以赏叶为主，配置不同颜色的灌木。

5. 变化协调、多样统一

园林植物配置既要丰富多彩，又要防止杂乱无章，设计中应遵循先面后点、先主后宾、先高后低、内外结合的原则。

6. 意境明确、诗情画意

根据园林植物的特性和人们赋予植物不同的品格、个性进行植物配置，可以表现出鲜明的园林意境。如毛主席纪念堂周围绿化，以乡土树油松为主，表现出庄严、肃穆、悼念的意境；内环绿地为列植黄杨球的带状草坪；外环绿地自内向外列植雪松、山里红、油松。春来山里红满树白花，在苍松衬托下格外素雅，入秋累累红果挂满枝头，体现了毛主席播下的革命种子一片火红，代代相传的意境；最内层雪松枝条平展，把毛主席纪念堂衬托得更加雄伟；南北入口，配以树干挺直的云杉、白皮松，并布置鲜花花环，增加了悼念气氛。

7. 符合园林的性质和使用功能要求

进行园林植物配置时，要从园林的性质和主要功能出发。园林具有多种功能和作用，但具体到某一绿地，总有其具体的主要功能，因此植物配置要求也不同。如街道绿地的主要功能是庇荫、组织交通和美化市容，植物配置时应选择冠大荫浓、树形美观的树种。

8. 园林植物配置应重视品种的多样性

园林植物配置的品种多样性是以生态学理论为基础的，品种多样性有利于形成稳定的植物群落，这种多样性要视具体的绿地和环境来确定。如在住宅区应配置一些具有保健作用的植物，如杜仲、杨梅、榉树、枫杨、白玉兰、溲疏等，在公共绿地可配置一些蜜源植物和鸟嗜植物来吸引大自然的生物，如枇杷、棕榈、南天竹、柑橘等。

9. 植物配置应体现城市的文化特征

在园林植物配置中，要明确城市的性质，例如是政治文化中心、工业生产中心、海港贸易中心或风景旅游中心等。好的植物配置，应体现出不同性质城市的特点和要求。

10. 植物配置应注重人性化设计

在园林设计和植物配置中应注重人性化设计，利用设计要素构筑符合人体尺度和人的需要的园林空间，特别在对居住区、街旁绿地、城市公园、学校、医院等场所的植物设计过程中，更要注重"以人为本"的设计原则。

(二)园林植物配置的方式方法

1. 规则式配置

规则式配置的特点是有中轴对称，株距固定，同向可以反复延伸，排列整齐一致，表现严谨规整。一般有如下几种方法。

1)中心式配置

中心式配置多在某一空间的中心作强调性栽植，如在广场、花坛等地的中心位置种植单株或具整体感的单丛，栽植树型整齐、轮廓严整、生长缓慢、四季常青的或有色彩变化的观赏树木。

2)对称式配置

对称式配置多作为装饰用栽植，一般是在某一空间的进出口、建筑物前或纪念物两侧对称栽植，左右对称，一对或多对，两边呼应。对栽植的树种要求形态整齐美观，大小一致。

3)行状配置(列植)

行状配置多作为绿荫或防护用。列植要保持一定的株行距，成行排列，一行或多行，一种树或多种树搭配，多种树列植也要以一定的隔株或隔行的方式整齐排列。列植多用在行道树、防护林带、绿篱、隔障或岸边等处，这种方式便于机械管理。

4）三角形配置

三角形配置有正三角形或等腰三角形等配置方式。二行或成片种植，实际上就是多行列植。正三角形方式有利于树冠与根系的平衡发展，可充分利用空间。

5）正方形配置

正方形配置即株行距相等的成片种植，实际上就是二行或多行配置。正方形配置的树冠和根系发育比较均衡，空间利用较好，仅次于正三角形配置，便于机械作业。

6）长方形配置

长方形配置的株行距不等，它是正方形配置的变化。

7）圆形配置

圆形配置多用于陪衬主景或障围花坛或开阔平地，按一定的株行距将植株种植成圆环。这种方式又可分成圆形、半圆形、全环形、半环形、弧形及双环、多环、双弧、多弧等多种变化方式，由一种或多种树木搭配。

8）多边形配置

多边形配置是按一定株行距沿多边形种植，它可以是单行的，也可以是多行的；可以是连续的，也可以是不连续的多边形。

9）多角形配置

多角形配置包括单星形、复星形、多角星形、非连续多角形等。

2. 不规则式配置

不规则式配置是自然式配置，不要求株距或行距不变，不按中轴对称排列，不论组成树木的株数或种类多少，均要求搭配自然。其中又有不等边三角形配置和镶嵌式配置的区别。

3. 混合式配置

在某一植物造景中同时采用规则式和不规则式相结合的配置方式，称为混合式配置。在实践中，一般以某一种方式为主而以另一种方式为辅结合使用。要求因地制宜，融洽协调，注意过渡转化自然，强调整体的相关性。

（三）按种植效果的景观配置方式

1. 单株配置（孤植）

单株配置的孤立树，无论是以遮阴为主，还是以观赏为主，都是为了突出树木的个体功能，但必须注意其与环境的对比和烘托关系。一般应选择比较开阔的地点，如草坪、花坛中心、道路交叉或转折点、岗坡及宽阔的湖池岸边等处种植。

2. 丛状配置

丛状配置时，通常一个树丛由2～3株至8～9株同种或异种树木所组成。按其功用可分以下两类：

（1）以庇荫为主兼供观赏用，一般全由乔木树种所组成，采取单一树种较为适宜。

（2）以观赏为主的树丛，可乔灌混交并与宿根花卉相搭配，每丛树木的株数可增加至20株。

树丛的组合，一方面要体现其群体美，另一方面又要表现组成树丛单株树木的个体美。因此,树丛既要有较强的整体感,又要求某些单株具有独赏的艺术效果。

对组成树丛的树种选择与孤立树基本相似,但树丛整体的抗性一般优于孤立树。丛内光照、温度和湿度等因子的变化幅度稍小,如果要在丛内配置灌木应选一些稍耐阴的种类。

3. 群状配置

群状配置是由十几株至几十株树木混植而成的人工林群体结构,比树丛单元面积大,株数多,实际上是小块人工林,树群实际上是由许多树木组合而成的群落。因此,要从整体考虑其生物学特性、景观效果及种间关系。

群植可由单一树种或多树种的乔灌木所构成,可以是乔木混交,也可以乔木、灌木混交;可以是单层的,也可以是多层的。因此,在树种选择及其组合上,要更多地考虑群落的内外环境特点,正确处理种内与种间的关系、层内与层间的关系等。树群与树丛的差别,一方面是组成株数的不同,即组成树群的树木株数比树丛多;另一方面,也是最主要方面,就是树群主要表现出群体美,不能把每一株树的个体美全部表现出来,林冠部分只表现出树冠的部分美,林缘的树木只表现其外缘部分的个体美。如果把树群分开,每一单株就不一定表现出个体美了。树群所选树种不像树丛那么严格,其群体抗性更强。

群植按群体美的构图要求进行搭配,郁闭后应长期稳定,使之既美观又各得其所。一个单元的树群原则上以不超过五种树种为宜,这样易于做到相对稳定,重点突出而充分显露景观特点。例如,以毛白杨、白皮松、五角枫、榆叶梅、黄刺玫所组成的树群,较稳定又美观。其方式可用白皮松为背景,以毛白杨为骨架,以五角枫为衬托,以榆叶梅和黄刺玫两种花灌木为前边角。

丛植或群植在园林中应用最多,属自然布置的人工栽培模拟群落。在种类搭配上除考虑生态习性、种间关系外,以叶色为主进行组合,一般采用针、阔叶树搭配,常绿与落叶树搭配,乔、灌、草搭配,形成具有丰富的林冠线和春花、夏绿、秋色(实)、冬姿季相变化的人工群落。群落上层选喜光的大乔木如针叶树、常绿阔叶树、秋色叶树等,群落中层选耐半阴的小乔木,下层多为花灌木,耐阴的种类置于树林下,喜光的种植在群落的边缘,地被层则选择耐阴的宿根花卉或草本。这种群落的设计灵活性很大,依设计者个人的审美、爱好以及对园林的理解和掌握植物的特性来具体体现,同样的树种在同一地点布置,不同的设计会有不同的植物景观效果。

4. 篱垣式配置

篱垣式配置所形成的条带状树群是由灌木或小乔木密集栽植而形成的篱式或墙式结构,称之为绿篱或绿墙。一般由单行、双行或多行树木构成,虽然行距较小且不太严格,但整体轮廓鲜明而整齐。绿篱宽度或厚度较小,长度不定且可曲可直,变型较多;高度从 20 ~ 160 cm,甚至 210 cm 不等。绿篱的主要功能是组合空间、阻挡视线、阻止通行、隔音防尘、美化装饰等。但不管以什么功能为主,都应体现绿篱的整体美、线条美、姿色美。绿篱一般由单一树种组成,常绿、落叶或观花、观果树种均可,但必须具有耐修剪、易萌芽、易更新和脚枝不易枯死等特性。

5. 带状配置

带状配置所形成的林带,实际上就是带状树群,但垂直投影的长轴比短轴长得多。林带种植点的平面配置可以是规则的,也可以是自然的,目前多采用正方形、长方形或等腰三角形的规则式配置。带状配置树种的选择以乔木树种为主,可单一树种配置,也可用乔木、亚乔木或灌木等多树种混交配置。对树种特性的要求与树群相似。林带的功能主要是防风、滞尘、减噪声和分隔空间、遮挡视线及作为河流和道路两侧的配景,但林带的配置也须注意园林艺术布局,兼有观赏、游憩的作用。

林带的结构有通风型、疏透型和紧密型三种,具体采用哪种类型,根据其功能要求而定。凡以防尘、隔音等为主要目的的林带,采用紧密结构;若以防风、遮阴等为主要目的的林带,则应采用疏透或通风结构。

在狭长地形或栽植带状风景林,如区界地带,以高大的针、阔叶树种为主,起防护作用的宜宽幅密植;以背景为主的部分要与主题紧密配合;以观赏为主的周边、隅角处幽静林带,应选取形态美观的针、阔叶树成丛或成带栽植。林带外缘可配置黄栌或槭树、垂柳与玫瑰、连翘等,有香有色,又有层次。整个林带要有变化,紧密疏落,高低起伏。

6. 林分式配置

林分式配置一般形成比树群面积大的自然式人工林,按照园林的要求引入自然风景、疗养区、森林公园和城市绿化建设的配置方式。这样配置的片林,树木的种类和株数较多,可以群落式地搭配成大的风景林,每个群落可以是单一树种,也可多种多样,层次结构可以是单层或多层,年龄结构可以是同龄或异龄,大群小丛,疏密有致,景观自然。在配置时要注意系统的生态关系及养护的要求。在自然风景区进行林分式配置,要注意种群与种群、种群与环境之间的关系,并应按照园林休憩游览的要求,留出一定大小的林间空地。

在园林树木配置组成中,多树种混交与单树栽植相比具有许多优点,如对营养空间的利用比较充分,改善环境的作用较强,抗御自然灾害的能力强,并能产生较好的观赏效果。

7. 疏散配置

疏散配置是指以单株或树丛等在一定面积上进行疏密有致、景观自然的配置方式,可形成疏林广场或稀树草地。如面积较大,树木在相应面积上疏疏落落、断断续续,有过渡转换、疏散起伏,既能表现树木个体的特性,又能表现其整体韵律,形成疏朗流畅的林野风光。疏林除用针阔乔木与灌木外,还有花坛、草坪、花境、篱笆棚架等布置。疏林具有幽静清新的特点,是人们进行观赏、游憩及空气浴和日光浴的理想场所。

五、任务实施

(一)选择适合该城市绿化的园林植物

适合北方城市绿化的植物有:樟子松、杨、花楸、稠李、茶条槭、红皮云杉、榆、糖槭、水曲柳、新疆杨、东北杏、榆叶梅、小叶丁香、辽东水蜡、杜松、金银忍冬、桃叶卫矛、山梅花、黄刺玫、锦带花、东北山梅花、山葡萄、五叶地锦等。

(二)进行不同用途园林植物的配置

1. 行道树的配置

行道树的配置要有利于街景与建筑物协调,不应该妨碍街道通风及建筑物内的通风采光。根据设计要求采取规则式种植,如“一板二带”、“二板三带”和“花园林荫道”等形式,在道路的两侧以整齐的行式进行种植。如果道路两侧条件相同时采用对称式,相反则采用非对称式,同时根据我国的习惯将行道树配置于道路两侧。

如果街道较窄,行道树在两侧可以交错排列,或者在一侧种植。东西向街道,在南侧栽;南北向街道,可在两侧交叉种植。如两边人行道很窄,靠近建筑的基础栽植要服从于建筑面,可在建筑墙面上进行垂直绿化。行道树应留有1.5 m宽的种植带,以保证树木正常生长。

行道树的株行距一般为5~8 m,在郊区的道路上株行距可适当小些,以便很快形成绿化效果,等树木长大后进行间伐,以求先绿。

为了保证人流量较大的路旁行道树正常生长,可将行道树栽在路边的植树带内或树池内。植物带宽度不小于1.5 m,上铺草皮,有利于美化和生长。树池规格可采用1.25 m×1.25 m或1.5 m×1.5 m,池边应有高出地面10 cm的边牙。为避免池中土壤被行人踩踏,可设置与地面相平的金属或水泥透孔池盖。建筑物北侧日照短,绿带可窄些;建筑物南侧日照长,绿带可宽些。在狭窄的东西向街道上,为了创造行道树的效果,可在南墙内种大乔木。行道树的定干高度取决于道路的性质、距车行道的距离和树种分枝角度。距车行道近的可定为3.5 m以上,距车行道远而分枝角度小则可适当低些,但不要小于2 m。如果人行道上电线太低,可把树冠主枝修剪成"Y"字形,让电线从"Y"字中穿过,以保证树木和电线的安全。如行道树不影响行车和电线,可任其自然生长。街道旁的建筑物和地下设施对行道树影响较大,要求保持适当的距离。

在较宽阔的道路上,将绿化地带布置于道路当中或两侧,形成林荫的街道称林荫道。它具有避免太阳直射、防风防尘、阻隔或消除噪声的作用,并可供人们休息、散步和观赏。林荫道还可以弥补城市绿地不足和分布不均匀的缺陷,从而扩大城市绿化的面积和比重,还具有小游园的作用。林荫道的宽度,根据道路宽窄和功能而定,一般为15~40 m,但不少于8 m。林荫道在道路上的位置,可有以下几种安排。

1)设在道路中间的林荫道

有两种安排:一种是在道路中央设置一条林荫道,如宽度为8 m,则中间步道宽4 m,两侧绿化带各栽一行乔木、一行灌木或绿篱,宽度各为2 m,或乔灌相间栽植,外侧配以绿篱;另一种是在道路间布置两条绿化带,中间为快车道,两侧为慢车道,这种布置适用于街道宽阔的情况。

2)设在道路一侧的林荫道

在受地形影响的情况下,如街道的一侧滨河、傍山或地形起伏时,可以借景河、湖、山、林,创造更加优美安静的休息环境,则将林荫道设在滨河、依山的一侧,如上海外滩的绿化,松花江畔的滨江林荫道等。

3)分设在道路两侧的林荫道

即在人行道上设置林荫道,优点是行人或居民不必穿越车行道即可进入林荫道,比较方便,在人行道较宽的街道适用。缺点是绿化带占地较宽,一般不易做到。在较宽的林荫道的步道中央可分段设置花坛、水池,两侧设置座椅及遮阴树、花灌木等。靠车行道的两侧除栽植乔木外,还应有较高的绿篱或花灌木丛,以取得较好的隔离效果。

另外,城市中心的繁华街道,只让行人活动或休息,不准车辆通过的街道称步行街。其绿化美化的主要目的是增加街景,提高行人的兴趣。由于人流量较大,绿化可采用盆栽或做成各种形状的花台、花箱等进行配置，并与街道上的雕塑、喷泉、水池、山石、座椅、凉亭等相协调。

2. 风景林的配置

风景林的配置除根据植物配置的一般原则进行外，还必须掌握风景林植物群落生长发育和演替的自然规律，充分考虑生长发育各时期植株间的相互关系及可能产生的竞争，予以合理搭配。

1）疏林的配置

疏林指水平郁闭度在0.4~0.6的风景林，设为纯乔木林，其舒适、明朗，适于游人活动，适合人们在林下野餐、听音乐、游戏、练功、日光浴、阅览等。疏林按游人密度的不同，可设计成以下三种形式：

（1）草地疏林的配置：在游人密度不大，游人进入活动不会踩死草地的情况下设置。在草地疏林设计中，树木株行距应在10~20 m，不小于成年树冠直径，其间也可设林中空地。树种选择要求以落叶树为主，树荫疏朗的伞形树冠较为理想，树木生长健壮，对不良环境，特别是通气性能差的土壤适应性强，树木以花、叶、干色彩美观、形态多变或具芳香味为好。所用草种应含水量少，组织坚固、耐旱、耐踏，如禾本科的狗牙根和野牛草等。

（2）花地疏林的配置：在游人密度大，不进入活动的情况下设置。设置时乔木间距要大，以利于林下花卉植物生长。林下花卉可为单一品种，也可进行多品种混交配置，或选用一些经济价值高的花卉，如金银花等。花地疏林内应设自然式道路，以便游人进入游览。道路密度以10%~15%为宜，沿路可设座椅、石凳或花架、休息亭等，道路交叉处可配置花丛。

（3）疏林广场的配置：在游人密度大，又需要进入疏林活动的情况下设置，林下全部为铺装广场。

2）密林的配置

密林指水平郁闭度在0.7~1.0的风景林。单纯密林由一种树种组成，配置时尽量利用起伏地形和异龄树疏密相间造林。其外缘适当配置些树群、树丛和孤植树。林下可选用耐阴、半耐阴的草花或低矮灌木为地被。混交密林是具有多层结构的植物群落，其垂直结构一般为3~6层。

3. 花坛植物的配置

1）花丛花坛的配置

花丛花坛的表现主题是以草本花卉花朵盛开时的花形和花色的群体美为主（见图1-21）。要求所选用的花卉必须花期一致，开花时间长，植株低矮，呈丛生状，花朵繁茂，盛花期见不到叶；适应性强，耐移栽，生长健壮。

花丛花坛植物配置时，应注意色彩构图。红、黄、橙色花卉，通常给人热情、活泼、温暖的感觉，适用于繁华地区或寒冷季节。蓝、绿、紫色通常给人悠闲、安静、凉爽的感觉，适用于安静休息区或炎热季节。对比色使人兴奋，调和色显示平静。花坛的线条、纹样间要防止出现顺色现象。组成花丛花坛的花卉，要中间高、四面低，互不遮挡视线。

2）模纹花坛的配置

模纹花坛的表现主题是以各种不同色彩的观叶植物和植株矮小的小型花卉所组成的

华丽图案模纹为主(见图1-22)。矮小的花卉一般种植在斜坡上,以加强其主体感;要求所用植株能组成精细的线条图案,耐修剪,易形成毛毡式或浮雕式形象。通常所用植物为苋科的小叶红、小叶绿、小叶黑,景天科的白草。模纹花坛的中心部分还可采用棕榈、苏铁、朱蕉、剑麻、小叶黄杨、一串红、香雪球等。

图1-21　花丛花坛

图1-22　模纹花坛

4. 绿篱植物的配置

绿篱植物的配置一般采用自然式和规则式。自然式任其自然生长,到一定时期更新复壮,多用于花灌木绿篱。规则式以人工修剪作型,如球形、杯形、三角形,纵断面剪成平墙式、城垣式或波状式等。

1)作为区划境界的绿篱

这种绿篱要与建筑物统一布局,在周界或庭园墙下路旁布置。既可衬托建筑物又可美化环境。修剪成规则形状,与主题一致,与环境协调。

2)作为边缘用的绿篱

如花坛、花境边缘或小路边,可用矮篱镶边,既起保护作用,又增加观赏效果。

3)组成图案的绿篱

用青翠矮生材料如景天类或枝叶细密的小灌木如小叶黄杨,修剪成矮篱,构成优美的图案,中间铺以色石砂子,别有艺术风趣。

4)装饰绿门

在公园或庭园入口处,通过对绿篱修剪,构成各式绿门。紧密形的可剪成规则式;疏散形的可以竹木为骨架,构成既透又掩的篱门。

5)组成空间的绿篱

把绿篱修剪成各种艺术造型,有高有低,分割出不同场地,组成不同境界的空间。

6)用做背景的绿篱

可作为花坛、雕像、喷泉等的背景,以色彩对比,突出观赏效果,多用浓绿高篱,但应注意协调。

7)绿屏障风

园林中有的部分如不宜人们观赏,可用高篱障隔,或以篱障风。

5. 攀缘植物的配置

1）墙面垂直绿化配置

墙面垂直绿化包括对楼房、平房与围墙墙面绿化。要求根据建筑物的高度及艺术风格选择攀缘植物。一般选用具有吸盘或吸附根、无须其他装置便可攀附墙面的植物，如爬山虎、常春藤等。建筑物正面垂直绿化需要注意与门窗的距离，一般在两窗或两门的中心栽植，墙上可铰入直条形或横条形铁丝，选用藤本蔷薇、木香、金银花等作植物材料。不高的围墙除选用爬山虎、五叶地锦外，还可应用低矮的多年生藤本植物，如金银花等。墙面垂直绿化种植间距一般为1~1.5 m，若用小苗定植，可适当缩小距离，或1穴植2株，长大后抽稀。

2）庭园垂直绿化配置

庭园垂直绿化一般于棚架、网架、廊、山石旁，栽植清香典雅或有经济效益的木香、紫藤、金银花、葡萄、猕猴桃等植物，创造幽静的小环境。

3）住宅垂直绿化配置

住宅垂直绿化除墙面绿化外，还有天井、晒台、阳台绿化。阳台光线充足，宜选用喜光、耐旱的攀缘植物。天井光照条件差，宜选耐阴的落叶攀缘植物。栽植地点一般沿边或角隅处，以免影响居民生活，天井、晒台、阳台垂直绿化要设支架，或让攀缘植物沿阳台栅栏、透空围杆生长。

4）土坡、假山垂直绿化配置

根系庞大、牢固的攀缘植物用于土坡可稳定土壤，美化土坡外貌。斜坡较陡时，可开水平台阶栽植攀缘植物。外形奇特的假山石可欣赏其体形，也可种植一些适宜的攀缘植物点缀其上，以增强自然生气。但不要影响山石的主要观赏面，以防喧宾夺主。外形不美观的石头，可以用攀缘植物覆盖。

6. 居住区绿化的配置

居住区的绿化，是城市中分布最广、最接近居民且最经常使用的绿化地带。它的主要任务是为居民创造舒适、安静的室外活动空间，改善住宅区周围的小气候及环境卫生条件以及美化街道与小区建筑艺术面貌。

1）居住区集中绿地

在建筑群中根据空间组合不同或为了利用不同的地形，常在住宅比较集中的地方布置1~3处集中绿地，其功能主要是供儿童活动和成人散步。可布置成小游园形式，或点缀几株乔木遮阴，再适当配置一些花灌木及休息凳椅等。

2）居住区行道树

小区内的道路绿化是组织和联系小区内各项绿地的纽带，并与城市其他绿地相连接。小区内的道路以人行为主或人车共用，因此应采用整齐的行列式配置并要求有一定的遮阴效果。由于车辆很少，因而可选用一些分枝点较低的树种如垂柳、合欢、刺槐、糖槭、元宝枫等。株行距不宜过密，一般以4~5 m为宜。

3）居住区庭园绿化

居住区主要是在住宅前后或两幢住宅之间进行绿化。由于庭园占小区绿地的大部分，因而庭园绿化是小区绿化的关键。庭园绿化最好在外围有绿篱镶边，角隅适当栽植花灌木丛，而庭园植树则应散植于院落中，为人们创造一个安静的环境条件。为了不影响房屋的通风透光,乔木树种要距离有窗建筑前5 m左右。另外对日晒窗前要考虑栽植高大乔木以取得遮阴效果。

(三)编写设计说明书

写清各种植物的规格、数量,编制统计表。

六、评分标准

序号	考核项目	考核内容	考核标准	考核方法	得分
1	行道树的配置	可做行道树的树种;行道树的配置(30分)	能说出适合做本地区行道树的树种至少两种,能合理配置本地区的行道树	个人考核 小组考核	
2	绿篱植物的配置	可做绿篱的树种;绿篱的配置(30分)	能说出适合做本地区绿篱的树种至少四种,能合理进行本地区绿篱的配置	个人考核 小组考核	
3	居住区绿化的配置	可做居住区绿化的花灌木树种;居住区庭园绿化的配置(40分)	能说出适合在本地区栽植的花灌木树种至少十种,能合理进行居住小区庭园绿化的配置	个人考核 小组考核	

七、思考与练习

(1)园林植物配置要考虑哪些原则和要求?

(2)园林植物配置的方式方法有哪些?

(3)各种用途园林植物如何配置?

八、知识拓展

(一)高速公路园林植物的配置

高速公路不同于一般公路,主要是由于行车速度。由于速度对观景的影响,高速公路的绿化设计强调简洁、大气、美观,也有采用自然配置的方法。另外,还要满足工程技术和交通安全的要求。高速公路的园林植物配置包括如下内容。

1. 中央隔离带绿化园林植物配置

中央隔离带两边有80 cm高的浅灰色的弓形钢防护栅板,绿化设计要在这之间形成一条比栅板高的绿带。在绿篱中每隔10 m栽一株比绿篱要高的花灌木或小乔木。但不能选用冠幅太大的树种,以免影响交通。中央隔离带绿化可以减弱路面色彩的单调感,减轻驾驶员长时间注视路面引起的疲劳。修剪整齐的绿篱与平坦的路面相协调,等距离种植的花灌木给人以强烈的节奏感。

2. 边坡绿化园林植物配置

边坡绿化是高速公路绿化的重要组成部分。它包括路肩、挖方边坡和填方边坡上的绿化。

首先是路肩上绿化树种的选择与栽植。高速公路是封闭式管理,不像普通公路那样需为行人提供绿荫。在树种选择上,多选用一些低矮成球状的树种,使其不遮挡视线。如在一些空旷地带的笔直路段，驾驶员很容易对速度产生错觉，造成不安全因素。如果在路旁栽植树木，则加强速度感。另外，在一些路旁景物不好的地段可以通过种植乔木进行遮挡，也可以采用美丽的景色加以强化。

高速公路给周边居民带来许多不良的影响，如噪声、污染、景观破坏等。特别是修筑的时候，往往对当地的自然地形、地貌、植被有很大的破坏，体现在边坡上。对边坡的处理有两种形式：一种是装饰性处理，利用植物材料和一些硬质材料在边坡绿化的同时，进行图案美化。另一种是自然化处理，修筑公路时对边坡进行修整，使边坡与自然地形衔接，尽量不破坏自然地形、地貌和植被，在进行绿化时，多采用本土植物自然式种植，使其恢复成与周边一样的植被。

边坡绿化不但要考虑美化功能，还要考虑吸尘、隔音、净化有害气体和防止雨水冲刷坡面，保护边坡和路基的功能。

3. 互通及立交桥绿地园林植物配置

在高速公路交叉口或出入口都有互通。互通绿地造景要避免雷同，要求体现个性和地域性及连续性。体现地域性可与当地人文或自然特征联系起来进行造景。

（二）花坛布置形式

1. 毛毡花坛

毛毡花坛多布置在草坪或庭园当中，直径大小不一。花纹图案较多，或镶成文字，从四周看都可均匀对称。所用材料：中间强调材料可用龙舌兰、芭蕉、美人蕉、棕榈、苏铁、雪松、云杉等。中高以不超过花坛半径的1/2为宜。内部花纹材料可以用五色草、彩叶草、佛甲草，周边以景天、石莲花、马蔺或较低矮的金老梅、银老梅镶边。

2. 带状花坛

带状花坛以长条形为主，布置在路边、园边或草地边，或布置在大门或入口的两侧或布置在前边低、后边高的缓坡上。较复杂的带状花坛常与街心绿化带相配合，参与街心小游园的布置。在人多的宽阔地带，可布置组群花坛，以发挥花卉与灌木配置的观赏效果。

3. 立体花坛

立体花坛布置在大门入口、路口或建筑物前。打好基础，以竹木、铁线构筑骨架，做成花篮、火箭、时钟等图形，还可装饰点缀鲜花、横雕等。

（三）攀缘植物的配置方法

（1）附壁式：常用攀缘植物有爬山虎、五叶地锦、常春藤、凌霄等。

（2）凉廊式：以攀缘植物覆盖廊顶，形成绿廊和花廊，常用植物有紫藤、凌霄、葡萄、木香、藤本月季等。

（3）棚架式：居住区多见，常用植物有葡萄、丝瓜、葫芦、栝楼等。

（4）篱垣式：包括篱架、矮墙、铁丝网的垂直绿化，常用攀缘植物有金银花、牵牛花、茑萝、五叶地锦等。

（5）凭栏蔓靠式：常见靠近棚栏、角隅栽植带钩刺攀缘植物，如蔓性蔷薇等。

（6）立柱式：攀缘植物靠吸盘或卷须沿牵拉于立柱之上的铁丝生长，常用攀缘植物有金银花、凌霄、五叶地锦等。

（7）垂挂式：如以凌霄、五叶地锦垂挂于入口遮雨板处。

项目二 园林植物栽植技术

任务一 园林植物栽植前的准备工作

一、教学目标

(1)了解园林植物栽植前准备工作的内容。

(2)能按设计要求进行种植地的准备。

(3)能按设计要求进行苗木的准备。

二、任务提出

北方某城市根据城市发展的需要,在江南建一新城区,要进行新区的园林绿化,该工程是在原农民住宅、农田及一些工厂的楼房、居民楼的拆迁地上进行新城的区划和绿化。根据绿化设计要求,进行园林植物栽植前的种植地和苗木的准备工作。

三、任务分析

要进行新城区的绿化种植,就要在园林绿化工程开工前,做好绿化施工的一切准备工作,如土壤的准备、苗木的准备、栽植工具的准备等,以确保绿化施工高质量地按期完成,达到绿化美化的效果。

四、相关知识

(一)施工方案的内容

施工方案是根据工程规划设计所制订的施工计划,也叫施工组织设计或组织施工计划。

根据绿化工程的规模和施工项目的复杂程度制订的施工方案,在计划的内容上要尽量考虑得全面而细致,在施工的措施上要有针对性和预见性,文字要简明扼要,抓住关键,其主要内容如下。

1. 工程概况

工程名称、施工地点;设计意图;工程意义、原则要求及指导思想;工程的特点及有利和不利条件;工程的内容、范围、工程项目、任务量、投资预算等。

2. 施工的组织机构

参加施工的单位、部门及负责人;需要设立的职能部门及其职责范围和负责人;明确施工队伍、确定任务范围、任命组织领导人员、明确有关的制度和要求;确定劳动力的来源及人数。

3. 施工进度

分单项进度与总进度,确定其起止日期。

4. 劳动力计划

根据工程任务量及劳动定额,计算出每道工序所需用的劳动力和总劳动力,并确定劳动力的来源、使用时间及具体的劳动组织形式。

5. 材料和工具供应计划

根据工程进度的需要,提出苗木、工具、材料的供应计划,包括用量、规格、型号、使用期限等。

6. 机械运输计划

根据工程需要,提出所需用的机械、车辆,并说明所需机械、车辆的型号,日用台班数及具体使用日期。

7. 施工预算

以设计预算为主要依据,根据实际工程情况、质量要求和届时的市场价格,编制合理的施工预算。

8. 技术和质量管理措施

制定操作细则,施工中除遵守统一的技术操作规程外,应提出本项工程的一些特殊要求及规定;确定质量标准及具体的成活率指标;进行技术交底,提出技术培训的方法;制定质量检查和验收的办法。

9. 绘制施工现场平面图

对于比较大型的复杂工程,为了了解施工现场的全貌,便于对施工的指挥,在编制施工方案时,应绘制施工现场平面图。平面图上主要标明施工现场的交通路线、放线的基点、存放各种材料的位置、苗木假植地点、水源、临时工棚和厕所等。

10. 安全生产制度

建立、健全保障安全生产的组织;制定安全操作规程;制定安全生产的检查和管理办法。

绿化工程项目不同,施工方案的内容也不可能完全一样,要根据具体工程情况加以确定。另外,生产单位管理体制的改革、生产责任制、全面质量管理办法和经济效益的核定等内容,对于完成施工任务都有重要的影响,可根据本单位的具体情况加以实施。

(二)园林树木选择的条件

树木的年龄对移植成活率的高低有很大影响,并与成活后在新栽植地的适应和抗逆能力有关。

1. 幼龄苗木

幼龄苗木株体较小,根系分布范围小,起掘时根系损伤率低,移植过程较简便,并可节约施工费用。由于保留须根较多,起掘过程对树体地下部分与地上部分的平衡破坏较小。栽后受伤根系再生力强,恢复期短,成活率高。同时地上部枝干经修剪后留下的枝芽也容易恢复生长。该阶段苗木整体上营养生长旺盛,对栽植地环境的适应能力较强。

幼龄苗木缺点是植株体积小,容易遭受人畜的损伤,尤其在城市环境条件下,更易受到外界损伤,甚至造成死亡而缺株,影响日后的景观效果。同时幼龄植株如果规格较小,绿化效果发挥得也较差。

2. 中壮龄苗木

中壮龄苗木移栽较易成活，绿化效果发挥也较快。由于城市绿化的需要和环境条件特点，一般绿化工程多用较大规格的中壮龄苗木。为提高栽植成活率，应选用在苗圃经过多次移植的大苗。园林工程选用的苗木规格是，落叶乔木选用胸径 3 cm 以上的苗木，行道树和人流活动频繁之处还应更大些；常绿乔木，应选树高 1.5 m 以上的苗木。

3. 壮老龄树木

壮老龄树木根系分布深广，吸收根远离树干，起掘时伤根率高，移栽成活率低。为了提高移栽成活率，对起苗、运苗、栽植及养护技术要求较高，必须带土球移植或缩坨断根，施工养护费用高。但壮老龄树木树体高大、姿形优美，移植成活后能很快发挥绿化效果，对重点工程在有特殊需要时，可以适当选用。

（三）种植地土壤的准备

1. 清理障碍物

在园林工程施工前，要清除栽植地的各种障碍物。在绿化工程用地地界之内，有碍施工的市政设施、农田设施、房屋、树木、坟墓、堆放杂物、违章建筑等，一律进行拆除和搬迁。对现有树木的处理要慎重，对于病虫害严重的、衰老的树木要予以砍伐；凡结合绿化设计可以保留的尽量保留，无法保留的可进行移植。

障碍物清理工作涉及面广，要协同相关部门依法清障。

2. 地形整理

地形整理是指从土地的平面上，将绿化地区与其他地区划分开，根据绿化设计图纸的要求整理出一定的地形，可与清除地上障碍物相结合。有混凝土的地面一定要刨除，否则会影响树木的成活和生长。地形整理应做好土方调度，先挖后垫，以节省投资。

3. 地势整理

地势整理主要为绿地的排水，绿地界限划清后，要根据本地区排水的大趋向，将绿化地块适当填高，再整理成一定坡度，使其与本地区趋向一致。一般城市街道绿化的地形整理要比公园的简单些，主要是与四周的道路、广场的标高合理衔接，使行道树范围内排水畅通。洼地填土或回填土壤时，要分层夯实，并适当增加填土量，以免形成低洼坑地，不能自行径流排水；否则地面下沉后再回填土壤，则树木被深埋，易造成植物死亡。

4. 栽植地整理

地形地势整理完毕之后，要在种植树木范围内对土壤进行整理。原农田菜地的土质较好，只需要加以平整，不需换土。如果在建筑遗址、工程弃物、矿渣炉灰等地，需要清除渣土并换土。对于树木定植位置上的土壤改良，待定点刨坑后再行解决。

五、任务实施

（一）了解设计意图与工程概况

施工前要仔细阅读图纸上的所有内容，并听取设计技术交底和主管部门绿化效果的要求。了解植树、铺种草坪、建花坛以及土方、道路、给排水、山石、园林设施等工程的范围、工程量和工程进度。了解工程总进度,开始和竣工日期。要特别强调植树工程进度的安排必须以不同树种的最适栽植日期为前提,其他工程项目应围绕植树工程来进行。了解工程投资及设计概算。了解施工现场地上构筑物处理要求、地下管线分布现状及设计单位与管线管理部门的配合情况等。了解施工现场及附近水准点,以及测量平面位置的导线点,以便作为定点放线的依据,或确定一些永久性的构筑物,作为定点放线的依据。了解各项工程材料的来源渠道,其中主要是苗木的出圃地点、时间及质量。了解施工所需用的机械和车辆的来源。

(二)踏勘现场

在了解设计意图和工程概况后,负责施工的主要人员必须亲自到现场进行细致的踏勘与调查。主要了解以下内容:

(1)各种地上物(如房屋、原有树木、市政或农田设施等)的去留及需要保护的地物(如古树名木等)。要拆迁的应如何办理有关手续与处理办法。

(2)现场内外交通、水源、电源情况,现场内外能否通行机械车辆,如果交通不便,则需确定开通道路的具体方案。

(3)施工期间生活设施的安排。

(4)施工地段土壤的调查,以确定是否需要换土,估算客土量及其来源和用工量等。

(三)制订施工方案

施工单位了解设计意图和对施工现场踏勘以后,应组织有关技术人员研究制订出一个全面的施工安排计划,并由经验丰富的技术人员负责编写,经审核后定稿形成施工组织方案。其内容有:施工组织领导和机构;施工程序及进度表;制定施工预算;制定劳动定额;制定机械及运输车辆使用计划及进度表;制定工程所需的材料、工具及提供材料工具的进度表;制定栽植工程的施工阶段的技术措施和安全、质量要求;绘出平面图,在图上标出苗木假植、运输路线和灌溉设备等的位置。

(四)苗木准备

苗木必须符合以下要求:

(1)根系发达而完整,主根短直,接近根颈一定范围内要有较多的侧根和须根,起苗后大根系无劈裂。

(2)苗干粗壮通直(藤本除外),有一定的适合高度,不徒长。

(3)主侧枝分布均匀,能构成完美树冠,要求丰满。其中常绿针叶树,下部枝叶不枯落成裸干状。干性强并无潜伏芽的某些针叶树(如某些松类、冷杉等),中央领导枝要有较强优势,侧芽发育饱满,顶芽占有优势。

(4)无病虫害和机械损伤。

(五)种植地准备

1. 整理平缓地

对坡度 10° 以下的平缓耕地或半荒地,采取全面整地。通常采用的整地深度为 30 cm,以利蓄水保墒。对于重点布景地区或深根性树种可翻到 50 cm 深,并施有机肥,以改良土壤。平地整地要有一定的倾斜度,以利排除多余的雨水。

2. 市政工程场地和建筑地区的整地

在这些地区常遗留大量的灰槽、灰渣、砂石、砖石、碎木及建筑垃圾等，在整地之前应全部清除，还应将因挖除建筑垃圾而缺土的地方换入肥沃土壤。由于夯实地基，土壤紧实，所以在整地的同时应将夯实的土壤挖松，并根据设计要求处理地形。

3. 低湿地区的整地

低湿地区土壤坚实，水分过多，通气不良，土质多带盐碱，即使树种选择正确，也常生长不良，解决的办法是挖排水沟，降低地下水位，防止土壤返碱。通常在种植前一年，每隔 20 m 左右挖一条深 1.5~2.0 m 的排水沟，并将掘起来的表土翻至一侧培成垄台，经过一个生长季，土壤受雨水的冲洗，盐碱减少、杂草腐烂、土质疏松、不干不湿，即可在垄台上种树。

4. 新堆土山的整地

挖湖堆山，是园林建设中常用的改造地形的措施之一，人工新堆的土山，要使其经过一定时期的自然沉降，然后再整地植树。因此，通常在土山堆成后，至少经过一个雨季，才开始实施整地，人工土山多数不太大，也不太陡，又全是疏松新土，可以按设计进行局部的自然块状整地。

5. 荒山整地

荒山整地之前，要先清理地面，刨出枯树根，搬除可移障碍物。在坡度较平缓、土层较厚的情况下，可以采用水平带状整地。这种方法是沿低山等高线整成带状的地段，可称环山水平线整地。在干旱石质荒山及黄土或红壤荒山的植树地段，可采用连续或断续的带状整地，称为水平阶整地。在水土流失较严重或急需保持水土、使树木迅速成林的荒山，则应采用水平沟整地或鱼鳞坑整地。

六、评分标准

序号	考核项目	考核内容	考核标准	考核方法	得分
1	种植地的准备	现场清理，种植地整地(50 分)	能根据现场不同类型地块确定正确的整地方法	个人考核 小组考核	
2	苗木的准备	园林绿化苗木选择的条件(50 分)	能进行园林绿化苗木的正确选择	个人考核 小组考核	

七、思考与练习

(1)适合进行园林绿化的苗木有哪些要求？

(2)在你所在城市中新建绿地时，怎样进行不同类型园林绿地的整地？

(3)为学院编写一个垂直绿化的施工技术交底。

八、知识拓展

(一)技术交底

技术交底是技术管理中的一项重要制度。它是在单位工程或分项工程正式施工前，对参与施工的管理人员、技术员和工人进行的一次技术性的交代与说明，使参与施工的人员对施工对象从设计情况、建筑结构特点、技术要求到施工工艺等方面都有一个较详细的了解，做到心中有数，以便科学地组织施工及合理地安排工序，避免发生技术指导错误或操作错误。园林广场工程施工技术交底见表2-1。

表2-1　园林广场工程施工技术交底

工程名称		交底部位	
工程编号		日期	

交底内容：

园林广场工程施工

1. 施工准备

1.1 材料准备

准备施工机具、路面基层和面层的铺装材料，以及施工中所需要的其他材料；清理施工现场。

1.2 场地放线

根据广场设计图绘制施工坐标方格网，把所有坐标点测设在场地上，并在各坐标点上打桩定点。然后以坐标点为基准，根据广场设计图，在场地地面上放出场地的边线，主要地面设施的范围线及挖方区、填方区之间的零点线。

1.3 地形复核

对照广场竖向设计图复核场地地形。各坐标点、控制点的自然地坪标高数据有缺漏的，应在现场测量补上。

2. 场地处理

场地处理主要是挖方与填方施工、场地整平与找坡以及确定边缘地带的竖向连接方式。

2.1 挖方与填方施工

挖方、填方工程量较小时，可用人力施工；工程量大时，应进行机械化施工。预留作草坪、花坛和乔灌木种植地的区域，可暂不开挖。水池区域应同时挖到设计深度。填方区的堆填顺序，应是先深后浅；先分层填实深处，然后再填浅处。每填一层夯实一层，直到设计的标高处。挖方过程中要把挖出的适宜栽培的肥沃土壤，临时堆放在广场外边，以后再将其填入花坛和草坪种植地中。

2.2 场地整平与找坡

挖方、填方工程基本完成后，应对挖出、填入的新地面进行整理。要铲平地面，使地面平整度变化控制在20 mm以内。根据各坐标桩标明的该点挖填高度数据和设计的坡度数据对场地进行找坡，保证场地内各处地面都基本达到设计的要求。土层松软的局部区域，还要作地基加固处理。

2.3 确定边缘地带的竖向连接方式

根据场地周边同建筑、园路、管线等的连接条件，确定边缘地带的竖向连接方式，调整好连接点的地面标高。还要确认地面排水口的位置，调整排水沟底部标高，使广场地面与周围地坪连接更加自然，排水、通道等方面的矛盾降到最低限度。

3. 地面施工

3.1 基层的施工

3.2 面层的施工

3.3 地面装饰

技术负责人：　　交底人：　　接交人：

(二)不同用途绿化苗木冠形和规格

1. 行道树

行道树要求树干高度合适。杨、柳等速生树种胸径应在4~6 cm,槐、银杏、三角枫等慢生树种胸径在5~8 cm(大规格苗木除外)。分枝点高度一致,不低于2.5 m,由于双层大巴及集装箱运输车辆增多,城市主干道行道树苗木分枝点不应低于3.5 m。具有3~5个分布均匀、开张角度适宜的主枝,枝叶茂密,树冠完整。

2. 花灌木

花灌木要求株高在1 m左右,有主干或主枝3~6个,分布均匀,根际有分枝,冠形丰满。

3. 孤植树

孤植树要求个体姿态优美,有特点。庭荫树干高2 m以上;常绿树枝叶茂密,有新枝生长,不烧膛;中轴明显的针叶树基部枝条不干枯,圆满端庄。

4. 绿篱植物

绿篱植物要求株高大于50 cm,个体一致,下部不秃裸;球形苗木枝叶茂密。

5. 藤本植物

藤本植物要求有2~3个多年生主蔓,无枯枝现象。

任务二　乔灌木裸根栽植技术

一、教学目标

(1)掌握园林植物栽植季节和栽植时期。

(2)掌握乔灌木裸根包装、运输技术。

(3)会按设计要求挖掘乔灌木裸根苗木。

(4)能在施工现场指导和完成乔灌木的裸根苗栽植与养护。

(5)了解促进植物生根的技术。

二、任务提出

在新城区已经准备好的绿化场地上,按照图纸设计要求,栽植不同用途的乔灌木裸根苗。

三、任务分析

进行乔灌木裸根苗的栽植时,首先要根据城市绿化设计要求的苗木规格,到苗木现场采购和挖掘合格苗;其次把起出的裸根苗安全运到栽植地,最关键的是要按照规划设计标准,将不同用途的乔灌木裸根苗栽植到绿地,以达到绿化美化城市的目的。

四、相关知识

(一)园林树木栽植概念

栽植是将树木从一个地点移植到另一个地点,并使其继续保持正常生长的操作过程,包括起挖、搬运、种植三个基本环节。起(掘)挖是将树木从生长地连根挖(掘)起来;搬运是将挖(掘)出的树木运到栽植地点;种植是按设计要求将树木放入事先挖好的坑(穴)中,使树木的根系与土壤紧密接触。园林树木种植时依据种植时间长短和地点的变化,分为假植、寄植、移植和定植。

(1)假植:是苗木出圃后如不能及时栽植,短时间或临时性把起(挖)的苗木根系埋入湿润土壤中,防止苗木根系失水、失去生活力的操作过程。

(2)寄植:是建筑或园林基础工程尚未结束,而结束后又需及时进行绿化施工的情况下,为了贮存苗木,促进生根,将植株临时种植在非定植地或容器中的方法。寄植比假植的要求高,一般是早春树木发芽前,按规定挖好土球苗或裸根苗,在施工现场附近进行相对集中的培育。

(3)移植:苗木栽植在一个地方,生长一段时间后仍需移走,此次栽植叫移植。

(4)定植:按设计要求将树木栽植在计划位置后永久性地生长在栽种地。

在园林树木的栽植过程中,一定要采取有力措施,以保持和恢复树体的水分平衡。一方面,要尽可能多地带根系;另一方面,必须对树冠进行相应的、适量的修剪,减少地上部分的蒸发量,最大限度地维持根冠水分代谢平衡。保证树木栽植成活的关键,首先要做到缩短起苗、运苗和栽植的时间,严格保湿、保鲜,防止苗木过度失水,保证树木有较强的生活力和发根能力;其次是采取措施促进苗木伤口愈合及发出更多新根,尽快恢复和扩大根系的表面吸收能力;最后在栽植中要使树木根系与土壤密切接触,并立即浇水,使水分能顺利进入树体,恢复树体水分代谢平衡,保证栽植树木的成活。

(二)栽植季节

1. 春季栽植

园林树木的根系在早春即先于地上部分开始活动。由于春季气温不断回升、地温转暖、雨水较多、空气湿度大、土壤水分条件好,有利于根系的主动吸水,符合先长根后发枝叶的物候顺序,因此是我国大部分地区的最佳栽植时期。此期在土壤化冻后至树木发芽前,只要便于施工应尽早栽植。最好的栽植时期是在树木新芽开始萌动前的两周或数周。特别是落叶树种,一定要在新芽开始膨大或新叶开放前栽植,否则易导致枯萎死亡,或由休眠芽再生新芽,当年多数生长不良。但春季栽植适期短,要安排好栽植的先后顺序,发芽早的先栽植,发芽晚的可以适当晚栽。

春季栽植持续时间较短,一般为2~4周。华北、东北地区多在3月上中旬至4月中下旬栽植。华东地区的落叶树种以2月中旬至3月下旬为最佳。

2. 夏季栽植

夏季园林树木生长旺盛、枝叶蒸腾量大,根系需吸收大量水分,而此季节土壤水分蒸发作用很强,易干燥缺水,不符合植物生长规律,栽植后树木在数周内易受旱害,所以夏季栽植成活率不高。但在华北、西北及西南等春季干旱的地区,可以掌握雨季时机进行栽植,成活率较高。如果特殊工程需要必须在夏季栽植时,要采取带土球栽植,栽后定时为树冠喷水和树体遮阴,也可获得较高的成活率。

3. 秋季栽植

秋季气温逐渐下降,土壤水分状况好,对春季严重干旱、风沙大的地区,秋季栽植较好,但易发生冻害和冷害的地区不适合进行秋季栽植。

秋季栽植时期为落叶盛期以后至土壤冻结前,实践证明也可以秋季带叶栽植,栽后愈合发根快,翌年萌芽早。但带叶栽植不能太早,应在大量落叶时开始,以免因枝叶过多失水而降低成活率。在气候比较温暖的南方地区,由于气温较适宜,树体根部被切断后能尽早愈合,并有新根生出。翌春能迅速生长,有利于树体地上部分枝芽的生长。华东地区的秋植,可延至 11 月上旬至 12 月中下旬;早春开花的树种应在 11 月前栽植;针叶树以秋植为好。

4. 冬季栽植

南方冬季比较温暖,土壤不冻结,可以进行冬季栽植。北方或高海拔地区,土壤冻结、天气寒冷,不适宜冬季栽植。但在冬季严寒的华北北部、东北大部,由于土壤冻结较深,可以采用带冻土球的方法栽植大树。

(三)栽植深度

栽植深度应以新土下沉后,树木基部原来的土痕与地面相平或稍低于地面 3~5 cm 为准。栽植过浅,根系受风吹日晒,容易干燥失水,抗旱性差;栽植过深,树木生长不旺盛,甚至造成根系窒息死亡,或几年内死亡。苗木栽植深度因树木种类、土壤质地、地下水位和地形地势而不同。一般发根能力强的树种,如杨、柳、杉木等和穿透力强的树种,如悬铃木、樟树等可适当深栽;榆树可以浅栽。土壤黏重、板结应浅栽,质地疏松可深栽。土壤排水不良或地下水位过高应浅栽,土壤干旱、地下水位低应深栽。坡地可深栽,平地和低洼地应浅栽,甚至有时需要抬高栽植。一般南方雨水丰富可浅栽,北方较干旱常深栽。此外,栽植深度还应注意新栽植地的土壤与原生长地的土壤差异。如果树木从原来排水良好的立地移栽到排水不良的立地上,其栽植深度应比原来浅 5~10 cm。

五、任务实施

(一)乔灌木裸根苗起苗操作技术

1. 起苗前的准备工作

1)选苗

为了提高苗木移植的成活率和满足园林设计的要求,移植前要按设计要求和苗木选择标准进行苗木的选择,将选定的苗木用油漆、记号笔等在树木的一个方向作标记,称为"号苗"。如果土壤干旱,在起苗前几天进行灌水,使土质变软,以利于起苗并能多带根系。

2)拢冠

对枝条分布较低、枝条长而柔软、冠丛较大、带刺的树木,为方便挖掘操作、保护树冠,同时方便运输,应先用草绳将树冠及侧枝拢起,分层在树冠上打几道横箍,分层捆住树冠的枝叶,然后用草绳自下而上将横箍连接起来,使枝叶收拢,捆绑时要松紧适度,不能折伤侧枝。

起苗前还要准备好起苗工具，如铁锹、手锯、剪枝剪或起苗机械等，使用工具要锋利；挖掘机、吊车等要检修合格；同时还要准备草绳、草袋等包扎材料。

2. 起苗技术

裸根起苗是将树木从土壤中挖出后苗木根系裸露不带土壤的方法（见图2-1），是为了给移植苗木提供良好的成活条件，在尽可能小的挖掘范围内保留尽可能多的根系，以利于栽植成活。起苗时，所带根系范围越大，保留的根系就越多，栽植成活率就高，但起苗时操作困难，挖掘和运输时成本高。

图2-1　裸根苗

裸根起苗适用于胸径不超过10 cm的休眠期的落叶乔木、灌木及藤本。应在春季解冻以后、发芽以前进行。

落叶乔木和灌木的裸根起苗所用工具少，使用材料不多，方法简单，成本较低。但损伤根系较多，特别是须根损伤更多。起苗后根系裸露在外，易失水干燥，应防止日晒，并进行保湿处理。

起出的苗木如果不能及时运走，应将其放在原土穴内假植，将根系用湿土盖好；如果放置时间过长，应该视土壤的湿润度适当灌水，保持土壤的湿度，防止降低苗木的成活率。

裸根起苗的规格是要保证树木的根系有一定的幅度和深度，起苗的深度在根系主要分布层以下，多数乔木树种深度为60～90 cm。人工起苗时以树干为圆心，乔木以树木胸径的4～6倍为半径、灌木以株高的1/3为半径画圆，以圆形绕树一周向外垂直挖掘到一定深度，并切断外围侧根，再从侧面向内深挖，适当晃动树干，如遇直径3 cm以上粗根时要用锋利的铲子或手锯锯断，不要强拉或硬切，防止造成主根的劈裂，要保证切口平整，尽量减少对根系的损伤。根系全部切断后，可轻拍去掉根系外围土块。同时将已经劈裂的根系作适当修剪，尽量保留须根。可将根系蘸上泥浆，或者将根系内的护心土保留一些。还可以用机械起苗（见图2-2）。

图2-2　人工起苗和机械起苗

（二）苗木运输及假植技术

1. 苗木运输技术

起苗技术要求遵循“随起苗、随包装、随运输、随栽植”的原则，要以最短的时间将苗木运到栽植地进行栽植。

装车前，首先要检查苗木的质量，对损伤过度栽植不能成活的树木予以淘汰，再一次核对苗木的数量、种类及规格是否符合要求。在车厢底部垫好草袋或其他软物，避免苗木与车厢摩擦损伤苗木。装车时要将苗木根系向前，树梢向后，按一定顺序轻轻放好，不能压得太紧，装车时注意树干与车厢接触处要用软物垫起，树梢不要拖地（见图2-3）。根部保持湿润，用苫布盖严并捆好。在苗木运输过程中，要有专人跟车押运。运输距离较短时，要尽快运到栽植地，中途不要停车，运到后及时卸车；如运输距离较长，苗木易被风吹干，押运人员要定期检查，及时为苗木浇水，中途休息时要将运苗车停在避阴处。苗木运到后，立即检查苗木根系情况，如根系较干要浸水1～2天。目前在远距离、大规格裸根苗的运输中，已采用集装箱运输，既简便又安全。

图2-3　裸根苗装车

裸根苗在卸车时要轻拿轻放，按顺序从上到下分层卸下苗木，不能抽取，防止损伤苗木。小心轻放，杜绝装卸过程中乱堆乱放的野蛮作业。

2. 苗木假植技术

在园林绿化施工中，要求在苗木运到前就做好栽植前的各项准备工作，苗木运到后当天就要栽植，但有时却常常由于某种原因，如施工地形整理不合格、栽植穴没有挖好、劳动力不足等，致使运到的苗木不能立即栽植，因此需要将这些苗木进行假植。如果假植不超过一天可以选择临时放置，将苗木根部先用水喷湿后用苫布或草袋等盖好。由于春季风大，所以在干旱风大地区应在栽植地附近挖沟，将苗木单株依次摆好，并将根部用湿土假植起来。

如果需要长时间假植，则假植地应选在不影响施工的工地附近。在背风处挖假植沟，沟的长度视假植苗木的数量而定。沟宽1.5～2.0 m、深30～50 cm，迎风一面挖成30°斜坡，相对一面垂直，或视苗木大小而定。将苗木按不同品种，树梢顺当地风向，逐株单行摆放在假植沟中，用挖出的疏松土壤将苗木根部埋好，并使根系间充满土壤，依次一行行假植好。如果土壤过于干燥要适当浇水，但不可过湿以免影响下一步的施工操作。

（三）定点放线

定点放线即是在现场测出苗木种植位置和株行距。由于树木种植方式各不相同，定点放线的方法也有很多种，常用的有以下三种。

1. 自然式配置放线法

（1）坐标定点法：根据植物配置的疏密度，先按一定的比例在设计图及现场分别打好方格，在图上用尺量出树木在某方格的纵横坐标尺寸，再按此位置用皮尺确定在现场相应的方格内。

(2)仪器测放法：用经纬仪等仪器依据地上原有基点或建筑物、道路将树群或孤植树依照设计图上的位置依次定出每株树的位置。

(3)目测法：对于设计图上无固定点的绿化种植，如灌木丛、树群等可用上述两种方法划出树群的种植范围，其中每株树木的位置和排列可根据设计要求在所定范围内用目测法进行定点，定点时应注意植株的生态要求并注意自然美观。定好点后，采用白灰打点或打桩，标明树种、种植数量(灌木丛群)、穴径。

2. 规则式配置(行列式)放线法

对于成片整齐式种植或行道树的放线法，可用仪器和皮尺定点放线，定点的方法是先以绿地的边界、园路广场和小建筑物等的平面位置作为依据，量出每株树木的位置，钉上木桩，写明树种名称。要求横平竖直，整齐美观，可以地面固定设施为准来定点放线。

一般行道树的定点是以路牙或道路的中心为依据，可用皮尺、测绳等，按设计的株距，每隔 10 株钉一木桩作为定位和种植的依据，定点时如遇电杆、管道、涵洞、变压器等物应躲开，不应拘泥于设计的尺寸，而应遵照与障碍物相距的有关规定距离。

3. 等距弧线放线法

若树木种植为一弧线(如街道曲线转弯处的行道树)，放线时以路牙或中心线为准，可从弧的开始到末尾，每隔一定距离分别画出与路牙垂直的直线，在此直线上，按设计要求的树与路牙的距离定点，把这些点连接起来就成为近似道路弧度的弧线，于此线上再按株距要求定出各点来。

定点放线后由设计或有关人员验点，合格后方可施工，否则返工。

(四)挖穴

为使树木的根系有一个良好的生长环境，有利于树木的成活和促进树木的生长，种植穴的规格要严格按照设计的要求，过深或过浅都会影响和阻碍树木的生长，因此要有足够的大小，可容纳树木的全部根系并舒展开。

挖穴时以定点为圆心，以规定的穴径画圆。然后沿所画线垂直向下挖掘，将表土、心土分开放，同时拣净石块、草根等。一般穴径和穴深要比根幅与根系深大 20～30 cm，如果土壤贫瘠、坚硬需换土或施肥的栽植地，所挖树穴要加大加深。穴壁上下大体要垂直，切忌挖成锅底形或 V 字形。含有建筑垃圾的土壤、盐碱土、重黏土、沙土及含有其他有害成分的土壤，应根据设计规定全部或部分地用种植土加以更换。苗木规格与栽植穴大小的关系见表 2-2。

表 2-2 苗木规格与栽植穴大小的关系

乔木胸径(cm)	落叶灌木高度(m)	常绿树木高度(m)	穴径(cm)×穴深(cm)
<3	<1.2	1.0～1.5	(50～60)×40
3～5	1.2～1.5	1.5～2.0	(60～70)×(40～50)
5～7	1.5～1.8	2.0～2.5	(70～80)×(50～60)
7～10	1.8～2.0	2.5～3.0	(80～100)×(60～70)

挖穴时如发现电缆、管道时，应停止操作，并及时与设计人员及有关部门商讨解决。

（五）配苗或散苗

配苗是将运进的准备栽植的苗木按设计要求再分级，使苗木之间在栽植后趋于一致，达到栽植有序并达到最佳景观效果。如街道两侧的行道树树高、胸径都基本一致时，观赏效果好，美化效果突出。在进行乔木配苗时，一般高差不超过 50 cm，胸径不超过 1 cm。

图 2-4 散苗

散苗是将苗木按图纸及定点木桩上标示，散放在栽植地的定植穴旁对号入座，散苗时要细心核对，避免散错，以达到设计的景观效果（见图 2-4）。散苗要与栽植同步，做到边散边栽、散完栽完，尽量减少树木根系暴露在外的时间，以减少树木水分消耗，提高栽植成活率。

（六）栽前修剪

苗木出圃时已经过修剪，但在装车、运输和卸车过程中，苗木还会有不同程度的损伤，所以在栽植前还要对苗木进行适当修剪，以减少树体水分蒸发，维持树势平衡，以利于树木的成活，修剪量根据不同树种及不同景观要求而不同。

行道树树体高大，栽植后修剪费时、费工，因此通常在栽植前进行一次修剪，主要是进行调整修剪和完善树形的修剪。

1. 地上部分修剪

剪除衰老枝、病枯枝、纤细枝及受伤枝。对长势较强、萌芽力强的树种，如杨、柳、榆、槐、悬铃木等可进行强修剪，树冠可以剪去 1/2 以上，以减轻根系负担，保持树体的水分平衡，减弱树冠招风、摇动，提高树体栽植后的稳定性。中心主干明显的高大落叶乔木，应保持原有树形，适当疏枝，保留的主侧枝应在健壮芽上短截，剪去枝条的 1/5～1/3；其他侧生枝条可重截（剪短 1/2～2/3）或疏除。此种修剪既可保证成活，又可保证栽植成活后形成具有明显中心干的树形。中心干不明显的树种，选择直立枝代替中心干生长，通过疏剪或短截控制与直立枝条竞争的侧枝；有主干无中心干的树种，主干部位的树枝量大，可在主干上保留几个主枝，保持原有树形进行短截。

行道树的修剪还要注意定干高度。根据园林绿化设计要求，行道树主干高度在 2.5～3.0 m，第一主枝以上枝条应全部剪除，分枝点以上枝条视情况可进行疏剪、回缩或短截。

灌木树种中如上年花芽分化已完成或湿润地区带宿土的裸根树木，可不修剪，只将枯枝、病虫枝和折断枝进行修剪；分枝明显、新枝着生花芽的灌木，要顺应树势适当强剪，促进新枝生长，更新老枝；枝条茂密的大灌木，要适当疏树。

2. 地下部分修剪

裸根苗在运到栽植地后，栽植前还会有不同程度的损伤，要对根系进行适当修剪，主要是将断根、劈裂根、严重磨损根、生长不正常根、病虫根及生长过长的根系再次进行修剪，以利于栽植和栽植后根系的恢复(见图2-5)。

图2-5　根系修剪

(七)修穴、换土、施基肥

栽植前要检查树穴的质量，如过浅或穴不够大，应扩穴和加深挖掘。对需要换土的，要将栽植穴内填上一些新土；同时在穴底施入有机肥或化肥，在基肥上面撒一层5 cm厚土后再栽植树木，以防化肥灼伤苗木根系。

(八)裸根苗木栽植技术

1. 堆土丘

放苗前先比试根幅与穴的大小和深浅是否合适，如不合格要进行修整。先在穴底堆一个半圆形土丘，10～20 cm厚疏松土壤。

2. 放苗

一人放苗于穴内扶树、找直，比试根幅与穴的大小和深浅是否合适，并进行适当修整。行列式栽植，应每隔10～20株在规定位置上栽一株“标杆树”。如有弯干的苗木应使其弯向行内，并与“标杆树”对齐，左右相差不超过树干的一半，达到整齐美观的效果(见图2-6)。将苗放于土丘上，同时要使根系沿锥形土堆均匀向四周自然散开，保证根系舒展，防止窝根。同时校正位置，如树木无冻害或无日灼现象的，应将树形及长势最好的一面朝向主要观赏方向；对易发生冻害的树木，栽植时应保持原生长方向，如果原来树干朝南的一面栽植时朝北，则冬季树皮易受冻害，夏季易遭日灼。

图2-6　瞄准放苗

3. 栽植

栽植时，另一人先填入细碎、湿润、疏松、肥沃的表土或营养土，与根部接触的土壤一定要细碎、湿润，防止大土块挤压伤根和留下空洞。然后分层回填土，填入一半深表土，轻轻抖动树木，并向上提苗，使根系截留的细土从根缝间自然下落，舒展根系且使根土密接，然后踩实。填入底土踩实，再填土至地际，再踩实，比原地际深3～5 cm(三埋两踩一提苗)。填土时先填根层的下面或周围，逐渐由下至上、由外至内压实，不要损伤根系。如果土壤太黏，则不要踩得太紧，否则易造成通气不良，影响根系的正常呼吸。

4. 围堰、浇水

检查扶正后，把余下的穴土绕根茎一周进行培土，做成环形的拦水围堰，其直径应略大于栽植穴的直径，高于地面 10～20 cm。围堰土要拍紧压实，不能松散。树木栽植后 24 小时内必须浇上第一遍水，使土壤充分吸收水分，与树根紧密结合，以利于根系生长发育。隔 4～5 天浇第二遍水，以后视天气和土壤干湿情况再确定浇水次数。浇水后及时对树穴补土、培土，扶正苗木；封堰时进行第二次苗木扶正，填实土壤，封堰土堆略高出地面。

5. 清理栽植现场

对乔灌木进行裸根栽植后，即可对栽植现场进行清理。包括清理多余的土壤、草根、石块等；对拢冠的树木去除绑缚物；清理修剪下的树枝；冲刷道路上的泥土；搬走不用的材料、工具，达到洁净、规范，并达到园林绿化标准。

（九）裸根苗栽植后的养护管理

1. 树体裹干

干径较大的落叶乔木和常绿乔木，栽植后需进行裹干，即用草绳、蒲包、塑料薄膜等具有一定保湿和保温作用的材料，将树木主干和较粗壮的一、二级分枝包裹起来。裹干的目的：一是避免强光直射和干风吹袭，减少树木主干、枝的水分蒸腾；二是保存一定量的水分，使枝干保持湿润；三是能调节枝干温度，减少夏季高温和冬季低温对树木枝干的伤害。对树干皮孔较大而蒸腾量显著的树种，如樱花、香樟、广玉兰等大多数常绿阔叶树种，枝干包裹强度要大，以提高栽植成活率。但要注意外层加塑料薄膜的在树体休眠期应用效果较好，并且一定要在树体萌芽前及时撤除，否则会因塑料薄膜透气性差，影响被包裹的树干呼吸作用，尤其在高温季节，内部热量不能及时散发而易灼伤枝干、嫩芽或隐芽，对树体造成伤害。

2. 固定支撑

为使树木不受机具、车辆和人为损伤，防止被风吹倒、固定根系，使树干保持直立状态，应对新栽树木立支架（见图 2-7）。凡胸径在 5 cm 以上的乔木，特别是裸根栽植的落叶乔木、风口处栽植的大苗，均应立支架支撑。大规格苗木如行道树，为防止灌水后土壤塌陷树歪，尤其在多风地区，会因摇动树根影响成活，所以也应立支柱。常用木棍、竹竿、金属等作支柱。支架形式一般有以下 3 种：

（1）直立式：高达 5～6 m 的树木，可用一根长 2.2～2.5 m 的桩材或支柱打入离树干 15～30 cm 的地方，深约 60 cm。然后用绑扎物将其与树干适当位置用“8”字形绑缚在一起。直立支架有单立式（见图 2-8）、双立式和多立式。如采用双立式，相对立柱可用横杆呈水平状紧靠树干连接起来。

（2）斜撑式：用长 1.5～2.0 m 的三根支柱，以树干基部为中心，由外向内斜撑于树干约 1/3 高的地方，应视树木的高度而定支撑点，组成一个正三棱锥形的三角架进行支撑。三根支柱的下端打入土中 30～40 cm，支柱与树干接触处要用粗麻布等垫好后再捆绑起来。埋支架时注意不要打在苗木的根上。

（3）牵索式支架：对于较大而高的树需用 1～3 根或 4 根金属丝或缆绳拉住加固。这些支撑线从树干高度约 1/2 的地方拉向地面，与地面约成 45°夹角。线的上端用防护套或废胶皮管及其他软垫绕干一周，线的下端固定在铁、木桩上，铁或木桩上端向外倾斜，槽面向外，周围相邻桩之间的距离应相等。

图 2-7　立支架

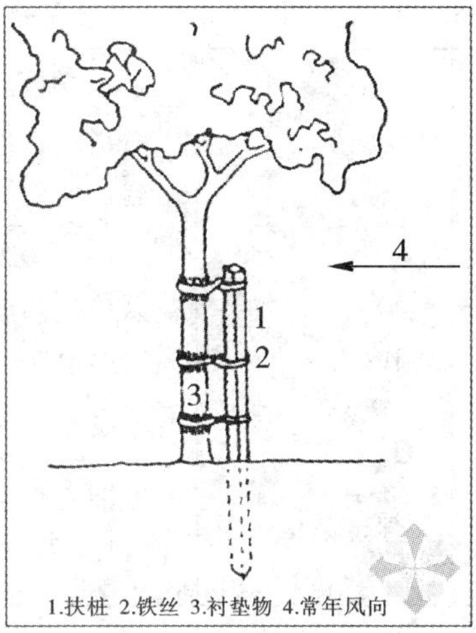

图 2-8　单立式支架

3. 灌水

浇完定根水后 3~5 天灌第二遍水，第二遍水后 7~10 天灌第三遍水。新植树木在旱季还要灌水，3~5 年后树木根系扎深后才能停止灌水。在南方可利用雨季来浇定根水。灌水要适量，根据土壤性质和树种进行。一般沙地一次水量不可太大，可适当增加灌水次数；黏性土壤应适量灌水，有时可将塑料管插入树穴内进行浇灌；根系不发达的树种，浇水量可多些；肉质根系树种，灌水量可少些；秋季栽植的树木，在灌足水后即封穴越冬。

4. 培土扶正

定植浇水后，由于土壤松软下沉，导致树体晃动，树体极易发生倾斜倒伏现象，应踩实土壤使根土密接；树穴内土壤如整体下沉或局部下陷，易在雨后积水引起烂根，要及时填充土壤并踩实，出现倒伏时要立即扶正；如埋土过深，会影响根系的生长发育，要铲平高出的土壤。

如果新栽的树木出现歪斜，要立即扶正，或者选择适当时间扶正。常绿树种在秋末进行，落叶树在休眠期扶正。扶正时不能强拉，否则会拉伤根系。对栽植较深的，要在树木倒向一侧根盘以外挖沟至根系以下，向内挖到根颈下方，用工具将根系向上撬起，向根部填土踩实、扶正；如栽植的较浅，则在倒向一侧的反侧掏土，并下压根系后回土踩实。

5. 松土除草

对于树木基部附近生长的杂草、藤本植物等，要及时除去，否则会耗水和耗肥，同时藤蔓缠绕树木会妨碍其正常生长发育。结合松土进行除草，每隔 20~30 天一次，可以把除下的杂草覆盖在树穴上，起到保墒的作用。

6. 检查成活及补植

在新栽树木生长初期，如发现已经死亡的要立即补植；有的新栽树木要经过一个生长季后，在秋末以后进行成活与生长调查，对已经死亡的要在适宜的季节补植。

六、评分标准

序号	考核项目	考核内容	考核标准	考核方法	得分
1	栽植地定点放线	行道树栽植前的定点放线(20分)	能根据绿化设计图纸在栽植现场进行准确的定点放线	个人考核 小组考核	
2	栽植前的准备工作	栽植前修剪工具的准备、挖栽植穴(30分)	能进一步对苗木地上部分和根系作适当修剪;栽植工具准备充分;按设计标准挖栽植穴	个人考核 小组考核	
3	裸根栽植技术	乔灌木裸根栽植的技术程序(50分)	能按裸根苗栽植技术栽植,栽植深浅适宜、不窝根,栽后及时浇水及立支架	个人考核 小组考核	

七、思考与练习

(1)说出你所在地区哪些树种可以做行道树。

(2)说出乔灌木裸根栽植技术。

(3)新栽树木成活期的主要养护措施和注意事项有哪些?

八、知识拓展

(一)树木栽植成活的原理

1. 园林树木的代谢平衡

在原生地正常生长的树木,在一定环境条件下,其生理代谢处于相对平衡状态,枝叶的蒸腾作用与地下根系的吸收相互制约,水分的吸收和利用在地下根系与地上枝叶之间维持动态的平衡。一方面根系与土壤的密切结合,使根系从土壤中不断地主动吸收树木需要的水分和养分,从根系上升到树木枝叶中去;另一方面由于树木枝叶的蒸腾作用产生的拉力及木质部汁液产生的张力,使水分大量流入植物体内,形成根系的被动吸水;树体地上部分的枝叶与地下部分的根系保持一定的比例,使枝叶中蒸腾的水分能够从根系的吸收中及时获得补充,一般不会出现缺水现象。

树木从原栽植地移出后到栽植的过程中,树体根系尤其是具备吸收功能的根毛受到严重的破坏,根幅、根量大大减少,树木根系全部(裸根苗)或部分(带土球苗)脱离原有土壤环境,根系主动吸水能力严重降低,相应地供给地上部分的水分和养分也减少,特别是在运输过程中的裸根植株甚至吸收不到水分,而地上部分由于气孔调节十分有限,还在继续蒸腾失水。另外,根系被挖离原生长地后容易干燥,树体内水分由茎叶移向根部,当茎叶水分损失超过其生理补偿点时,即干枯、脱落,芽也会由于失水而干缩。

栽植后,在新的土壤环境中,根系与土壤的密切关系遭到破坏,减少了根系对水分的吸收表面积。此外,根系损伤后,在适宜的条件下,虽然具有一定的再生能力,但重新发出新根、恢复吸收能力需要一定的时间，因此需要迅速建立根系与土壤的密切关系，恢复枝叶与根系水分代谢新的平衡，否则会使树木出现消耗的水分大于吸收的水分，树体内会发生水分亏损，轻则造成树木生长不良，重则使树木萎蔫，甚至死亡。只有保持和恢复树体以水分为主的代谢平衡，才能使树木根旺树壮、枝繁叶茂，达到园林绿化所要求的生态指标和景观效果。

2. 园林树木生态特性

树木在长期的系统进化过程中，经过自然选择，在形态、结构和生理上逐渐形成了对现有生存环境条件的适应性，并把这种适应性遗传给后代，形成了对环境条件有一定要求的特性。在园林树木栽植时，立地的生境条件满足其对生态的要求，树木就能健壮生长发育，稳定长寿，不断发挥其功能效益；反之，如果立地条件不能满足树木的生态要求，就会造成成活率低、生长不良，功能效益低劣甚至不成活。因此，树木的生态学特性和栽植地点的生态条件相适应，就是树木栽植的生态学原理。

（二）促进栽植树木成活的技术措施

1. 树体裹干（略）

2. 立支柱（略）

3. 根系浸水保湿与蘸浆栽植

裸根苗起苗后无论是运输过程中还是假植中均会出现失水过多的现象。栽植前发现根系失水时，应将植物根系放入水中浸泡 10～20 小时，充分吸收水分以后再进行栽植。小规格灌木，无论是否失水，均可在起苗后或栽植前进行蘸浆处理。方法是用过磷酸钙、黄泥、水（2∶15∶80）充分搅拌后，把根系浸入其中均匀蘸上泥浆，可以起到根系保湿作用，促进苗木成活。

4. 利用人工促进生长剂，促进根系生长愈合

树木起掘时，大量须根丧失，主根、侧根等均被截伤，树木根系既要愈合伤口，又要生新根恢复水分平衡，此时可采取人工促进生长剂促进根系愈合、生长。如软包装移植大树时，可以用 ABT 1 号、ABT 3 号生根粉处理根部，有利于树木在移植和养护过程中迅速恢复根系的生长，促进树体的水分平衡。尤其是粗壮的短根伤口，如直径大于 3 cm 的伤口喷涂 150 mg/L ABT 1 号生根粉，可促进伤口愈合，也可用拌有生根粉的黄泥浆涂刷，同样可以起到效用。

5. 树干涂白

使用涂白剂，白色有反光作用，不仅能减少对太阳热能的吸收，缩小昼夜温差，起到保护皮层，防止日灼、冻害作用，而且能防止天牛、吉丁虫、大青叶蝉等害虫在枝干上产卵为害。涂白剂中含有大量杀菌杀虫成分，对拒避老鼠啃树皮、减少枝干发病也有好的效果。

任务三　乔灌木带土球栽植技术

一、教学目标

（1）掌握带土球树木栽植季节和栽植时期。

(2)掌握乔灌木带土球包装、运输技术。

(3)会起乔灌木带土球苗木。

(4)能指导和完成乔灌木的带土球栽植及栽后的养护管理。

二、任务提出

在新城区已经准备好的绿化场地上，按照设计图纸栽植不同用途的乔灌木带土球苗木。

三、任务分析

栽植乔灌木带土球苗木，首先要根据城市绿化设计要求的苗木规格，到苗木现场采购和挖掘合格苗木；其次要把起出的带土球苗安全运到栽植地，最关键的是要按照规划设计标准，选择合适的栽植时期，采取适当技术措施完成不同用途的乔灌木带土球苗的栽植任务，达到绿化美化城市的目的，提高树木的观赏效果。

四、相关知识

带土球起苗是将苗木在一定根系范围内连土掘起，削成球状，并用包扎物将土球包装起来，连苗带土一起挖出的方法。由于在土球范围内须根未受伤，且带着部分原土，栽植过程中水分损失少，有利于栽植后生长。

此法常用于常绿树、竹类、珍贵树种和干径 10 cm 以上的落叶大树及非适宜季节栽植的树木。带土球苗土球的直径一般为树干胸径的 7 ~ 10 倍，高度为土球直径的 4/5 以上；灌木类土球直径为冠幅的 1/3 ~ 1/2，高度为土球直径的 4/5。

五、任务实施

(一)乔灌木带土球苗起苗

1. 起苗前的准备工作

1)选苗号苗

树木质量的好坏是影响栽植成活的重要因素之一。为提高栽植成活率、最大限度地满足设计要求，移植前必须对苗木进行严格的选择，并将选中的苗木挂号。

2)拢冠

为减少起苗操作过程中对起苗人员和苗木的损伤，要对分枝低、侧枝分杈角度大的树种，用草绳将树冠拢起。

3)工具的准备

准备好起带土球苗的各种工具，如铁锹、镐、剪枝剪、草绳、编织袋等。

2. 起苗技术

(1)先以树干为圆心，以树干胸径的 7 ~ 10 倍为半径画圆，保证起出土球符合栽植标准。

(2)将圆内上层疏松表土层除去，以不伤表层根系为准。为防止起苗时土球松散，如果土壤过于疏松，应在起苗前一至二天浇透水，增加土壤的黏结力，以利于起挖。

(3)沿圆的外围边缘垂直向下挖沟，沟宽以方便起苗操作为宜，一般50～80 cm。随挖随修整土球表面，起苗时细根可用剪枝剪或铁锹切断，直径3 cm以上的大根要用手锯锯断，不能用锹硬切，以免震裂土球，根系伤口要平滑，大切面要消毒防腐。同时注意不要用脚踩踏和撞击土球边缘，以免损伤土球，直至挖到规定深度。

(4)土球挖掘到规定深度后，球底先不挖通，用锹将土球表面铲平，修成上口稍大，下部稍小的苹果状；主根较长的树种土球呈倒卵形。土球的上表面修成中部稍高，逐渐向外倾斜，其肩部要圆滑，不留棱角，易于包扎。土球下部的直径一般不应超过土球直径的2/3。自上而下修整土球至一半高时，应逐渐向内缩小至规定的标准。

(5)土球修好后，再慢慢由底圈向内掏挖，直径小于50 cm的土球可以直接将底土掏空，剪除根系后，将土球抱出坑外包装；大于50 cm的土球太重，掏底时应将土球下方中心保留一部分支住土球，以便在坑中包装。

3. 苗木包装技术

(1)如果所挖掘土球土质疏松，应在土球修平时拦腰横捆几道草绳，即内腰绳，此时要在坑内包扎，以免移动造成土球破碎。如土质坚硬、运输距离较近或土球较小，也可以不打内腰绳。

(2)土球直径在30～50 cm的要包扎，以确保土球不散，可用草绳上下缠绕几圈，称为简易包或西瓜皮包扎法。将土球放在蒲包、草袋、编织袋等包装材料上，将包装材料向上翻，包裹土球，再用草绳绕基干扎牢、扎紧。

(3)捆纵向草绳。事先将草绳浸湿浸透，防止用力捆扎时草绳被拉断。首先在树干基部横向紧绕几圈并固定，然后沿土球垂直方向倾斜30°左右缠捆纵向草绳，随拉随捆，并用木锤或橡胶锤敲打草绳，使草绳稍嵌入土中，以捆得更加牢固。一般每道草绳相隔8 cm左右，直到把整个土球捆完；如果运输距离较远，可以加大草绳捆绑的密度。

对土球直径小于40 cm的，用一道草绳捆一遍，即“单股单轴”；对土球直径40 cm以上的，用一道草绳沿同一方向捆两道，即“单股双轴”；或用两根草绳并排捆两道，即“双股双轴”。

(4)灌木带土球起苗的包装与乔木带土球包装相同，小规格的可纵向打3～4箍草绳。图2-9所示为包扎好的土球。

图2-9　包扎好的土球

(二)苗木运输及假植技术

1. 苗木运输技术

在苗木装车、运输、卸车、假植等各项工序中,要保证树木的树冠、根系、土球的完好,不应折断树枝、擦伤树皮或损伤根系。

带土球苗装车时,如果苗高不超过 2 m 可以直立摆放车上;苗高在 2 m 以上的,要平放或斜放在车上。装车时将土球向车厢前、树冠向后码放整齐,同时要用木架或软物将树冠架稳、垫牢挤严。土球大的只码一层,土球小的可以码放 2~3 层,且土球之间必须码紧以防摇摆破坏土球。在运输过程中,土球上不要站人和压放重物。

苗木运到栽植地后要及时卸车,卸带土球小苗时要抱球轻放,不要提拉树干;卸土球大的苗木时,可以用木板斜搭在车厢上,将土球苗移到木板上,顺势平滑将苗木卸下,注意不能滚卸,以免损坏土球,或用机械吊卸。

2. 苗木假植技术

不能立即栽植的苗木要假植,先将苗木的树冠捆扎收缩起来,使每一株树木的土球与土球紧靠在一起,树冠之间也相互靠在一起。然后在土球层上面盖一层壤土,填满土球间的空隙,再向树冠和土球上均匀地喷水,以后保持其湿润即可。也可以把带土球苗临时栽到绿地上,将土球埋入土中 1/3~1/2,株距视苗木假植时间长短和土球及树冠大小而定。一般土球与土球之间相距 15~30 cm 即可。苗木成行列式栽好后,浇水保持一定湿度即可。

(三)定点放线

1. 自然式配置乔、灌木放线法(略)

2. 规则式配置(行列式)放线法(略)

3. 等距弧线放线法(略)

行道树的定点放线比较特殊,由于道路绿化与市政、交通、沿途单位、居民等关系密切,栽植树木的位置除依据规划设计、与各部门的配合协商外,定点后还要由设计人员验点。在定点时如遇下述情况要留出适当距离:道路急转弯处,在弯的内侧应留出 50 cm 的空地不要栽树,以免妨碍司机视线;在交叉路口各边 30 m 不要栽树;公路与铁路交叉口 50 m 内不要栽树;道路与高压电线交叉处 15 m 内不要栽树;桥梁两侧 8 m 内不要栽树;交通标志牌、出入口、涵洞、电线杆、车站、消火栓、下水口等处都要留出适当距离,并尽量使其左右对称,需留出的距离根据需要而定,如交通标志牌以不影响司机视线为宜,出入口以人流量及车流量为依据而定。

(四)挖穴

以定点为圆心定穴位圈,穴径比土球直径大 20~30 cm,深为穴径的 3/4,需换土的穴位要加大、加深。垂直挖穴至规定深度,穴位大小上下基本一致,穴底平坦、疏松,忌呈锅底形。表土、心土分开放在两穴之间,要在栽植前 2~5 天挖穴。图 2-10 为正确穴与不正确穴的示意图。

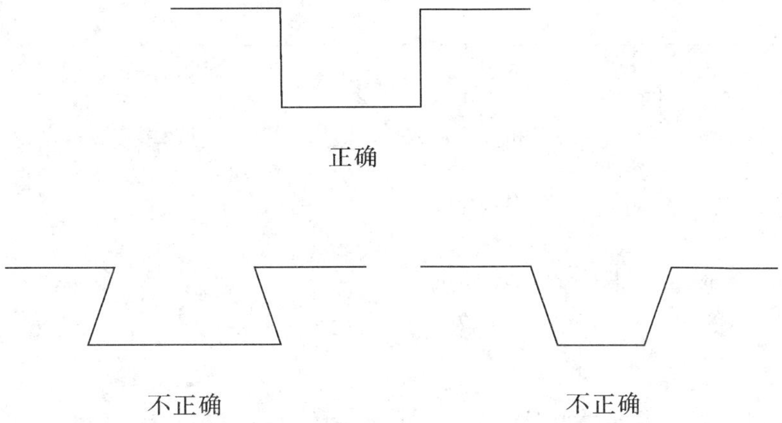

图 2-10　挖穴示意图

挖穴时要注意位置准确，规则式种植穴要做到横平竖直；在山坡上挖穴时，深度以坡的下沿为准；挖穴时表土、心土及渣土分别放置，如土质差则进行土壤改良。挖掘行道树树穴时要把土壤放在两侧，以免影响视线瞄直，并随挖穴、随栽植，避免夜间行人发生危险；施工人员在挖穴时，如发现电缆和各种管线、管道时，要及时与设计人员及有关部门协商解决；栽植穴挖好后，要由监理或专门负责的技术人员核对验收，如发现不合格的必须返工。

（五）配苗、散苗

对行道树苗，在栽植前再进一步按大小分级，以使所配的邻近苗木高度和胸径保持基本一致，如高度不同则可以从低到高或从高到低排列，对常绿树应把树形最好的一面朝向主要观赏面，对于树皮薄、树干外露的孤植树，要保持其原来的阴阳面，以免引起日灼，散苗时要保护好土球，不要碰散土球。

（六）栽前修剪

栽植前对带土球苗木地上部分和地下部分进行常规修剪即可。

（七）修穴、换土、施基肥

同裸根苗栽植中的修穴、换土、施基肥技术相同。

（八）带土球苗栽植技术

先量好已挖坑穴的深度与土球高度是否一致，对坑穴作适当填挖调整后，再放苗入穴，土球放入后，先在土球四周下部垫入少量的土使树木直立稳定，之后剪开包装材料，将不易腐烂的材料一律取出。为防止栽后灌水时土壤塌陷树木倾斜，填入表土至一半时，应用木棒将土球四周土砸实，再填土至地表并砸实，注意不要砸碎土球，做好围堰，最后把拢冠的草绳等解开取下。栽植后立即浇水，并进行栽植现场的清理。

六、评分标准

序号	考核项目	考核内容	考核标准	考核方法	得分
1	栽植地定点放线	孤植树栽植的定点放线(20分)	能根据绿化设计图纸在栽植现场进行准确的定点放线	个人考核 小组考核	
2	栽植前的准备工作	栽植前修剪工具的准备、挖栽植穴(30分)	能对苗木地上部分进行修剪,栽植工具准备充分;会按设计标准挖栽植穴	个人考核 小组考核	
3	带土球苗栽植技术	乔灌木带土球苗栽植的程序(50分)	能按带土球苗栽植技术栽植,栽植深浅适宜	个人考核 小组考核	

七、思考与练习

(1)说出乔灌木带土球苗起苗技术要求。

(2)说出乔灌木带土球苗栽植技术。

(3)说出行道树定点放线技术。

八、知识拓展

涂白剂的配制技术

1. 硫酸铜石灰涂白剂

有效成分比例:硫酸铜500 g、生石灰10 kg、水30~40 kg或按1∶20∶(60~80)的比例配制。配制方法:用少量开水将硫酸铜充分溶解,再加用量的2/3的水加以稀释;将生石灰加1/3水慢慢熟化调成浓石灰乳;等两液充分溶解且温度相同后将硫酸铜倒入到石灰乳中,并不断搅拌均匀即成涂白剂。

2. 石硫合剂生石灰涂白剂

有效成分比例:石硫合剂原液0.25 kg、食盐0.25 kg、生石灰1.5 kg、油脂适量、水5 kg。配制方法:将生石灰加水熟化,加入油脂搅拌后加水制成石灰乳再倒入石硫合剂原液和盐水,充分搅拌即成。

涂白剂要随配随用,使用时要将涂白剂充分搅拌,以利刷匀,并使涂白剂紧粘在树干上(见图2-11)。使用前,应先将树木病虫枝、弱枝、老枝及过密枝剪除,收集后集中烧毁,对有害虫蛀入的树干,要用棉花浸药杀死害虫后再进行涂白处理,涂白时要选晴天将主枝基部及主干均匀涂上,涂白部位以离地1~1.5 m为宜。如老树露骨更新后,为防止日晒,则涂白位置应升高或全株涂白。

图 2-11　树干涂白

任务四　带土球软包装大树移植技术

一、教学目标

(1)掌握大树移植季节和移植时期。

(2)掌握大树带土球包装、运输技术。

(3)会指导和完成软材包装大树和带土球木箱包装大树的栽植。

(4)能对新移植的大树进行正确的养护管理。

二、任务提出

某城市在新开发的江南新区建立了一个国际会展中心,按照绿化设计要求,要在其广场栽植两棵胸径为 16 cm 的樟子松大树,由于工程开工较晚,已经错过了栽植树木的最佳时期,要采取特殊的栽植方法确保大树栽植的成活率。

三、任务分析

大树移植是现代城市园林绿化建设所特有的工程项目,它可以立即成景,是一条快速绿化的捷径。大树的移植要做好移植前的准备工作,同时起苗、移植和移植后的养护管理尤为重要。要完成带土球大树移植,必须措施得力,合理修剪树木,正确挖掘带土球大树,并且挖掘符合栽植要求的树穴正确栽植,栽植后要及时进行养护管理,树木才能成活,并能尽快发挥大树的景观效果。

四、相关知识

(一)大树和大树移植的概念

胸径在20 cm以上的落叶乔木和胸径在15 cm以上的常绿乔木称为大树,移植这种规格的树木称大树移植。

大树移植可在短时间内提高园林绿地的生态效益,优化绿地结构,改善环境景观,及时满足重点建设工程、大型市政建设绿化和美化的要求,是现代化城市园林布置和绿化建设中经常采用的重要手段和技术措施。

(二)大树移植的时间

1. 春季移植

在北方春季是最佳移植时期,此时树液开始流动,土温回升,受伤的根系易愈合和再生,树体蒸腾量小,栽植成活率高。

2. 夏季移植

夏季移植由于树木蒸腾量大,移植大树不易成活,一般不提倡。如果要移植必须加大土球,加强修剪、遮阴、保湿也可成活,但费用加大。雨季可带土移植一些针叶树种,由于空气湿度大也可成活。

3. 秋季移植

秋季移植时期一般指深秋落叶后至土壤封冻前,此时树体地上部分处于休眠状态,也可进行大树移植。

4. 冬季移植

冬季一般在土壤封冻时带冻土球移植大树,但要避开严寒期并做好土面保护和防风防寒。

(三)大树移植特点

1. 大树移植成活困难

大树树龄大,发育阶段老,根系的再生能力下降,根系受到损伤后难以恢复;根幅范围内的吸收根数量很少,移植后萌生新根的能力差,根系恢复缓慢;同时由于树体高大,根系离枝叶距离远,移植后易造成水分失衡,极易造成大树的树体失水而死亡。另外,根颈附近须根量少,起出的土球在起苗、搬运和栽植过程中易破碎。

2. 移植时间长

一株大树的移植需要经过勘查、设计移植程序、缩坨断根、起苗、运输、栽植及后期的养护管理,需要的时间长,少则几个月,多则几年。

3. 移植成本高

由于树体规格大,技术要求严格,还要有安全措施,需要充足的劳动力、多种机械以及树体的保护材料,移植后还须采取很多特殊养护管理措施,各方面耗资大,从而增加了绿化成本。

4. 移植限制因素多

由于大树树高冠密,树体沉重,在移植前要考虑吊运树体的运输工具能否承重,能否进行绿化正常操作,交通线路是否畅通,栽植地是否有条件种植大树。这些限制因素解决不了,不宜进行大树移植。

5. 大树移植见效快

大树移植能在短时间内迅速显现绿化效果,较快地发挥城市绿地的景观功能和生态效益、社会效益,缩短了城市绿化的周期。

(四)大树移植前的准备工作

1. 制订移植计划

大树移植是专业性很强的一项技术工作,因此在大树移植前要根据大树的生物学特性及生态学特性,事先做好规划与计划,包括栽植的树种规格、数量及街景要求等。为了促进移栽时所带土壤具有尽可能多的吸收根群,要提前对大树进行缩坨断根处理,以提高移植的成活率,否则会造成大树移植失败。对树木的移植还要设计出移植的步骤、线路、方法等,保证移植的大树能起到良好的绿化美化效果。大树移植记录见表2-3。

表2-3　大树移植记录表

原栽植地点	移植地点	树种	规格年龄	移植日期	施工人员
技术措施					

填表日期:　年　月　日

2. 大树选择

大树选择是大树移植能否成活和形成景观的前提。要调查了解树种、树龄、干高、胸径、冠幅、树形等,进行测量记录,注明最佳观赏面的方位,并摄影。分析存在的问题和解决的办法,最后将选中的树木编号并做标记。

(1)树种选择:了解树种的生长特性及生态特性、树木成活的难易程度和生命周期的长短。萌芽力、再生能力强,移植成活率高的树种有杨树、柳树、梧桐、悬铃木、榆树、朴树等;移植较难成活的树种有白皮松、雪松、圆柏、柳杉等;移植很难成活的树种有云杉、冷杉、金钱松、胡桃等。

(2)树形选择:树种不同其形态不同,在绿化上的用途也不同。选择树体生长正常、无严重病虫害感染及未受机械损伤的树木。如行道树应选择干直、冠大、分枝点高、有良好遮阴效果的树体;庭荫树要注意树姿造型。所以,应根据设计要求,选择符合绿化需要的大树。

(3)树体选择:选择树体规格适中的树木。树体小,移植后达不到观赏效果;规格过大,在起苗、运输、栽植时成本太高。

(五)大树移植前的技术处理

高大树木的根幅、冠幅随着年龄的增长而距根颈越来越远,根颈附近的根系吸收根较少,枝条过于扩展,不利于移植,因此要采取相应措施,提高大树移植的成活率。

1. 缩坨断根

缩坨断根即切根处理,是为了使主要的吸收根回缩到主干根基附近,缩小土球体积,减轻土球重量,便于移植,提高栽植成活率。

缩坨断根一般在大树移植前 2~3 年的春季或秋季进行，分期切断树体的部分根系。具体操作过程是以树干为中心，以胸径的 3~4 倍为半径画圆或方形，在相对的两段或三段方向外挖沟，沟宽 30~40 cm，深 60~80 cm；沟内 3 cm 以下的根用锋利的修枝剪或手锯锯断，3 cm 以上的根，为防止树木倒伏，一般不切断，而在土球外壁处进行环剥，宽约 10 mm，并在切口涂抹 0.1% 的生长素（如 ABT 3 号生根粉），以利于促发新根；然后，将挖出的土壤清除石块等杂物，拌入腐叶土、有机肥或化肥后分层回填踩实，定期灌水。翌年以同样的方法分批处理其余的沟段，经 2~3 年，环沟中发出大量须根后，比原来的土坨外围大 10~20 cm 起挖移植（见图 2-12）。在特殊情况下，经过一次断根处理，数月后移植也可以取得较好的效果。

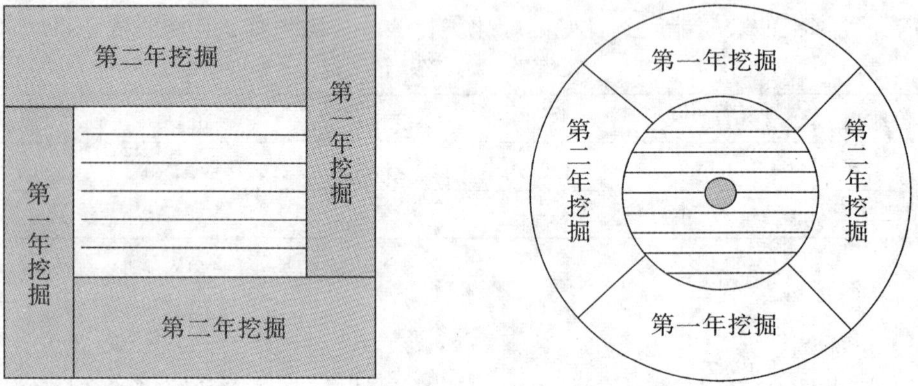

图 2-12　缩坨断根

2. 树冠修剪

由于大树移植会造成根系大量损伤，地下与地上生长平衡被严重打破，需要通过对树冠修剪来减少树冠的蒸腾量，保持树体水分代谢平衡。不同树种、不同生长季节、树体大小及当地环境条件是确定修剪强度的主要因素。树体大、叶片薄、蒸腾量大、树冠的叶量密集、树龄较大的树木修剪强度大，萌芽力弱、常绿树种可轻剪。另外，在树木的休眠期可轻剪。总之，在保证树木移植成活的基础上，修剪要尽量保持树体的形态。根据树木的修剪程度可分为以下三种方式：

（1）全株式：即保持树木全冠的形态及其景观效果，只修剪树体内的徒长枝、交叉枝、病虫枝、枯死枝及过密枝。适用于萌芽力弱及珍贵树种，如雪松、云杉、广玉兰等，栽后树冠恢复快，绿化效果好。

（2）截枝式：也叫鹿角状截枝。只保留树冠的一级分枝或二级分枝，其余部分枝条全部截除。处理对象主要是发枝能力中等的落叶树种，如香樟、银杏等。

（3）截干式：将主干上部整个树冠截除，只留一定高度的主干。适于生长速度快、发枝力强的树种，是目前城市落叶树种大树移植，特别是北方落叶树种大树移植常采用的方法，此法成活率高，但需要一定时间才能恢复景观效果。如国槐、白蜡、杨、柳等。

五、任务实施

(一)树木的挖掘

1. 土球大小的确定

起掘前要确定土球直径,对于未经切根处理的大树,可根据树木胸径的大小来确定挖土球的直径和高度。一般土球直径为树木胸径的7~10倍。土球过大,容易散球且会增加运输的难度;土球过小,又会伤害过多的根系而影响栽植的成活。实施过缩坨断根的大树,所起土球应在断根坨基础上向外放宽10~20 cm。

土球具体规格见表2-4。

表2-4　土球规格表

树木胸径(cm)	土球直径	土球高度(cm)	留底直径
10~12	胸径的8~10倍	60~70	土球直径的1/3
13~15	胸径的7~10倍	70~80	

2. 土球的挖掘

挖掘前,先用草绳将树冠拢起,其松紧度以不折断树枝又不影响操作为宜,然后铲除树干周围的浮土,以树干为中心,比规定的土球大3~5 cm画一圆,并顺此圆圈向外挖沟,沟宽60~80 cm,深度以到土球所要求的高度为止(见图2-13)。

图2-13　挖土球

3. 土球的修整

修整土球要用锋利的铁锹,当遇到较粗的树根时,应用锯或剪将根切断,不要用铁锹硬铲,以防土球松散。当土球修整到1/2深度时,可逐步向里收底,直至缩小到土球直径的1/3,然后将土球表面修整平滑,下部修一小平底。

4. 土球包装

土球修好后,应立即用湿润的草绳打上腰箍,腰箍的宽度一般为20 cm左右,然后用蒲包将土球包严并用草绳将腰部捆好,以防蒲包脱落,再打花箍,将双股草绳的一头拴在树干上,将草绳绕过土球底部,顺序拉紧捆牢。草绳的间隔在8~10 cm,土质不好的还可以密些。花箍打好后,在土球外面结成网状,最后再在土球的腰部密捆10道左右的草绳,并在腰箍上打成花扣,以免草绳脱落。土球打好后,将树推倒,用蒲包将底堵严,用草绳捆好。包装土球后在树穴一侧挖一斜坡,便于从此处将树体拖出坑,或在坡上放一块平滑的木板,在树身2/3高处放置软垫,将树体倾斜沿木板拉出。

（二）大树装运

吊装质量在 1 t 左右的大树时，要用起重机运输，可用 3 t 以上的卡车。吊装前先撤去支撑，捆拢树冠，将大树慢慢放倒，使土球离开原地，之后用专用的粗麻绳将双麻绳的一头留出 1 m 左右结扣固定，再将双股绳分开，捆在土球由上至下 3/5 的位置上绑紧。在绳与土球接触的部分用木板垫好，避免绳子嵌入土球而损伤根系。将绳的两端扣在吊钩上，轻轻起吊一下，此时树身倾斜，立即将粗绳在树干基部拴一绳套扣在吊钩上，起吊装车（见图 2-14）。

图 2-14　大树装车

装车时，要在车厢内铺垫衬垫物，使大树土球靠在司机室、树冠向着汽车尾部，树干放在铺好的软物上或树干上包上软物，避免运输过程中折断树枝或由于树干与车厢摩擦而使树干受损。为防止土球在运输途中滚动、碰散土球，可以用木块或砖块将土球的底部卡紧，同时用大绳或紧线器将土球固定在车厢内。如果树冠较大，要用绳拢好树冠，并在运输过程中专人押运，避免发生树冠拖地碰断树枝而损伤树冠。

（三）挖树穴

栽植前，按设计要求定好点，带土球树木的种植穴为圆坑，应比根系或土球的直径加大 60～80 cm，深度比土球高度加深 20～30 cm。以定点为圆心，以比土球半径大 30～40 cm 为半径画圆，坑壁应平滑垂直，表土、心土分开放。如土质不好，要相应再加大穴径和深度，穴底放好底肥，并填入客土，先将 50 g 保水剂充分吸水后填入挖好的栽植穴底部，再用土堆成 20～30 cm 的土堆。

（四）栽植

吊树入穴前要看准树冠方向，应将树冠最丰满和最完整的一面朝向主要观赏方向。并照顾朝阳面，一般树弯应尽量迎风，种植时要扶直栽正，树冠主尖与根在一条垂直线上。种植的深浅应合适，一般与原土痕相平或略高于地面 5 cm 左右。树木入穴后，工作人员在穴的四周用木杆或竹竿支撑树体，使树干直立入穴，慢慢放入穴中的土堆上（见图 2-15）。回土前要尽量将草绳和包装物拆除取出，或剪断草绳。填土至穴深的

图 2-15　放树入穴

1/3时，放松吊树带，检查树木是否直立平稳，如有倾斜，要用绳子将树木拉直，并向土球底部填土，用木棒插紧压实，至树木立直为止，要小心操作不能打碎土球，然后每填10~20 cm土即夯实或踏实一次，回填土一般采用种植土加入腐殖土，比例为7∶30，肥土必须充分腐熟，混合均匀，填满为止。

（五）开堰、浇水

带土球栽植时要围圆堰，土堰内径与坑沿相同，堰高20~30 cm，开堰时注意不应过深，以免挖坏土球。围堰后浇三遍水，第一遍水水量不要过大，水流要缓慢灌入，使土下沉，一般栽后两三天内完成第二遍灌水，一周内完成第三遍水，这两次灌水一定要足量，每次浇水后要注意整堰，填土堵漏。

（六）支撑与固定

为防止大树灌水后歪斜，以及因大风吹刮造成树干摇摆松动，使根系不能很好生长，在大树栽植后浇水前设立支柱。大树的支撑应用扁担桩、十字架和三角撑，低矮树可用扁担桩，高大树木可用三角撑，风大树大的可两种桩结合起来用。扁担桩的竖桩不得小于2.3 m，入土深度为1.2 m，桩位应在根系和土球范围外；水平桩离地1 m以上，两水平桩十字交叉位置应在树干的上风方向，扎缚处应垫软物。三角撑宜在树干高2/3处结扎，用木杆或钢丝绳固定，三角撑的一根撑杆必须在主风向上位，其他两根可均匀分布。发现土面下沉时，必须及时升高扎缚部位，以免吊桩。

（七）移植后的养护管理

1. 树干包扎

为防止大树树体水分过度蒸发，用草绳等软材将树干全部包扎起来，并向草绳喷水，保持草绳湿润。

2. 水肥管理

（1）浇水：大树栽植后，于外围开堰及时浇三遍水，以后视天气、土壤等情况进行浇水；高温干旱季节，每10~15天浇一次水。每次浇水必须浇透，不浇地表水。多雨季节要防止土壤积水。树盘的土面适当高于周围地面，地势低洼易积水处，要开沟排水。浇水时要注意，一不要频繁少量地浇水，因为这样只能湿润地表面而不能下渗到深层，会导致根系在土表浅层生长，降低树木的抗旱与抗风能力；二不要频繁超大量浇水，否则易造成土壤长期通气不良，致使根系腐烂，影响树木的生长。所以，在大树栽植后浇水应达到既要保持土壤湿润，又不致浇水过量的要求。一般连浇三次水后要松土保墒。春季在树木萌发展叶前，浇完前三次水后要控水，以保持土壤干燥，提高土壤温度。多雨季节要特别注意防止土壤积水，及时排水。

（2）施肥：移植后的大树，适量补充养分，可促进新根生长，增强树木的抵抗能力。除在栽植前穴施基肥外，在大树萌芽及新梢生长10 cm左右、秋季长梢时，结合浇水追施液肥各一次，肥料以氮肥为主，生长后期以磷、钾肥为主。也可以用1%~2%的尿素或磷酸二氢钾进行根外追肥。

3. 树冠喷水

对于枝叶修剪量小的名贵大树，在高温干旱季节，由于根系没有恢复，即使保证土壤的水分供应，也易发生水分亏损。因此，要通过树冠喷水，增加冠内空气湿度，从而降低温度，减少蒸腾，促进树体水分平衡，提高成活率。喷水宜采用喷雾或喷枪，直接向树冠或树冠上部喷射，让水滴落在枝叶上。每天 10:00 或 16:00，喷 1～2 次。喷水时水滴要细，只要枝叶湿润即可，时间不可过长，以免造成根际土壤过湿，影响根系呼吸及新根再生。

4. 遮阴

生长季栽植时，由于阳光强、气温高，为防止树冠经受强烈日晒影响，减少树体蒸腾强度，应搭建阴棚对树体进行遮阴。在树冠外围搭建大棚，盖遮阳网。阴棚上方及四周与树冠间保持 50 cm 左右的间距，以利于棚内空气流通，防止树冠受日灼危害。遮阳度为 70% 左右，让树体接受一定的散射光，以保证树体进行光合作用。

5. 加土扶正

降雨后雨水下渗或其他原因导致树体动摇倾斜时，应将松土踩实；树盘土面下沉或局部下陷，应及时覆土填平，防止雨后积水引起烂根；树盘土壤堆积过高的要耙平，防止深埋根系，影响根系发育；若支撑树木的扶木已松动，要绑扎加固。

6. 松土除草

由于降雨、浇水及人类活动的影响，导致树盘土壤板结，影响树木生长。同时，树木基部附近生长出的杂草、藤蔓与树木争夺水分、养分和生存空间，也严重影响树木生长。因此，应及时松土除草，促进土壤气体交换，利于树木新根的生长发育。但在成活期间，松土不能太深，以免伤及新根，一般松土深 6～7 cm。在树木生长季节，一般 15～20 天松土除草一次。

7. 抹芽除萌

大树移栽后，树干或基部可能萌发出许多嫩芽、嫩枝，要定期进行抹芽除萌，以减少养分消耗，防止扰乱树形。

8. 喷洒蒸腾抑制剂

蒸腾抑制剂是一种能降低蒸腾速度，对光合作用强度和植株生长影响不太大的物质。大树喷洒蒸腾抑制剂，可抑制栽植后的大树体内水分过度蒸腾，有利于大树栽植成活。喷洒方法是用喷雾器将稀释后的蒸腾抑制剂喷洒于叶面上。

9. 输液

大树移植后的根系吸收功能差，根系吸收的水分不能满足树体蒸腾和生长的需要，采用向树木体内输液的方法，能补充植株体内的水分及生长所需要的养分，有利于维持大树栽植后的水分平衡及根系伤口愈合和再生，从而有效提高大树移植的成活率（见图 2-16）。输入

图 2-16 大树输液

的液体以水分为主，并配入微量植物生长素和磷、钾元素。

(八)提高大树移植成活率的措施

1. ABT 生根粉的使用

采用软材包装移植大树时，可选用 ABT 1、3 号生根粉处理树体根部，有利于树木在移植和养护过程中损伤根系的快速恢复，促进树体的水分平衡，可使移植成活率达 90.8% 以上。对直径大于 3 cm 的短根伤口喷涂 150 mg/L ABT 1 号生根粉，以促进伤口愈合。

2. 保水剂的使用

北方地区大树移植时保水剂拌土使用，一般在树冠垂直位置挖 2~4 个坑，长、宽、高分别为 1.2 m、0.5 m、0.6 m，分三层放入保水剂，分层夯实并铺上干草。用量根据树木规格和品种而定，一般用量 150~300 g/株。为提高保水剂的吸水效果，在拌土前先让其吸足水分成饱和凝胶(2.5 小时吸足)，均匀拌土后再拌肥使用；采用此法，只要有 300 mm 的年降水量，大树移植后可不必再浇水，并可以做到秋水来年春用。

3. 输液促活技术

1)液体配制

输入的液体以水分为主，配入微量的植物生长激素和磷钾元素。为了增强水的活性，可以使用磁化水或冷开水，同时 1 kg 水中可溶入 ABT 5 号生根粉 0.1 g、磷酸二氢钾 0.5 g。生根粉可促进生根，磷钾能促进树体生活力的恢复。

2)注孔准备

用木钻在树体的基部钻洞孔数个，孔向朝下与树干呈 30°夹角，深至髓心。孔数多少和孔径大小应与树体大小和输液插头直径相匹配。采用树干注射器和喷雾器输液时，需钻输液孔 1~2 个；挂瓶输液时，需钻输液孔洞 2~4 个。输液孔洞的水平分布要均匀，纵向错开，不宜处于同一垂直线方向。

3)输液方法

(1)注射器注射：将树干注射器针头拧入输液孔中，把贮液瓶倒挂于高处，拉直输液管，打开开关，液体即可输入，输液结束，拔出针头，用胶布封住孔口。

(2)喷雾器压输：将喷雾器装好配液，喷管头安装锥形空心插头，并把它紧插于输液孔中，拉动手柄打气加压，打开开关即可输液。当手柄打气费力时即可停止输液，并封好孔口。

(3)挂液瓶导输：将装好配液的贮液瓶钉挂在孔洞上方，把棉芯线的两头分别伸入贮液瓶底和输液洞孔底，外露棉芯线应套上塑管以防止污染，配液可通过棉芯线输入树体。

使用树干注射器和喷雾注射器输液时，其次数和时间应根据树体需水情况而定；挂瓶输液时，可根据需要增加贮液瓶内的配液。当树体抽梢后即可停止输液，并涂浆封死孔口。有冰冻的天气不宜输液，以免树体受冻害。

六、评分标准

序号	考核项目	考核内容	考核标准	考核方法	得分
1	起带土球大树及包扎	带土球大树起苗技术、带土球大树包装技术(20分)	能根据绿化设计要求起标准的土球树;打花箍,草绳的间隔在8~10 cm,在土球腰部密捆10道左右的草绳,包扎牢固、整齐、美观	个人考核 小组考核	
2	挖栽植穴	挖圆形栽植穴(15分)	种植穴形状、直径、深度符合栽植树种规格要求	个人考核 小组考核	
3	带土球大树栽植	乔灌木带土球大树栽植的程序(40分)	放苗、填土、夯实动作正确,栽植后围土堰、浇水、覆土达到要求,不跑水、漏水	个人考核 小组考核	
4	立支架及扶正	新栽树木立架技术及浇水后进行树木的扶正(15分)	立支架位置正确,对土球没损伤;能根据树木倾斜程度正确扶正树木	个人考核 小组考核	
5	安全操作	栽植工具使用、栽植、栽植后清场(10分)	栽植过程中不损伤土球、树皮、枝条,严格按操作规程安全操作	个人考核 小组考核	

七、思考与练习

(1)大树断根缩坨时,为什么要分二次进行?如何进行?

(2)新栽大树成活期的主要养护措施有哪些?

(3)说出带土球苗木起苗技术及栽植技术。

八、知识拓展

(一)草绳包扎土球的方法

1. 橘子包

先将草绳一头系在树干或腰绳上,呈稍倾斜经土球底沿绕过对面,向上约于球面一半处经树干折回,顺同一方向按一定间隔缠绕至满球。接下来绕第二圈,与第一圈的每道在肩沿处的草绳整齐相压后系牢。再在内腰的下部捆十几道外腰绳,将内外腰线呈锯齿状穿连绑紧(见图2-17)。最后在计划将树推倒的方向上沿挖一道弧形沟,将树轻轻推倒,以免树干碰到穴沿而受到损伤。

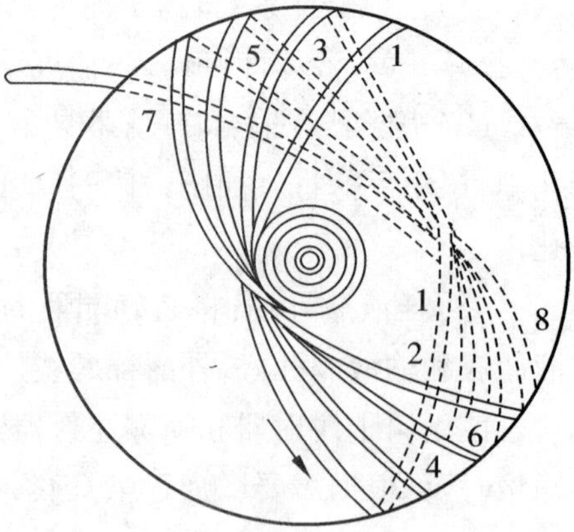

图2-17 橘子包

2. 井字包

先将草绳的一端结在腰箍或主干上，再按下列顺序包扎（见图2-18）。先由1拉绳到2，绕过土球底部拉到3，再将绳拉到4后绕过土球底将绳拉到5，再由5经过6绕过土球下面拉到7，由7经过8与1紧贴拉紧包扎，依次缠绕下去，包扎6~7道井字止。

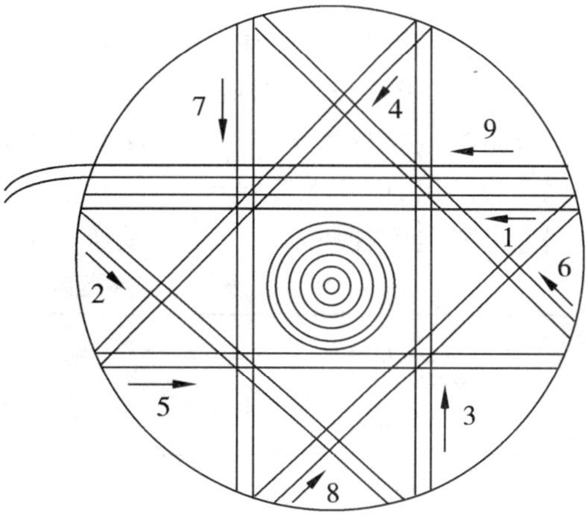

图2-18　井字包

3. 五角包

先将草绳一端结在腰箍或主干上，然后从1处拉到2，绕过土球底部，由3过土球面到4，再绕过土球底部，从5处拉绳到6绕过土球底，由7过土球面到8，绕过土球底，由9过土球面到10，绕过土球底后回到1，再按上述步骤绳与绳紧挨平扎6~7道形成五角星形，即包扎完成（见图2-19）。

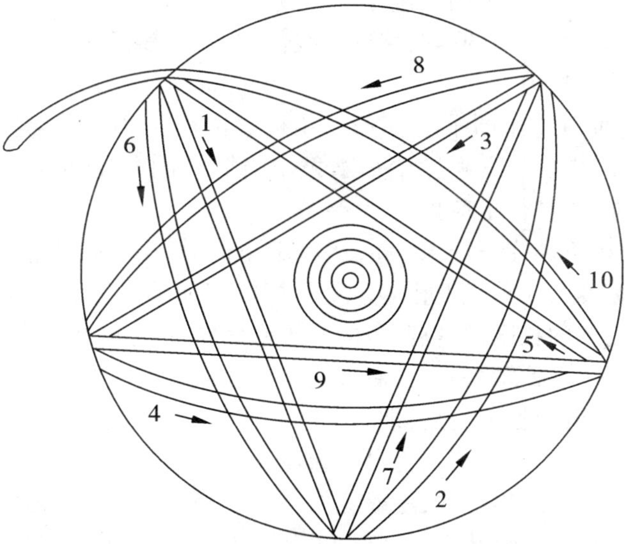

图2-19　五角包

（二）带土球大树木箱移植技术

此技术适于胸径15~30 cm或更大的树木，保证吊装的安全而不散坨。

1. 移植前的准备工作

移植前首先要准备好包装用的板材，如箱板、底板和上板；铁皮、钉子、支撑横木、垫板、方木、草袋、粗麻绳；工具类有铁锹、平口锹、镐、钢卷尺、起钉器、千斤顶、冲子、铁锤或斧子、紧线器、钢丝绳、小板镐等；机械类有起重机和卡车。掘苗前应将树干四周地表的表层土铲除，然后根据树木的大小决定挖掘土台的规格，一般可按树木胸径的7~10倍作为土台的规格。

2. 掘苗

掘苗前，以树干为中心，按比规定的尺寸大 10 cm 画一正方形，作为土台的规格。以线为准，在线外开沟挖掘，沟的宽度一般为 60~80 cm，以容纳一人操作为准，土台四角要比预定的规格最大不超过 5 cm，土台要修平整，下端可比上端略小 5 cm 左右，侧面中间比两边凸出，以使上完箱板后，箱板能紧贴土台。土台修好后，应立即安装箱板，以免土台坍塌。各类胸径树木应留土台及所用木箱规格见表 2-5。

表 2-5　各类胸径树木应留土台及所用木箱规格

树木胸径(cm)	15 ~17	18 ~24	25 ~27	28 ~30
木箱规格(m×m)	1.5×0.6	1.8×0.7	2.0×0.7	2.2×0.8

3. 装箱

安装箱板时先将箱板沿土台的四壁放好，箱板中心与树干必须成一条直线，木箱上边应略低于土台 1 cm 作为吊运时土台下沉时的余量。两块箱板的端头在土台的角上要相互错开，可露出土台一部分，再用蒲包片将土包好，两头压在箱板下。然后在木箱的上下套好两道钢丝绳，每根钢丝绳的两头装好紧线器，两个紧线器在两个相反方向的箱板中央带上，以便收紧时受力均匀。

紧线器在收紧时，必须两道同时进行。箱板被收紧后即可在四角钉上铁皮，每角钉铁皮 8~10 道。铁皮钉完后用小锤敲击铁皮，发出“铛铛”的声音时表示铁皮紧固，即可松开紧线器，取下钢丝绳，再进行土球掏底。

掏底时先沿箱板下端往下挖 35 cm，然后用小板镐、小平铲掏挖土台下部，可两侧同时进行，每次掏底宽度与底板宽度相等，不要过宽，当掏够宽度时则应上底板。在上底板前，应量好底板所需要的长度，并在底板的两头钉好铁皮，上底板时，先将板底的一头钉在木箱带上，钉好后用木墩顶紧，另一头底板用千斤顶顶起与土球贴紧，将铁皮钉好后，撤下千斤顶再顶好木墩。两边板上完后，即可继续向中间掏底，掏中间底时，底面应凸出稍成弧形，以利于收紧底板，锯口要留在土台内，否则会影响收紧底板。上中间板时，应与上两侧底板相同，底板之间的距离一致，一般应保持 10~15 cm，如土质疏松，可适当加密。

底板全部钉好后，即可钉装上板。钉上板前，土台应满铺一层蒲包片，上板一般 2~4 块，其长度应与箱板上端相等，上板与底板的走向应相互垂直交叉，如需要多次调运，上板应钉成井字形。上盖板前，先修整土台表面，如表层有缺土处，要用湿润的细土填严拍实。土台应高出边板上口 1 cm 左右，在土台表面铺一层草片，再在上面钉盖板(见图 2-20)。

4. 装车、卸车

对超过 2 t 重的大树要用起重机吊装，起吊前要拢冠，先用一根较短的钢丝绳，在木箱下部 1/3 处横着将木箱围起，把钢丝绳的两端扣放在木箱一侧，用吊钩勾起钢丝绳缓缓起吊，使树身慢慢躺倒。当树干倾斜 45°左右时，在树干上围好软物，捆上脖绳，另一端同时套在吊钩上，并在树干分枝点上拴一根麻绳，用作吊装时人力控制方向。之后将大树慢慢起吊装车，装车时，要有专人指挥吊车，吊杆下不得站人。

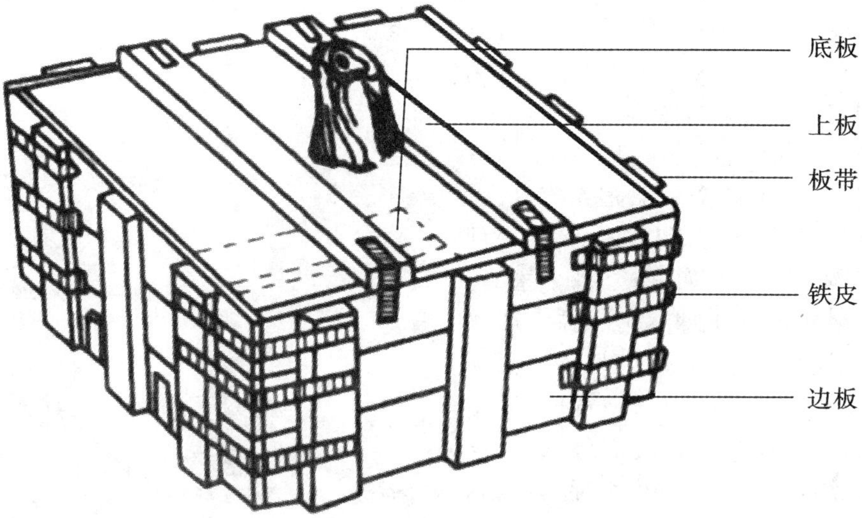

图 2-20　木箱包装

装车时，土台向车厢前，树冠向车厢后，土台上口应与卡车后轴在一直线上，在车厢底板与木箱间垫两块比木箱长的断面为 10 cm×10 cm 的方木，分别放在捆钢丝绳处的前后。木箱在车厢中落实后，再用两根粗棍交叉成支架，放在树干下面支撑树干，同时在树干与支架间要垫软物。当大树放稳后，将钢丝绳取出，关好车厢，用紧线器将木箱与车厢套紧。将树干捆在车厢的尾钩上，同时要避免树梢拖地。

卸车时在木箱待落地处横放一根或几根高度在 35～40 cm 的大方木，随后将木箱缓缓放下，使木箱上口落在方木上，然后用木棍抵住木箱落地的一边，防止木箱滑动，这时可以松动吊绳、摆动吊杆，将大树慢慢立起。待木箱不再滑动时，就可以撤掉木棍，并在木箱落地处按 80～100 cm 的距离平行垫两根方木，使树木立于上面，用于栽植时穿捆钢丝绳。

5. 挖栽植穴

带土球木箱大树栽植前，按设计要求定好点，挖方坑，以定点为中心，四周均较木箱多出 80～100 cm 画线，如需换土，应是土台的 1 倍，并将挖出的土和多余土壤运走。坑深要比木箱加深 20～30 cm。栽植前要将种植土和腐殖土置于坑的附近待用。

6. 栽植技术

先在栽植穴内用土堆一个高为 20 cm 左右、宽为 30～80 cm 的长方形土台。将树直立，如土质坚硬、土台完好，可先拆去中间三块底板，用两根钢丝绳兜住底板，绳的两头扣在吊钩上，起吊入坑，置于土台上。为了能使大树准确放入坑中，要在坑的四周各有一人坐在坑沿上，用脚蹬木箱的上沿，使木箱准确放入坑中的土台上，注意树木要起吊入坑时，树下、吊臂下严禁站人，木箱入坑后，为了校正位置，操作人应在坑上部作业，不得站在坑内，以免伤人，树木落稳后，撤出钢丝绳，拆除底板填土。将树木支稳，即可拆除木箱上板及蒲包。坑内填土约 1/3 时，则可拆除四边箱板，并逐步向坑内填土，每填 20～30 cm 即夯实一次至地表。

木箱栽植的树木，栽植后筑开双层方堰，内堰边在土台边沿处，外堰边在方坑边沿处，堰高 25 cm 左右。围堰应用细土并且拍实，不能漏水。

其他管理措施参照带土球大树移植养护措施。

（三）冻土球移植技术

在冻土层较深的北方，可以在土壤冻结期挖掘土球，且土球坚固，根系完好，可不必包装，便于运输，有利于成活，是一种节约经费的好方法。如云杉、樟子松、红松等可在冬季起冻土球移植。冻土球移植法适用于耐严寒的乡土树种，待气温降至-12～-15 ℃，冻土深达 20 cm 时，开始挖掘，对于下部没冻部分，需停放 2～3 天，待其冻结再挖掘，也可泼水促其冻结。树木挖好后，如不能及时移栽，可填入枯草落叶覆盖，以免晒化或寒风侵袭冻坏根系。

一般移植冻土球较重，运输时也需使用吊车装卸，由于冬季枝条较脆，吊装运输过程中要格外注意保护树木不受伤害。植穴最好于结冻前挖好，并准备好暖土，可省工省力。栽植时应填入暖土、夯实，灌水，支撑，为了保温和防冻，应于树干基部堆土成台。春季解冻后，将填土部位重新夯实、灌水、养护（见图 2-21）。

图 2-21　冻土球移植

（四）机械移植大树技术

大树移植机是一种在卡车上或拖拉机上装有操纵尾部四扇能张合的匙状大铲的移植机械，主要用来种植带土球的树木，可以连续完成挖种植穴、起树、运输、种植等全部种植作业。具体操作过程为先在已经定点放线处，用四扇匙状大铲在栽植点挖穴，挖穴时将铲张开到一定大小向下铲，起到相互合并，抱起倒锥形土块上收，即完成挖穴操作。为了便于起树的操作，起树前要把有碍的干基枝条锯除，并进行拢冠。将移植机停在适合起树的位置，起动匙铲围于树干四周一定位置，开机下铲，起到相互合并，收提匙铲，将树抱起，树梢向前匙铲在后横卧于车上，将车开到栽植点树穴旁，将起出的大树瞄准放入坑穴中，填适量土壤于穴中，整平作堰，灌足水即可。用大树移植机移植，最适于交通方便、远距离的平坦地移植，效率高，真正实现了随挖、随运、随栽植的流水作业，免去了许多传统栽植程序中的辅助操作，移植树木的成活率不低于 90%，易于控制开挖深度、土球直径，做到“挖最少的土、保留最多的根系”，减少手工移植过程对树木的损伤，提高树木成活率。大树移植机移树见图 2-22～图 2-24。

图 2-22　大树移植机

图 2-23　运苗

图 2-24　放苗入穴

(五)大树裸根移植技术

大树裸根移植技术用于干径在 10~20 cm,移植易于成活的大树,如杨树、柳树、银杏、元宝枫、槐树等。移植时期在落叶后至萌芽前,选择最适合该树木移植季节进行移植。对潜伏芽寿命长的树木,地上部分除留一定的主枝、副主枝外,可对树冠进行重剪。慢生树修剪不要过重,以免影响栽植后一段时间内的观赏效果。挖掘时,先按规定的根幅在树干周围挖至所需深度，再从沟底向树干底下掏土，同时用四齿叉，垂直插入树盘外缘的土壤中，向外拉或向内推叉柄上端，梳出先端的根系，再逐渐向干基推进，起到离根颈约 30 cm 以外大根上的土壤全部梳理干净，切断下部粗根，挖出树木，去掉主干基部的土壤。

起出的裸根树木根系完全失去土壤的保护，为了防止根系失水干枯和机械损伤，要用湿蒲包或湿草片等包扎。包扎时形状要视具体情况而定，大根分散的可分别包扎，根系密集的则整体包扎成球，如果不能立即栽植的，在打包的同时，在包内放入适当的湿草或湿苔藓等保湿材料。

栽植裸根树的根如果较干，应将保水剂（每株 50 g）与水按 1∶200 的比例充分吸水，形成冻状物，蘸根后再栽植。

（六）移栽机械的使用

1. 挖坑机

穴状整地机，用于栽植乔灌木、大苗移植时整地挖穴，也可用于挖施肥坑、埋设电杆、设桩等作业。又可分为以下几种。

1）悬挂式挖坑机

悬挂式挖坑机悬挂在拖拉机上，由拖拉机的动力输出轴通过传动系统驱动钻头进行挖坑作业，包括机架、传动装置、减速箱和钻头等几个主要部分。可边行走边挖坑，一人即可操作，省工省力，配有行走轮，可调整肢臂长短，挖坑直径为 4～35 cm，挖坑深度为 0～75 cm，效率为每小时 80～150 个坑。悬挂式挖坑机挖穴如图 2-25、图 2-26 所示。

图 2-25　挖穴

图 2-26　挖好的穴

2）手提式挖坑机

手提式挖坑机主要用于地形复杂的地区植树前的整地或挖坑。其以小型二冲程汽油发动机为动力，特点是重量轻、马力大、结构紧凑、操作灵便、生产率高，适合在土地、冻土、冰层上打孔，广泛用于园林、物探、道路建设等领域。可根据树种，选配多种规格的钻头，使用地钻的效率是人工的数十倍，操作每小时不低于 80 个坑，按一天工作 8 小时计算，一天可以挖 640 个坑，是人工的 30 多倍。同时手提式挖坑机体积小、重量轻、操作方便、维护简单、耗油省、噪声低、易启动、成孔效率高、运行费用低、价格便宜等。图 2-27 为双人单架式挖坑机。

3）手推式液压挖坑机

由汽油机（柴油机）提供动力，通过液压系统带动钻杆转动。钻头能正反转，转速、钻孔直径可调。

图 2-27　双人单架式挖坑机

2. 开沟机：种植、开掘排水沟和灌溉沟

1）铧式开沟机

铧式开沟机由大中型拖拉机牵引，犁铧入土后，土垡经翻土板、两翼板推向两侧，侧压板将沟壁压紧即形成沟道。

2）旋转圆盘开沟机

旋转圆盘开沟机由拖拉机的动力输出轴驱动，圆盘旋转抛土开沟。旋转开沟机作业速度较慢，需要在拖拉机上安装变速箱减速。

3. 树木移植机

树木移植机适用于带土移植的机械，可完成挖穴、起树、运输、栽植、浇水等全部（或部分）作业。

1）自行式

一般以载重汽车为底盘，为大型机，可挖土球直径达 160 cm。

2）牵引式和悬挂式

可以选用前翻斗车、轮式拖拉机或自装式集材拖拉机为底盘，一般为中、小型机。中型移植机：移植胸径 6～15 cm 树木，土球直径 100 cm，起苗、捆扎总时间少于 5 分钟，单独挖坑时间少于 2 分钟；小型移植机：移植胸径 6 cm 以下，土球直径 80 cm，起苗、捆扎总时间少于 3 分钟，单独挖坑时间在 1 分钟以内。

优点：移植树木的成活率不低于 90%，易于控制开挖深度、土球直径，做到“挖最少的土、保留最多的根系”，减少手工移植过程对树木的损伤，提高树木成活率。

任务五　垂直绿化植物栽植技术

一、教学目标

（1）了解垂直绿化植物应用的原则。

（2）掌握垂直绿化植物的种类。

（3）掌握垂直绿化的主要类型。

（4）能正确进行垂直绿化植物的栽植。

二、任务提出

在生态城市建设中为了克服绿化面积不足，减少阳光直射建筑物墙面，降低温度，增加建筑物的立面效果，使棚架、灯柱、园门、桥涵等垂直立面更加美观，使我们的周围环境整洁、美观、生动，有效增加城市绿地率和绿化覆盖率，提高城市人居环境质量，要对一些建筑物进行垂直绿化。

三、任务分析

为了达到垂直绿化的效果，要根据不同藤本植物的特点、垂直绿化植物的类型，选择适宜的垂直绿化植物，合理配置，按设计要求栽植，使其达到绿化效果。

四、相关知识

（一）垂直绿化的主要类型

垂直绿化是利用藤本植物攀缘建筑物的屋顶、墙面、凉廊、棚架、灯柱、园门、围墙、篱壁、桥涵、驳岸等垂直立面的一种绿化形式。

1. 棚架绿化

棚架绿化是目前应用较广泛的也是最早应用的垂直绿化形式。一类是以美化环境为主，以园林构筑形式出现的廊架绿化，其形式丰富多样，有花架、花廊、亭架、墙架、门廊架组合体等，利用观赏价值较高的藤本植物在廊架上形成绿化空间，以其枝繁叶茂、花果艳丽、芳香宜人，既为游人提供了遮阳场所，又可为城市增加亮点；一类是以经济效益为主，以美化和生态效益为辅的绿化形式，是在住宅中应用广泛的绿化形式，主要采用经济价值高的藤本植物如葡萄、猕猴桃、五味子等，既可以为庭园创造绿色空间、遮阳纳凉、美化环境，又可以兼顾经济效益。

要根据实际空间环境、廊架体量、造型来选择藤本植物，适用的植物有紫藤、木香、藤本月季、金银花、凌霄、叶子花、铁线莲等。还要注意它们之间在体量、质地和色彩上取得对比和谐的景观；根据垂直绿化植物种类和花架大小、形状、材料等进行考虑。如杆、绳结构的小型花架，宜配置蔓茎较细、体量较轻的植物；砖木及钢筋混凝土结构的大、中型花架，要选用寿命长、体量大的藤本植物；只需夏季遮阳或临时性花架，宜选用生长快的一年生草本植物或是落叶植物；如为卷须类和吸附类垂直绿化植物，要在棚架上多设些间隔，便于植物攀缘；缠绕类及悬垂类植物要有适宜的缠绕支撑物。

2. 篱垣绿化

篱垣绿化是指利用藤本植物在栅栏、铁丝网、花格围墙上缠绕攀附，达到繁花满篱、枝繁叶茂、叶色秀丽。使篱垣显得亲切和谐；也可在栅栏、花格围墙上使用带刺的藤本植物攀附其上，既美化环境，也可以起到防护作用。常用的植物有藤本月季、云实、金银花、扶芳藤、凌霄等。

3. 园门造景

园门造景是指利用藤本植物，将城市园林和庭园中的各式各样的园门进行绿化，增加园门的景观效果。可以用木香、紫藤、木通、凌霄、金银花、金樱子、蔓性蔷薇、络石、爬山虎等，使其缠绕、吸附或人工辅助攀附在门廊上，可以人工造型，让其枝条自然悬垂，使园门繁花似锦、情趣更加浓厚，引导游人。

4. 驳岸绿化

在驳岸旁种植藤本植物，利用它们的枝条、叶蔓绿化驳岸。如爬山虎、紫藤、蔷薇类、迎春、常春藤、络石等。

5. 护坡绿化

常见的大自然的悬崖峭壁、土坡岩面以及城市道路两旁的坡地、堤岸、桥梁护坡和公园中的假山，可以用藤本植物覆盖，能起到绿化美化作用，同时可以防止水土流失。常用的有爬山虎、葛藤、常春藤、蔓性蔷薇、薜荔、扶芳藤、迎春、迎夏、络石等。如在花坛台壁、台阶两侧可吸附爬山虎、常春藤等，由于其浓密的叶幕使台壁绿意盎然、生动；在花台上种植迎春、枸杞等蔓生类藤本，使其绿枝如美妙的挂帘；在黄土坡上栽植藤本，起到了覆盖裸露的地表、美化坡地和固土的效果；在假山石上覆盖藤本植物，能使山石与周围环境巧妙地过渡，栽植时要避免过分暴露，又不能覆盖过多，使之若隐若现。

6. 住宅垂直绿化

随着城市越来越多的高层建筑拔地而起，其阳台和窗台是楼层的半室外空间，是人们在楼层室内与外界自然接触的媒介，也是室内外的节点。在阳台、窗台上种植藤本，不仅使高层建筑的立面有绿色的点缀，而且像绿色垂帘和花瓶一样装饰了门窗，使优美和谐的大自然渗入室内，增添了生活环境的气息和美感。阳台绿化的方式也是多种多样的，如可以将绿色藤本植物引向上方阳台、窗台构成绿幕；可以向下垂挂形成绿色垂帘，也可附着于墙面形成绿壁。阳台一般光照充足，宜选用喜光照、耐旱、根系浅、耐瘠薄的一、二年生草本植物，如牵牛花、茑萝、豌豆等；也可用多年生植物，如金银花、葡萄等。这些植物不仅管理粗放，而且花期长，绿化美化效果较好。同时，居住者爱好的各种花木、盆景更是品种繁多。但无论是阳台还是窗台的绿化，都要选择叶片茂盛、花美鲜艳的植物，使得花卉与窗户的颜色、质感形成对比，相互衬托，相得益彰。而天井因光照条件差，宜选用耐阴的落叶攀缘植物。栽植地点一般沿边或在角隅处，以不影响居民生活为佳。

7. 室内垂直绿化

室内垂直绿化一般采取悬垂式盆栽，给人以轻盈、自然而浪漫的感觉。用塑料、金属、竹、木等制成吊盆或吊篮种植一些枝叶悬垂的观叶花卉，直接放置于橱顶、高脚几架或挂于墙面使其朝外垂下。天南星科的大叶黄金葛、红宝石蔓绿绒、白蝴蝶合果芋等室内观叶植物，具有栽培容易、生长迅速、叶形优美、四季常青、耐水湿、能攀登、可匍匐等优良性状，可以应用到室内垂直绿化，以丰富城市垂直绿化。

8. 城市桥梁、高架、立交的绿化

在拱桥、石墩桥的桥墩和桥的侧面及高架桥、立交桥立柱上、桥洞上方常采用具有吸盘或吸附根的攀缘植物，如爬山虎、络石、常春藤、凌霄等覆盖于上方，绿叶相掩、倒影成景。

9. 墙面绿化

房屋外墙面的绿化应选择生命力强的吸附类植物，使其在各种垂直墙面上快速生长。爬山虎、紫藤、常春藤、凌霄、络石，以及爬行卫茅等植物价廉物美，这些植物不需要任何支架和牵引材料，栽培管理简单，其绿化高度可达五六层以上，且有一定观赏性，可作为首选。在选择时应区别对待，凌霄喜阳，且耐寒性较差，可种植在向阳的南墙下；络石喜阴，且耐寒力较强，适于栽植在房屋的北墙下；爬山虎生长快，分枝较多，种于西墙下最合适。也可选用其他花草、植物垂吊墙面，如紫藤、葡萄、爬藤蔷薇、木香、金银花、木通、西府海棠、茑萝、牵牛花等，或果蔬类如南瓜、丝瓜、佛手瓜等。在较粗糙的表面，可选择枝叶较粗大的植物，如爬山虎、薜荔、凌霄等，便于攀爬；而表面光滑细密的墙面则选用枝叶细小、吸附能力强的种类。建筑物正面绿化时要注意与门窗的距离，一般在两门或两窗的中心栽植，墙上可嵌入横条形铁丝，以便攀缘植物顺利向上生长。采用垂吊天竺葵、矮牵牛、四季海棠等各种观花植物，栽植不同形式空中花篮吊饰挂于灯杆、墙体进行垂直绿化，是高层次空间绿化彩化的首选。

（二）垂直绿化植物选择的原则

垂直绿化适用于棚架、建筑物墙体、围墙、桥柱、桥体、道路护坡、河道堤岸以及其他构筑物等的绿化。

（1）考虑不同习性的植物对环境条件的需要，选择浅根、耐贫瘠、耐旱、耐寒的强阳性或强阴性的藤本、攀缘和垂吊植物。

（2）根据不同种类攀缘植物本身特有的习性，选择与创造满足其生长的条件。缠绕类植物适用于栏杆、棚架等，如凌霄、茑萝、紫藤、金银花、菜豆、牵牛花等；攀缘类植物适用于篱墙、棚架和垂挂等，如葡萄、铁线莲、丝瓜、葫芦等；钩刺类植物适用于栏杆、篱墙和棚架等，如蔷薇、藤本月季、木香等；攀附类植物适用于墙面等，如爬山虎、扶芳藤等。

（3）根据所处地段及墙面材质，可选择爬山虎、凌霄、攀缘月季等垂直绿化苗木，沿墙体的垂直绿化要砌筑种植池，更换种植土。墙边、桥体、桥柱等可选用塑料网等材料铺设辅助网，以利植物攀缘。

（4）根据其观赏效果和功能要求进行设计，所选植物应注意与攀附建筑物的色彩、风格、高低相配合，如红砖墙面不宜选用秋叶变红的攀缘植物，而灰色、白色墙面，则可选用秋叶红艳的攀缘植物。

（5）应尽量采用地栽形式，用容器、种植槽或盆栽植时，以高 60 cm、宽 50 cm 为宜，容器底部应有排水孔，种植土要求轻型、保水、富含养分。

（三）垂直绿化植物应用的原则

1. 功能要求

在垂直绿化中，如果是用于降低建筑物墙面及室内温度，应该选用生长快、枝叶茂盛的攀缘植物，此类植物有爬山虎、五叶地锦、常春藤等。如果是以防尘为主的，应尽量选用叶面粗糙且密度大的植物，如中华猕猴桃等。

2. 生态要求

不同攀缘植物对环境条件要求不同，因此在进行垂直绿化时应考虑立地条件。在进行墙面绿化时，应考虑方向问题，北墙面应选择耐阴植物，如中国地锦是极耐阴的攀缘植物，用于北墙比用于西墙生长迅速，生长势强，开花结果繁茂。西墙面绿化应选择喜光、耐旱的植物，如爬山虎等。在我国北方应考虑植物材料的抗寒性、抗旱性，而南方则应考虑其耐湿性。

3. 绿化方式要求

对于墙面绿化，可以选择有吸盘和吸附根的攀缘植物，如爬山虎、常春藤等；庭园垂直绿化，一般是在棚架、山石旁，栽植典雅或有经济价值的木香、蔷薇、金银花、猕猴桃等；住宅垂直绿化除墙面外还包括阳台等，对于阳台可选用喜光、耐旱的攀缘植物，背阴墙面可选用耐阴的中国地锦等；土坡、假山的垂直绿化宜选用根系庞大、固地性强的攀缘植物。

4. 美化要求

为了增加墙面的美化效果,可以在立交桥等位置种植爆竹花、牵牛花、茑萝等开花攀缘植物;在护坡和边坡种植凌霄、老鸭嘴藤等;在立交桥上悬挂槽和阳台上种植黄素馨、马缨丹、软枝黄蝉等。

5. 环保要求

在我国南方,常春藤能抗汞雾。在北方,地锦能抗二氧化硫、氟化氢和汞雾。常绿阔叶的常春藤、薜荔、扶芳藤都能抗二氧化硫。可根据绿化环境中的污染情况进行选择。

目前,城市垂直绿化中所用的材料大多是各种功能兼顾,多种垂直绿化材料有机结合种植。

(四)垂直绿化植物的盆栽类型及选盆

1. 盆栽类型的选择

应选用长势适中,节间较短,蔓姿、叶、花、果观赏价值高,病虫害少的种类或品种。观果垂直绿化植物,宜选用自花授粉率高的品种。一般情况下,垂蔓性品种更适合盆栽,如迎春、迎夏、连翘、枸杞、花叶蔓等。分枝性差、单轴延长的蔓性灌木,不宜用做盆栽。

缠绕类中苗期呈灌木状的如紫藤等和卷须类中可供观花、观果者如金银花、葡萄等也适合盆栽。吸附类中常绿耐阴的常春藤等,常在室内盆栽作垂吊观赏。枝蔓虬曲多姿者,还适合制作树桩盆景,如金银花、紫藤等。

2. 选盆

1)生产用盆

生产用盆的特点是排水和透气性能良好,质地粗糙,盆轻,不追求艺术效果,价格便宜,但不结实。生产用盆多用素烧泥盆,由黏土烧制而成,有红色和灰色两种,底部中央留有排水孔。盆的大小一般在 7~40 cm。

2)陈设用盆

为提高盆花的观赏效果,使植株、花朵和花盆相映成趣,可以利用不同的材料,采用不同的造型方法和制作工艺,制成不同形状和不同颜色的观赏花盆,有的还可雕刻书法、绘画和图案,使它们成为美丽的工艺品。这种花盆的质地都比较坚实,通气和透水性能不良,一般盆花不适合用它们来长期养护,并且价格较贵,因此多在室内陈设时作短期使用,或布置会场、宾馆及展览,或栽植树桩盆景。

(1)瓷盆:常有彩色绘画,外形美观,适合室内装饰之用。但上釉后,水分、空气流通不良,对植物生长不利。

(2)陶盆:有两种,一种是素陶盆,用陶泥烧制而成,有一定的透气性;另一种是在素陶盆上加一层彩釉,比较精美坚固,但不透气。

(3)紫砂盆:此种盆既精致美观,又有微弱的透气性,多用来养护室内名贵的中小型盆花,或树桩盆景。

(4)木盆或木桶:当需要用 40 cm 以上口径的盆时,即采用木盆。木盆选材宜用材质坚硬而不易腐烂的红松、槲、栗、杉木、柏木等,外部刷以油漆,既可防腐,又增加美观,内部应涂以环烷酸铜防腐,盆底有排水孔。

(5)水养盆:专用于栽培水生植物,盆底无排水孔,盆面阔大而浅。如“莲花盆”、“水仙盆”等。

(6)兰盆:专用于栽培气生兰及附生蕨类植物,其盆壁有各种形状的孔洞,以便空气流通。

(7)盆景用盆:深浅不一,形式多样。山水盆景用盆为特制的浅盆,以石盆为上品。

(8)纸盆:供培养幼苗之用,特别用于不耐移植的种类,可在温室内纸盆中进行育苗。

(9)塑料盆:质轻而坚固耐用,可制成各种形状,色彩也极多,其水分、空气流通不良,使用它应注意培养土的物理性状,使之疏松通气,以克服不透气的缺点。

3. 选盆

选盆就是选择盆的大小、深浅、款式、色彩和质地。要求做到:大小适中,深浅恰当,款式相配,色彩谐调,质地相宜。

1)盆的大小、深浅

盆的大小一定要适中。盆器过大,盆内显得空旷,植株显得体量过小,而且因为盛土多、蓄水多,常会造成烂根;盆器过小,内置植株就会显得头重脚轻,缺乏稳定感,而且盛土少、蓄水少,常造成养分、水分供应不足,影响植物生长。

盆的深浅对于植株生长和控形影响很大,过深,盆中容土多、蓄水多,不利于喜干品种的生长;过浅,容土太少且易干涸,不利于喜湿类型以及观花、观果品种的生长。另外,主蔓粗壮的品种,易给人以不稳定感。

2)盆的款式和色彩

盆的款式一定要与盆中所栽品种的形态形成景观上的匹配,要在格调上一致,同时还要考虑有利于植株生长以及与摆放环境的协调。

盆的色彩与盆中植株的色彩要既有对比又要相互协调。植株观赏部位色彩较深,如红色的种类,应选择色彩较浅一些如白色、浅绿色、浅黄色、浅蓝色盆;观赏部位色彩较浅如翠绿色叶的应选择深色的盆。配盆时还应考虑到植株主蔓的色彩。

3)盆的质地

盆的质地一定要适宜。从观赏性考虑,宜选择观赏性较好的釉陶盆、紫砂陶盆、瓷盆等;但从栽培和养护出发宜选择通气透水性好的瓦盆,如能套上装饰性强的盆,就能相得益彰。

4. 盆栽用土或基质

盆栽用土一定要根据植物种类的生物学特性来选用,盆栽垂直绿化植物对土壤的要求是肥沃疏松、富含腐殖质。腐殖质土、稻田土、山泥、腐叶土、塘泥土等都可以作盆栽用土。但为了满足盆栽用土达到肥沃疏松、富含腐殖质的目的,常常需要进行人工配制培养土,常见的配方有:4 份肥田土+4 份腐叶土+2 份粗砂+少量砻糠灰。如果是喜肥植物种类的盆栽,还应配制加肥培养土,如 10 份普通培养土+1～2 份饼肥。

无土盆栽是在无孔盆中以蛭石、石英砂等作基质,加入营养液进行的栽培,是卫生、优质、便于机械化生产的先进栽培方法。营养液的配制因当地水质、植物种类对酸碱度的要求不同,配方也不同,可以参考无土栽培基质的选择。

五、任务实施

(一)垂直绿化植物栽植前的准备

1. 苗木准备

1)选苗

进行垂直绿化时,不要影响建筑物和构筑物的强度及其他功能需要。栽植前应对栽植位置的朝向、光照、地势、雨水截留、人流、绿地宽度、立面条件、土壤等状况进行调查。垂直绿化应因地制宜,根据环境条件和景观需要,以适用、美观、经济为原则,选择适宜的植物材料。根据建筑物和构筑物的式样、朝向、光照等立地条件选择不同类型的垂直绿化植物材料。用于垂直绿化的藤本植物应选择枝叶丰满、根系发达的良种壮苗;用于墙面贴植的植物应选择有3~4根主分枝,枝叶丰满,可塑性强的植株;常绿植物非季节性栽植应用容器苗,栽植前或栽植后都要进行疏叶。

选择的垂直绿化植物要满足以下条件:枝繁叶茂,病虫害少,若花繁色艳则效果更好;果实累累、形色奇佳,如能食用或兼具经济价值是最佳选择;进行垂直绿化时所用植物要具有卷须、吸盘、吸附根,可攀壁生长,对建筑物无副作用,如叶色艳丽、常绿不凋落的最好;耐寒、耐旱、抗性强、易于栽培、管理方便,并兼具景观作用。

2)栽前修剪

垂直绿化植物根系发达、冠覆盖面积大、茎蔓较细,起苗时容易损伤较多的根系,栽植前要对苗木进行适当重剪,苗龄小的落叶植物留3~5个芽,对主蔓重剪;苗龄较大的,对其主、侧蔓留数个芽,重剪和疏剪;常绿植物以疏剪为主,适当短截。同时在栽植时,还要根据根系损伤情况再次进行修剪。

2. 土壤准备

栽植前应进行土壤测定,垂直绿化栽植土重要的是理化性状要求。在栽植地点有效土层下方有不透气废基础的应打碎,对不能打碎的应钻穿,使其上下贯通。

3. 辅助设施准备

栽植地段环境较差,无栽植条件的,应设置栽植槽。栽植槽内净高宜为30~50 cm;净宽40~50 cm。为防止人为破坏,在栽植物周围可设置保护设施。

(二)垂直绿化植物的栽植

1. 定点挖穴

挖穴的规格根据植物种类和栽植地环境不同而异。一般穴径要比植物根幅或土球大20~30 cm,深与穴径相等或略深。因垂直绿化植物大多数为深根性,所以挖穴要略深。一般蔓生性木本垂直绿化植物穴深为45~60 cm,高大的垂直绿化植物且兼具果实生产的应为80~100 cm。

2. 土壤改良

如果穴内土层为黏实土,栽植前应添加枯枝落叶或腐叶土,有利于透气;对栽植地地下水位高的,要在穴内添加一定量的沙土;如在建筑区遇有灰渣多的地段,要适当加人穴径和深度,并进行客土。

3. 起苗与包装

落叶木本垂直绿化植物多数采用裸根起苗，且一般多用苗龄不大的植株，起苗范围略大即可。植株大的木本蔓性类或呈灌木状的垂直绿化植物，应先找好冠，在冠幅的1/3处挖掘。其他垂直绿化植物由于自然冠幅大小不易确定，在干蔓正上方的，可以冠较密处的1/3处为准或凭经验起苗，其中直根性和具肉质根的落叶或常绿木本垂直绿化植物应带土球起苗。沙壤地中所起的小苗土球小于50 cm的，要用浸湿的蒲包包装，如果土壤较黏，则用草绳包扎。

4. 假植及运输

已经起出的木本垂直绿化苗木，如不能马上运走应立即原地假植。裸根木本垂直绿化植物如果在半天内近距离运输，则只需盖上草帘或帆布即可；如运输超过半天，要在装车后对苗木根系喷水或盖上湿草帘，上面再盖一层帆布；运输时间长的，应先蘸泥浆，再按一定量加入湿苔藓等，最后用草袋包装后装运，在运输途中要注意检查苗木，并及时给苗木喷水，苗木运到目的地后，要立即栽植，如果苗根较干，要先用水浸泡（不超过24小时）。对不能及时栽植的，要进行假植。

5. 定植

1）栽植间距

栽植间距一般根据苗木品种、大小及要求见效的时间长短而定，一般为40～50 cm。墙面贴植，栽植间距宜为80～100 cm。垂直绿化材料宜靠近建筑物和构筑物的基部栽植。

2）栽植技术

除吸附类植物作垂直立面或作地被的垂直绿化植物外，其他垂直绿化植物栽植方法与一般园林树木一样，即做到“三埋二踩一提苗”。栽植工序应紧密衔接，做到随挖、随运、随种、随灌，裸根苗不得长时间暴晒和长时间脱水。栽植穴大小应根据苗木的规格而定，宜为长（20～35）cm×宽（20～35）cm×深（30～40）cm。苗木摆放立面应将较多的分枝均匀地与墙面平行放置。苗木栽植的深度应以覆土至根颈为准，根际周围应夯实。苗木栽好后随即浇水，次日再浇水一次，两次水均应浇透。第二次浇水后应进行根际培土，做到土面平整、疏松。在干旱地区，可在雨季前铲除土堰，将土培于穴内；秋季栽植的，入冬时将堰土呈月牙形培于垂直绿化植物的主风方向，以利于越冬防寒。

3）枝条固定

栽植无吸盘的绿化材料，要进行牵引和固定。植株枝条应根据长势分散固定；固定点的设置，可根据植物枝条的长度、硬度而定；墙面贴植应剪去内向、外向的枝条，保存可填补空当的枝叶，按主干、主枝、小枝的顺序进行固定，固定好后要修剪和平整。

（三）垂直绿化植物的盆器栽植技术

1. 上盆

一般北方使用的新瓦盆含碱，需用水充分浸泡，使其吸足水，也利于除碱；旧盆浸后有青苔的则应刷净，浸后待盆稍干再用。在栽植前首先需要填塞盆底的透水孔，浅盆可用双层铁丝网或塑料窗纱填塞；较深的盆可用两片碎瓦片，叠合填塞；千筒盆则需要用多块瓦片将盆下层垫空。不能将透水孔堵死，以免排水不畅，造成植株烂根。填土时应在盆底放大粒土，稍上放中粒土，中上部放细粒土，一边放入一边用木棒抖动，以使盆土与植株根贴实，但不可将土压得太紧，以保证盆土的透气透水。深盆栽植需要留水口，离盆口1~2 cm，以便于浇水；浅盆不用留水口。填完土后，用细喷壶浇足定根水，至盆底孔有水流出为止，特别要注意避免出现浇“半截水”、上下干湿不均，影响根系的生长。然后将其放置到无风半阴处，并注意对植株经常喷水，约半个月后，进行正常管理。

2. 翻盆

盆栽垂直绿化植物生长多年后，须根密布盆底，浇水时不易渗透、排水困难，肥料也不能满足需要，会影响植株的正常生长，应翻盆换土，并同时结合修根。

翻盆换土一般1~2年进行一次。枝叶茂盛、根系发达的喜肥类型，可每年进行一次。

翻盆时间一般在植株休眠期或生长迟缓期进行为宜，最好在萌芽前的早春3月初至4月初进行。常绿类植物可在晚春或夏季梅雨季节翻盆；春花类型的宜在花后进行。

在脱盆前如盆土较干，应于脱盆前1~2日浇足水，以便于脱盆。脱盆时，用手掌拍打盆的四周，使土团与盆壁分离，然后用一只手握住主蔓基部，另一只手的手指由排水孔向外顶出。脱盆后，要去除部分旧土并增添新土，以增加肥力、促发新根。须根多而易活的类型，可多去一些旧土；反之，则应多保留一点旧土。剔除旧土时，视情况进行根系修剪更新，去除部分粗长老根、病根和死根。选择大一号的盆，添加新土。

翻盆用的土壤必须是有机质含量丰富、排水快、透气性好的肥土，一般以中性园土5份+厩肥或堆肥3份+砻糠灰2份，充分拌匀后过筛备用。

六、评分标准

序号	考核项目	考核内容	考核标准	考核方法	得分
1	墙面绿化栽植技术	墙面绿化植物的选择、垂直绿化植物栽植技术（35分）	能根据设计要求选择正确的用于墙面垂直绿化的植物，能按设计要求进行墙面垂直绿化植物的栽植	个人考核 小组考核	
2	园门造景绿化栽植技术	园门造景绿化植物的选择、垂直绿化植物栽植技术（30分）	能根据设计要求选择正确的用于园门造景的垂直绿化植物，能按设计要求进行园门造景垂直绿化植物的栽植	个人考核 小组考核	
3	棚架绿化栽植技术	棚架绿化植物的选择、垂直绿化植物栽植技术（35分）	能根据设计要求选择正确的用于棚架垂直绿化的植物，能按设计要求进行棚架垂直绿化植物的栽植	个人考核 小组考核	

七、思考与练习

（1）说说你对垂直绿化的认识，哪些植物最适合你所在地区的垂直绿化用？

（2）简述不同类型垂直绿化的设计及技术要求。

(3)设计一个适合你们地区的室内垂直绿化方案。

(4)设计一个适合你们地区的园门造景绿化栽植方案。

八、知识拓展

(一)垂直绿化新技术

1. 用于垂直或倾斜的墙体表面绿化的植物种植技术

该技术主要组成部分是一个具有一定的弹性、通气性和不透水性的软性包囊,包囊用一片非编织而成的材料做成,如聚酯、尼龙、聚乙烯、聚丙烯等。包囊可以并列地分成多个格,每个格开若干裂缝,数量和间距根据绿化的需要而定。绿化时,将包囊水平放置,将泥土倒入缝隙内,再种上植物,种植后将包囊沿墙体表面吊起,植物向外。最后加入适量的水,以促进植物的生长。这种绿化方式可以根据墙体的具体情况,精细地对墙体绿化,达到理想的绿化效果。

2. 垂直面绿化的构件

垂直面绿化构件的垂直面由排列有序、向上倾斜的花草导出管和花草导出管相连通的空腔组成,构件的上方有弯钩,有凹口,下方有凸片,便于施工安装。在空腔中植入培植基,通过花草导出管植入花草即能起到垂直绿化的目的。

3. 组合式直壁花盆

组合式直壁花盆包含底盆托架和多单元连体花盆,该连体花盆由多只盆口向上的单元花盆依次固定在一直壁上而成,连体花盆以最末一个单元插嵌在底盆托架的托盆中。根据柱形建筑物的高度,可用多组多单元连体花盆叠置至所需高度,以上一组多单元连体花盆的最末一个单元插嵌在下一组多单元连体花盆的最上一个单元内,任意调节高度。

4. 可以种植植物的水泥防护墙

这种防护墙为钢结构,基部 H 钢与地面平行,而悬空 H 钢则与地面成一个角度。在钢结构上加上钢丝和透水性水泥层、人造绿化土壤,就可以在上面种植植物了。

(二)垂直绿化的作用

垂直绿化,可减少阳光直射,降低温度。据测定,有紫藤棚遮阴的地方,光照强度仅有阳光直射地方的几十分之一。浓密的紫藤枝叶像一层厚厚的绒毯,降低了太阳辐射强度,同时也降低了温度。城市墙面、路面的反射非常强烈,进行墙面的垂直绿化,墙面温度可降低 2~7 ℃,特别是朝西的墙面绿化覆盖后降温效果更为显著。同时,墙面、棚面绿化覆盖后,空气湿度还可提高 10%~20%,这在炎热的夏季有利于人们消除疲劳、增加舒适感。

垂直绿化的立地条件一般都比较差,所以选用的植物材料一般要求具有浅根性、耐贫瘠、耐干旱、耐水湿、对阳光有高度适应性等特点。例如,属于攀缘蔓性植物的有爬山虎、牵牛花、常春藤、葡萄、茑萝、雷公藤、紫藤、爬地柏等;属于阳性的植物有太阳花、五色草、鸢尾、景天、草莓等;阴性植物有虎耳草、三叶草、留兰香、玉簪、万年青等。

垂直绿化的设计,要因地而异。如常在大门口处搭设棚架,再种植攀缘植物;或以绿篱、花篱或篱架上攀附各种植物来代替围墙。阳台和窗台可以摆花或栽植攀缘植物来绿化遮阴。墙面可用攀缘蔓生植物来覆盖,地面可铺设草皮。

任务六　地被植物栽植技术

一、教学目标

(1)了解地被植物的概念及分类。
(2)掌握地被植物的栽植过程和主要技术措施。
(3)学会地被植物的一般栽植技术。

二、任务提出

在新建的城区中,已经按照绿化设计栽植了一些高大乔木和灌木,但这些树木下面土壤还是裸露的,既不美观又易产生尘土。为了达到防风护土、控制水土流失、绿化及美化环境、提高环境质量等目的,要在这些空地栽植一些低矮、具有一定观赏价值的地被植物。

三、任务分析

要种植既低矮又能覆盖地面同时美化环境的植物,就应该了解地被植物的概念、分类、特性以及地被植物选择的条件,正确进行地被植物的栽植和养护,使其能尽快达到覆盖地面的作用。

四、相关知识

(一)地被植物及分类

能覆盖地面并有一定观赏价值的低矮植物叫地被植物。地被植物种植后能很快覆盖地面,形成一层茂密的枝叶,将土层稳定,同时还会有不同深浅的绿色和美丽的花色供人们欣赏。地被植物一般包括蔓生植物、丛生植物、草甸植物、缠绕藤本植物及蕨类植物。地被植物的分类如下。

1. 按生态环境分

1)喜阳地被植物

喜阳地被植物指在全日照空旷地上生长的地被植物。如常夏石竹、半枝莲、鸢尾、百里香、紫茉莉等。喜阳地被植物一般在阳光充足的条件下才能正常生长,其花叶茂盛,在半阴处则生长不良,在庇荫处种植往往会自然死亡。

2)喜阴地被植物

喜阴地被植物指在建筑物密集的阴影处或郁闭度较高的树丛下生长的地被植物。如虎耳草、连钱草、玉簪、蛇莓、蝴蝶花、桃叶珊瑚等。这类植物在日照不足的遮阴处仍能正常生长,在全日照条件下反而会叶色发黄,甚至叶片先端出现焦枯等不良现象。

3)耐阴地被植物

耐阴地被植物指一般在稀疏的林下或林缘处,以及其他阳光不足之处生长的地被植物。如诸葛菜、蔓长春花、石蒜、细叶麦冬、八角金盘、常春藤、蕨类等。此类植物在半阴处生长良好,在全日照条件下及浓阴处均生长欠佳。

2. 按观赏特点分

1) 常绿地被植物

四季常青的地被植物,可达到终年覆盖地面的效果,如砂地柏、石菖蒲、麦冬、葱兰、常春藤等。这类植物没有明显的休眠期,一般在春季交替换叶。

2) 观叶地被植物

这些地被植物有特殊的叶色和叶姿,单株或群体均可供人观赏,如八角金盘、菲白竹、连钱草等。

3) 观花地被植物

花期长、花色艳丽的低矮植物,在其开花期以花取胜,如金鸡菊、诸葛菜、红花酢浆草、毛地黄、矮花美人蕉、花毛茛、石蒜、紫花地丁等。有些观花地被植物可在成片的观叶植物中插种,例如,在麦冬类或石菖蒲观叶地被中插种一些萱草、石蒜等观花地被植物,则更能发挥地被植物的绿化效果。

(二) 地被植物选择的标准

(1) 多年生,植株低矮,高度不超过 100 cm。

(2) 全部生育期在露地栽培。

(3) 繁殖容易,生长迅速,覆盖力强,耐修剪。

(4) 花色丰富,持续时间长或枝叶观赏性好。

(5) 具有一定的稳定性。

(6) 抗性强、无毒、无异味。

(7) 能够管理,即不会泛滥成灾。

五、任务实施

(一) 地被植物栽植前的准备

1. 栽植地的准备

1) 整地、施肥

地被植物一般为多年生植物,大多没有粗大的主根,根系主要分布在 30 cm 以上的表层土壤里,仅有少数低矮灌木的根系分布稍深一些。在种植地被植物前,要尽可能使种植场地的表层土壤疏松、透气、肥沃,地面平整、排水良好,为其生长发育创造良好的立地条件。对土壤瘠薄的在整地时可以施入腐熟的有机肥,最后平整场地。

2) 定点、放线、挖穴

根据设计图纸,按比例放线于地面,以设计提供的标准点或固定建筑物、构筑物等为依据,确定地被植物的种植点,定点时依图按比例测出其范围,并用石灰标画出范围的边线。

一字形栽植时,挖浅沟;成片栽植时,多以品字形浅穴为主,在放线范围内翻挖、松土,深度为 15~30 cm。在轮廓线外侧预留宽和深为 3~5 cm 的保水沟,以利于灌水。

2. 苗木的准备

1) 起苗

在苗圃用播种法先培育成幼苗或扦插培育成幼株,再进行大面积移栽。用花卉做地被植物的，多数是穴盘育苗，之后在营养盒中培育，栽植时只需将营养盒去掉即可，此法培育的苗木其根系保持完整，成活率高；木本地被植物一般较小，多数裸根起苗，灌木树种按灌木丛高度的1/3确定根系挖掘的幅度。

2）包装

容器苗可直接用箱装运，尽快运到栽植地，并立即栽植；木本地被植物要根据苗木大小进行分级、打捆，将根系喷水，用编织袋包扎或装入编织袋内，要始终保持苗木根系及地上部分湿润。

3）运输

在运输途中，要保证苗木水分，运到栽植地后立即栽植或假植。

（二）地被植物栽植技术

1．修剪

1）地上部分修剪

由于起苗、运输过程中苗木地上部分会受到损伤，栽植前要对受伤枝条进行适当修剪；同时对病虫枝、枯死枝进行修剪。

2）根系修剪

起苗后剪去过长的根系、病虫根，将根系受伤的部分修剪整齐，利于愈合发出新根。

2．地被植物栽植

按设计的株行距，在栽植现场挖好栽植穴并进行栽植。栽植使用的苗木是已经长出3~4片真叶的幼苗。

地被植物单株比较小，多以整体观赏效果为主，必须成片种植才能显示出其效果，所以要求种植的植物生长速度快、整齐。在种植时要根据植物的生长特性、植株的生长速度、生境条件、种苗大小和养护管理水平等适当地加密种植间距，使其在种植后能基本达到覆盖效果（见图2-28）。

草本地被植物由于植株矮小，栽植时株行距为20~25 cm，矮生灌木株行距35~40 cm，过稀郁闭较慢，会加大除草工作量，并且在短期内达不到覆盖的效果，过密则浪费苗木。如玉簪、萱草、鸢尾、马蔺等可按20 cm×25 cm栽植；甘野菊、一枝黄花、大花秋葵等冠幅大的地被植物，可适当将株行距加大到40 cm×40 cm。对于自播繁殖能力强的二月兰、紫花地丁、美女樱等地被植物，可先行播种，翌年自播繁衍，种子受风力影响可能造成分布不均匀，对于过密处的幼苗要及时疏苗，补植地被稀疏的地方，以免植物过密而瘦弱，导致开花不好，或者过稀又裸露地面，可人工辅助使其达到合理的株行距。对于较大的灌木植株如迎春、连翘，可根据景观布置要求进行群体栽植、片植或3~5丛植；对于较小的灌木苗，也可几株合并栽植以扩大灌群。如果是较快覆盖地面的大面积景观地被，可以先密植，以后视生长势逐渐疏苗，移去部分植株，以平衡其生长势。图2-29所示为地被植物八宝景天。

图 2-28　地被植物栽植

图 2-29　地被植物八宝景天

(三)地被植物的养护

1. 防止水土流失

栽植地的土壤须保持疏松、肥沃,排水一定要好。一般每年检查 1~2 次,暴雨过后要仔细查看有无冲刷损坏。水土流失严重的地区,应立即采取措施,堵塞漏洞。

2. 增加土壤肥力

在地被植物生长期内,应根据各类植物的需要及时补充肥力,尤其对一些观花地被植物更为重要。常用喷施法,方法简便,适合大面积使用,可在植物生长期进行,以增施稀薄的硫酸铵、尿素、过磷酸钙、氯化钾等无机肥为主,也可在早春、秋末、植物休眠前后撒施,结合覆土,对植物越冬有利,要因地制宜充分利用堆肥、饼肥、河泥及其他有机肥源。在一些比较贫瘠的土地上栽植地被植物,还要根据不同土壤及其养分含量的不同,以及不同植物的不同生育期,进行平衡施肥。

3. 抗旱浇水

地被植物一般要选适应性强的抗旱品种,可不必浇水,但出现连续干旱无雨时,为防止地被植物严重干旱应浇水(见图 2-30)。

图 2-30　地被植物浇水

4. 病虫害防治

地被植物要有较强的抗病虫力,有时由于排水欠佳或施肥不当等也会引起病虫害发生,大面积地被栽植易发生立枯病,能使成片地被植物枯萎,应采用喷药预防,阻止其蔓延扩大,其次是灰霉病等,应注意防治。

5. 防治空秃

地被植物在出现空秃时会影响观赏效果,要立即检查,翻松土层,如土质差应换土补栽。

6. 更新复苏

当成片地被植物出现过早衰老时，应对表土刺孔，使根部土壤疏松透气，加强水肥管理，利于更新复苏。对一些观花类多年生地被植物，应每隔5~6年进行一次分株翻种，以免引起自然衰退。分株翻种时，应将衰老植株及病株去掉，选健壮植株重新栽种。

7. 修剪

一般低矮品种不需经常修剪，以粗放管理为主，对一些少数带残花或者花茎高的，须在开花后适当压低，或结合采收种子适当修剪。

六、评分标准

序号	考核项目	考核内容	考核标准	考核方法	得分
1	地被植物栽植	种苗栽植法栽植地被植物的技术(60分)	能根据设计标准对栽植地进行整地，能正确栽植地被植物裸根苗	个人考核 小组考核	
2	地被植物栽后养护	对栽植后的地被植物进行常规养护(40分)	能根据栽植地地被植物生长情况进行正确的养护	个人考核 小组考核	

七、思考与练习

1. 说出地被植物选择的标准及原则。
2. 说出地被植物栽植过程。

八、知识拓展

(一)整地方法及土壤改良

1. 整地方法

翻地深度一般为30~40 cm，翻地过浅，地被植物根系往往不能扎入土中；过深则会使表层肥土翻到深处，影响土壤肥力。平整土地时要打碎土块，清除大石块、树桩、树根、瓦砾、碎玻璃、混凝土残渣等障碍物，并去除土壤中的杂草根，以减少杂草与地被植物的竞争，从而减少以后的养护工作量，然后将土地整平，以免在种植后造成绿地内积水。

土质差的地段或者栽植对土壤有特殊要求的植物，应该进行局部换土，换土时通常需要将土壤深翻60 cm左右，土方移动时注意表层肥土及生土要分别放置，表土暂时放在一边，然后移去底土，换土后表土置于原地段的最上层，然后整平床面并稍加镇压。由于表土已经经过风化，土质成分内含有大量的腐殖质，土壤肥力强。

场地平整时要考虑建成后的地形排水，一般要求场地中心比较高，四周则逐渐向外倾斜。通常形成2°~3°的排水坡度，最大不宜超过5°。要求排水好的植物可在种植区土壤下层添加石砾。对于某些根蘖性过强、易侵扰其他花卉的植物，应在其种植区边挖沟，埋入石头、瓦砾、金属条等进行隔离。

2. 土壤改良

如果绿化地段的土壤条件较差，土壤结构过于密实，会严重影响地被植物的正常生长。栽植前要对种植地段土壤进行改良,或使用有机物质和土壤改良剂,腐熟的人畜粪尿和粪肥、堆肥、碎树皮、树叶覆盖层和泥炭藓、煤渣、锯木屑都可以作为土壤改良物。

地被植物栽植之前,结合整地翻土并适当加入基肥以增加土壤的肥力。适当施些有机肥作基肥,例如人粪尿、饼肥、绿肥等,对于提高地被植物的抗性有利。在平整的地区还可以多施堆肥和厩肥,或者利用风化后的河泥混入表土层内,在施肥时也可以在土壤中拌入颗粒复合肥。

(二)提高几种地被植物观赏效果的措施

大金鸡菊5~6月集中开花后会零星开花,观赏效果较差。若花后将大金鸡菊地上部分剪去2/3,加强栽培管理,10月可再次集中开花,从而提高其观赏价值。玉带草6~7月花后观赏价值降低,花后将地上部分及时剪去2/3,加强栽培管理,不久发出新芽,9月中旬有较好的观赏效果,冬季保持常绿。火星花7月开花,花后观赏价值较差,冬季地上部分全部枯死,翌年3月中旬萌发新芽。若花后将火星花地上部分剪去3/4,施入有机肥或复合肥,加强栽培管理,按时灌水,1个多月可发新芽,9月中旬有较好的观赏效果,冬季保持常绿,大大提高了火星花的观赏价值。

(三)地被植物繁殖技术

地被植物的繁植,要根据景观设计的要求,以及当前所具有苗木的实际情况和工程进度的要求选择使用不同的方法。

1. 直播法

直播法是地被植物栽植中比较常用的一种方法,特别是一、二年生草本地被植物。直播法简单、方便、省工、省事,还易于扩大栽培面积。撒播时将地被植物的种子均匀地撒到绿地中,出苗整齐迅速、覆盖效果明显,利用地被植物所具有的较强自播繁殖能力,在一般情况下可以粗放管理。由于地被植物是利用植物的群体效果来营造景观的,所以要求植物的生长速度要快、效果要整齐,为此,种植时要适当地增加播种量,使其尽快在2~3个月内基本实现植物枝叶茂盛、郁闭。

2. 无性繁殖法

无性繁殖法指将多年生地被植物采用分株、分球、扦插、压条等方法,直接在现场定位栽植或苗床繁殖,使之迅速扩展,形成优势植物群落,覆盖地面或斜坡。

任务七　水生植物栽植技术

一、教学目标

(1)了解水生植物的概念及特点。

(2)掌握水生植物的栽植过程和主要技术措施。

(3)掌握水生植物的容器栽植、湖塘栽植技术。

二、任务提出

在园林水景工程上,对水生植物的应用越来越多。我国十大名花之一的荷花,自古以来就作为重要的水生观赏植物，从南到北一些著名公园湖泊，随处可见。此外，王莲、睡莲、千屈菜、萍蓬等也都是人们所喜爱的水生植物。由于它们特有的形态、观赏效果和耐水湿的特性，越来越受到人们的喜爱和重视。试完成荷花的容器栽植和湖塘栽植。

三、任务分析

水生植物常年生长在水中或沼泽地中，其在形态特征、生长习性及生理机能等方面与陆地植物有明显差异。针对这些结合栽植地的环境，选择合适的栽植技术，规范操作，进行荷花的栽植及养护。

四、相关知识

（一）水生植物的分类

水生植物一般指常年生长在水中或沼泽地中的多年生草本植物。按其生态习性可分为以下几种。

1. 挺水植物

植株高大，直立挺拔，花色艳丽，绝大多数有茎叶之分，根生于泥中，茎叶挺出水面，如荷花、千屈菜、菖蒲、泽泻等。

2. 浮水植物

根生于泥水中，无明显地上茎或茎细弱不能直立，叶面浮于水面或略高于水面，花大色艳，如睡莲、王莲、芡实等。

3. 沉水植物

根生于泥水中，茎叶全部沉于水中，仅在水浅时偶有露出水面，具有发达的通气组织，如莼菜、狸藻等。

4. 漂浮植物

根伸展于水中，叶浮于水面，随水漂浮流动，在水浅处可生根于泥中，生长速度快，如浮萍、凤眼莲等。

（二）水生植物的特点

水生植物依赖水而生存，其在形态特征、生长习性及生理机能等方面与陆生植物有明显的差异。主要表现在以下方面。

1. 通气组织发达

除少数湿生植物外，水生植物体内都具有发达的通气系统，可以使进入水生植物体内的空气顺利地到达植株的各个部分，尤其是处于生长阶段的荷花、睡莲等。从叶脉、叶柄到膨大的地下茎，都有大小不一的气腔相通，保证进入到植株体内的空气散布到各个器官和组织，以满足位于水下器官各部分呼吸和生理活动的需要。

2. 机械组织退化

通常有些水生植物的叶及叶柄部分生长在水中，不需要有坚硬的机械组织来支撑个体，所以水生植物不如陆生植物坚硬；又因其器官和组织的含水量较高，从而叶柄的木质化程度较低，植株体比较柔软，而水上部分的抗风力也差。

3. 根系不发达

一般情况下,水生植物的根系不如陆生植物发达。因为水生植物的根系,在生长发育过程中直接与水接触或在湿土中生活,吸收矿物质营养及水分比较省力,导致其根系缺乏根毛,并逐渐退化。

4. 有发达的排水系统

正常情况下,水生植物体内水分过多,也不利于植物的正常生长发育。水生植物在雨季或气压低,或植物的蒸腾作用较微弱时,能依靠体内的管道细胞、空腔及叶缘水孔所组成的分泌系统,把多余的水分排出,以维持正常的生理活动。

5. 营养器官差异明显

有些水生植物为了适应不同的生态环境,其根系、叶柄和叶片等营养器官,在形态结构上表现出不同的差异。如荷花的浮叶和立叶,菱的水中根和泥中根等,它们的形态结构均产生了明显的差异。

6. 花粉传授有变异

由于水体的特殊环境,为了满足花粉传授的需要,某些水生植物如沉水植物就产生了特有的适应性变异。例如,苦草为雌雄异株,雄花的佛焰苞长 6 mm,而雌花的佛焰苞长 12 mm;金鱼藻等沉水植物,具有特殊的有性生殖器官,能适应以水为传粉媒介的环境。

7. 营养繁殖能力强

营养繁殖能力强是水生植物的共同特点,如荷花、睡莲、鸢尾、水葱、芦苇等利用地下茎、根茎、球茎等进行繁殖;金鱼藻等可进行分枝繁殖,当分枝断掉后,每个断掉的小分枝,又可长出新的个体;黄花蔺、荇菜、泽苔草等除根茎繁殖外,还能利用茎节长出的新根进行繁殖;苦草、菹草等在沉入水底越冬时就形成了冬芽,翌年春季,冬芽萌发成新的植株。水生植物这种繁殖快且多的特点,对保持其种质特性、防止品种退化以及杂种分离都是有利的。

8. 种子幼苗始终保持湿润

因水生植物长期生活在水环境中,与陆生植物种子相比,其繁殖材料如种子(除莲子)及幼苗,无论是处于休眠阶段(特别是睡莲、王莲),还是萌芽生长期,都不耐干燥,必须始终保持湿润,若受干旱则会失去发芽力。

五、任务实施

(一)面积较小的水池中水生植物栽培技术

先将池内多余水分排出,使水位降至 15 cm 左右,再按规划设计要求,用铲子在种植点挖穴,将选好的水生植物秧苗直立放入穴中,用土盖好。

(二)较高水位湖塘中水生植物的栽培技术

1. 围堰填土法

冬末春初期间,大多数水生植物尚处于休眠状态,雨水也少,此时可放干池水,按绿化设计要求,事先按种植水生植物的种类及面积大小进行设计,再用砖砌起抬高种植穴后进行栽植,适用于栽植王莲、荷花、纸莎草、美人蕉等畏水深的水生植物种类及品种。

2. 抛植法

此法只适合于荷花的种植，当不具备围堰条件时，用编织袋将荷花数株秧苗装在一起，扎好后，加上镇压物（如砖、石等），抛入湖中。

（三）容器栽植法

1. 容器的准备

栽培水生植物（如荷花、睡莲等）的容器，常有缸、盆、碗等。选择哪种容器，应视植株的大小而定。不同容器规格见表2-6。

表2-6　不同容器规格

容器种类	规格	植株大小	适用的水生植物
缸或大盆	高60~65 cm 口径60~70 cm	植株大	荷花、纸莎草、水竹芋、香蒲等
中盆	高25~30 cm 口径30~35 cm	植株较小	睡莲、埃及莎草、千屈菜、荷花中型品种等
碗或小盆	高15~18 cm 口径25~28 cm	一些较小或微型的植株	碗莲、小睡莲等

2. 栽植技术

先将容器内盛泥土，至容器的3/5即可，要使土质疏松，可在泥中掺一些泥炭土，将水生植物的秧苗植入容器中，再掩土灌水。有一些种类的水生植物（如荷藕等）栽种时，要将其顶芽朝下成20°~25°的斜角，放入靠容器的内壁，埋入泥中，并让藕秧的尾部露出泥外。像王莲、纸莎草、美人蕉等可用大缸、塑料筐填土种植。

六、评分标准

序号	考核项目	考核内容	考核标准	考核方法	得分
1	围堰填土种植水生植物	砌栽植槽、水生植物栽植技术（50分）	能根据设计要求和水生植物种类砌筑栽植槽，能按技术要求栽植水生植物	个人考核 小组考核	
2	容器栽植水生植物	容器选择、栽植技术（50分）	能根据栽植水生植物种类选择合适的种植容器，能按设计要求栽植水生植物	个人考核 小组考核	

七、思考与练习

（1）水生植物的栽培方法有哪些？

（2）容器栽植及湖塘栽植水生植物的技术措施有哪些？

八、知识拓展

(一)水生植物无土栽培技术

水生植物的无土栽培,具有轻巧、卫生、携带方便的特点。适合家庭、物业小区、机关、学校等单位种植。

无土栽培基质可选用蛭石、矾石、珍珠岩、沙、石砾、河沙、泥炭土、卵石等,一般是几种基质混合使用。如栽培荷花以蛭石、河沙、矾石按 1∶1∶0.5 的比例混合,或者卵石+50%泥炭土,效果都较好。

(二)水生植物反季节栽培技术

随着科学技术的发展,人们可运用促成栽培技术,打破水生植物的休眠,使其在冬天展叶开花,增加冬季景观。

1. 生产条件和设备

水生植物的反季节栽培需要有一定的生产条件、加温设备及其他设备。生产条件见表 2-7,加温设备等见表 2-8。

表 2-7 生产条件

名称	具体要求
塑料棚	高 2~2.2 m、宽 4~5 m、长 10~12 m 为宜,塑料薄膜要加厚,或可用双层薄膜
水池	规格以长 8 m、宽 1.5 m、深 0.6 m 为宜,也可根据具体情况而定

表 2-8 加温设备及肥料、农药

名称	常用材料
加温设备	有绝缘加热管、控温仪以及碘钨灯等
基肥	有花生骨粉、复合肥等
农药	有敌敌畏、速灭杀丁、氰菊酯、代森锌、甲基托布津等

2. 水生植物栽培种类和方法

(1)植物种类:适合反季节栽培的水生植物有荷花、睡莲、千屈菜、纸莎草、香蒲等。

(2)栽培技术:一般在 9 月下旬至 10 月上旬,将反季节栽培的水生植物进行翻盆,取出根茎作种苗,如荷花的藕节、睡莲的块茎、千屈菜的插条等。然后把处理好的种苗植于盆内,盖好泥土,放进水池内。同时在池内放好水,池水水位要与栽植盆持平,再将绝缘加热棒固定在池内,装好控温仪。

(3)养护管理:水生植物反季节栽培主要是温度的控制,在发芽前白天池中的水温要在 30 ℃左右,夜间在 24~25 ℃。待幼苗长出 3~4 片叶时,将水温逐步升到 33~35 ℃。中午棚内气温高达 40 ℃时,需要喷水降温。生长期中注意病虫害的检查、定期追肥、清除水中杂草、及时换水或清理池底。

任务八　观赏竹类及棕榈类栽植技术

一、教学目标

(1)了解观赏竹类和棕榈类的分类及栽植时期。

(2)掌握观赏竹类和棕榈类的栽植过程及主要技术措施。

(3)会规范进行观赏竹类的散生竹和丛生竹及棕榈大树的栽植操作。

(4)能对栽植后的观赏竹类和棕榈类进行养护管理。

二、任务提出

在我国生态旅游风景区、公园、游园、庭园、公共绿地、广场、道路及河岸等地,观赏竹类被广泛应用。竹子四季常青、枝叶茂密、姿态优美、树干形状多样、青翠欲滴,格高韵胜,明净而深远,是中国古典风格园林中不可缺少的组成部分和特色景观。由于竹类的特性,其在园林绿化中既可做主景,也可做配景,与建筑物、山石、水体组合成景;既可以丛植、群植,也可列植;既可以做竹篱,也可做地被植物。棕榈类也是庭园及其他园林应用中常见的观赏植物,棕榈类植物种类较多,其中许多种类如棕榈、椰子、鱼尾葵、蒲葵、棕竹和假槟榔等都具有重要的观赏价值。

在我国南方某城市园林绿化设计中,要栽植以毛竹为代表的散生竹,根据设计要求设计合理的栽植方案,完成观赏竹类的栽植任务。

三、任务分析

竹类的内部构造与一般树木不同,其茎只有不规则排列的散生维管束,没有形成层,其直径大小在笋期就已经确定下来,以后没有直径的增粗生长,不具备植物的基本特征。要了解不同类型竹类的特性,根据当地气候特点,选择合适的栽植时期,按栽植技术规范进行散生竹类的栽植。

四、相关知识

(一)观赏竹的分类

竹类植物是多年生常绿单子叶植物,有常绿乔木、灌木、藤本,少数呈草本状,且秆形矮小,质地柔软。竹类茎多中空,有节。竹子有地下茎,是营养贮藏输导器官,也是强大的分生繁殖器官。竹类的地下茎是其在土壤中横向或短缩生长的茎。茎部分节,节上生根长芽。芽可抽生新的地下茎或发笋长竹。竹类只有须根,无主根。竹子地下茎的形态因竹种而异,根据其地下茎的分生繁殖和形态特征可以分为以下三类。

1. 单轴型

单轴型地下茎细长,横走地下,称为竹鞭。鞭上有节,节上生根,每节一芽,交互排列。芽既能抽生新鞭,在土壤中蔓延生长,又能出笋长竹,竹株稀疏散生,又称为散生竹类,如毛竹、桂竹、罗汉竹等。

2. 合轴型

合轴型地下茎短缩，节密根多，秆基形似烟斗，无横走的地下茎。秆基有4~8枚大型芽交互排列，竹株密集丛生，又称丛生竹型，如慈竹、佛肚竹、凤尾竹、麻竹、孝顺竹、青皮竹等。

3. 复轴型

复轴型地下茎有真正的竹鞭，兼有单轴型和合轴型的繁殖特点，既有横走地下的细长竹鞭，又有短缩地下茎、发笋生长的竹株，兼具散生竹型和丛生竹型的双重特点，故又称为混生竹型，如方竹、菲白竹、箬竹、箭竹等。

（二）观赏竹的生态学特性

观赏竹一般都喜温暖、湿润的气候和水肥充足、疏松的土壤条件。它喜光，也有一定耐阴性，一般生长密集，甚至可以在疏林下生长。

不同类型的观赏竹对温度、湿度和肥料的要求也有不同。一般丛生竹对水肥的要求高于混生竹，混生竹高于散生竹；散生竹耐低温程度大于混生竹，混生竹又大于丛生竹。所以在自然条件下丛生竹多分布于南亚热带和热带江河两岸及溪流两旁，而散生竹多分布于长江与黄河流域平原、丘陵、山坡和较高海拔的地方。

（三）观赏竹类的栽植时期

不同竹种、不同地区适宜栽植竹类的时期有所不同（见表2-9）。

表2-9 不同类型竹类的栽植时期

分类	生长发育特点	栽植时期	说明
散生竹	春季3~5月开始发笋，多数竹种6月基本完成高生长，并抽枝长叶，8~9月大量长鞭，进入11月后，随着气温的降低，生理活动逐渐缓慢，至翌年2月，伴随气温回升，逐渐恢复生理活动	在10月至翌年2月，尤以10月的“小阳春”最好。长江中下游地区，可在梅雨季节进行栽植，但只有近距离移栽，且根盘带土多方能保证高的成活率；北方地区由于冬季严寒，宜在秋季10月及早春2月栽竹	春季3~5月出笋期不宜栽竹。如果采用容器竹苗，则南北地区均可四季种竹，保证成活
丛生竹	丛生竹不耐严寒，一般3~5月竹秆发芽，6~8月发笋	最好在春季2月竹子芽眼尚未萌发、竹液开始流动前进行	如果管理条件好或采用容器竹苗，也可四季种竹
混生竹	生长发育规律介于散生竹与丛生竹之间，5~7月发笋长竹	以秋冬季10~12月和春季2~3月为宜	如果管理条件好或采用容器竹苗，也可四季种竹

（四）母竹的选择

母竹质量主要反映在年龄、粗度、长势及土球大小等方面。

1. 母竹年龄

散生母竹要选择1~2年生鞭芽饱满、鞭根健全、生长健壮、枝叶繁茂、叶色深绿、竹节正常、无病虫害及开花迹象为宜，因其芽肥大且多，组织充实、内含物丰富，恢复再生能力强，发笋、成竹量多。而三年以上老龄竹年龄过大，发笋能力差，成林慢，不宜做母竹；不满一年生的母竹易折断，也不宜做母竹。从生母竹要选择生长健壮、大小适中、无病虫害、秆茎芽眼肥大、须根发达的1~2年生母竹，留枝2~3盘。

在竹林边缘或稀疏竹林中的大龄竹，由于竹叶繁茂，光合作用产物多，养分充足，抽鞭发笋能力强及抗风、抗旱能力强，当年可出笋，同时挖掘时不易伤鞭根，所以在此阶段选择母竹有利于提高栽植成活率。

2. 母竹粗度

一般选择直径在2~4 cm的母竹，竹秆过粗，在挖掘、搬运、栽植时易损伤竹芽，从而加大工作量，且母竹蒸腾量大，失水多，栽后易被风吹动，影响栽植成活率；过细时挖掘及栽植容易，成活率高，但竹体内营养物质少，抽鞭发笋能力弱。

(五)观赏竹类栽植方法

1. 移竹栽植法

在园林绿化应用中常采用此法，其栽植能否成功要看母竹是否发笋长竹。如果栽植后2~3年还不发笋，则说明栽植失败。

1)丛生竹栽植

丛生竹主要分布于我国广东、广西、福建、云南、四川和重庆等地，而珠江流域为其分布中心。其种类很多，竹秆大小和高矮相差悬殊，但繁殖特性和适生环境的差异一般不大，因而在栽培管理上也大致相同。

2)散生竹栽植

散生竹栽植成功的关键是：保证母竹与竹鞭的密切联系，所带竹鞭具有旺盛孕笋和发鞭能力。由于散生竹种的生长规律和繁殖特点大同小异，因而栽植技术相似。

3)混生竹的栽植

混生竹的种类很多，大都生长矮小，虽除茶秆竹外其经济价值多不大，但其中如方竹、菲白竹等则具有较高的观赏价值。混生竹既有横走地下茎(鞭)，又有秆基芽眼，都能出笋长竹，其生长繁殖特性在散生竹与丛生竹之间，栽植方法可二者兼而有之。

2. 移鞭法

当母竹不足时可采用移鞭法建园。移鞭法的优点是不带母竹，运输方便。但竹鞭上长出的新竹细小，成林时间长，同时若当年不发新竹，母鞭得不到足够的有机养分供应，会失去生活能力，第二年也不会再发笋长竹。

3. 埋节法

埋节法即先利用单节秆段在圃地中育苗，然后移植造林。凡是竹秆或竹枝具有隐芽的丛生竹类都可用此法繁殖。

1)插秆要求

要求母竹生长健壮，无病虫害。截取节段以隐芽饱满的1~2年生秆的中下部各节为宜。

将选定的母竹整齐地砍断，削去竹梢，各节枝条除主枝留第一节外，全部从基部剪除。按母竹及各节隐芽的健壮程度锯截成单节段或双节段，其节下保留20~25 cm，节上保留10 cm左右。随砍随埋，成活率较高，若不能及时埋下，可放在流动的清水里或埋入湿沙中，以原条保存为好。

2）节段的处理

为了促进生根，埋节前可用生长激素处理，如 10×10^{-6} 吲哚乙酸。采取平埋法、斜埋法和直埋法等，在圃地较高、土壤较干燥、日晒强烈的地方，为减少竹节蒸发，提高成活率，可采用平埋法。按株行距 15 cm×25 cm 开沟，深宽各 10～15 cm。再将节段切口塞满湿泥，双节段还需在两节之间凿一小口，注水封泥。然后把节段平放沟中，节上切口向上，节下切口向下，节芽（枝）向两侧，覆土 3 cm 左右，稍加压实，最后盖草淋水。斜埋和直埋方法与此相似，斜埋时切口向上，节芽（枝）向两侧，与地面倾斜 20°左右。

埋节后要经常管护，雨水多时要排除积水，干旱时要适当灌溉，出现露节现象要及时培土。当竹节隐芽出土 3 cm 左右时，每节留 1～2 芽，抹除多余的弱芽，然后覆土。竹苗生根后可施些稀释的氮肥或人粪尿，并经常除草，防治病虫害，以利竹苗生长。

园林中栽植具有竹鞭的散生竹和混生竹时，为了避免不定向的伸展，破坏其他的植物景观，在竹子栽植的范围边缘应加设地下隔离墙。其高度以竹种与土壤质地而定，一般为 25～60 cm，但大型竹种在土质较好的地方则需要高 100 cm 左右，以防止竹鞭伸展到其他植物丛或群落中。

五、任务实施

（一）观赏竹类栽植技术

1. 栽植地的选择

在园林绿化设计中，要根据毛竹的生长特性和生物学特性选择栽植地，毛竹在土层深厚、肥沃、湿润、排水和通气良好，并呈微酸性反应的壤土上生长最好，沙壤土或黏壤土次之，重黏土和石砾土最差。过于干旱、瘠薄的土壤，含盐量 0.1% 以上的盐渍土和 pH 值 8.0 以上的钙质土以及低洼积水或地下水位过高的地方，都不宜栽植毛竹。

2. 母竹的挖掘与运输

1）挖掘

母竹选定后，先判定其竹鞭的走向。一般毛竹竹秆基部弯曲，竹鞭多分布于弓背内侧，分枝方向与竹鞭走向一致。在离母竹 30 cm 左右的地方找鞭，按来鞭（即着生母竹的鞭的来向）20～30 cm、去鞭（即着生母竹的鞭向前钻行将来发新鞭长新竹的方向）40～50 cm 的长度截断竹鞭，沿竹鞭两侧 20～35 cm 的地方开沟深挖，一起挖出竹鞭与母竹，带土 25～30 kg。毛竹无主根，干基及鞭节上的须根再生能力差，一经受伤或干燥萎缩很难恢复，不易栽活。因此，挖母竹时要注意鞭不撕裂，保护鞭芽，少伤鞭根，不摇竹秆，不伤母竹与竹鞭连接的“螺丝钉”。凡是带土多、根幅大的母竹成活率高，发笋成竹也快。挖出母竹后，留枝 4～6 盘，削去竹梢，注意使切口光滑、整齐（见图 2-31）。

2）包装运输

母竹挖出后，若就近栽植则不必包扎，要防止鞭芽受损或宿土震落。远距离运输必须将竹蔸鞭根和宿土一起包好扎紧。包扎方法是：在鞭的近圆柱形的土柱上下各垫一根竹竿，用草绳一圈一圈地横向绕紧，边绕边捶，使绳土密接，并在鞭竹连接即“螺丝钉”着生处侧向交叉捆几道，完成“土球”包扎（见图 2-32）。在搬运和运输途中，要注意保护“土球”和“螺丝钉”并保持“土球”湿润。装车后，先在竹叶上喷少量水，再用篷布将竹子全部覆盖好，防止风吹，减少水分散失。卸车时要小心，不要拖、压、摔、砸土球。

3. 栽植

栽植坑穴一般长 100 cm、宽 60 cm。在坑穴底部垫土约 10 cm。根据竹蔸大小和带土情况，修整坑穴，放入竹蔸，除去包装，顺应竹蔸形状，使竹鞭自然舒展，使竹蔸与土壤紧密接触，分层回填土壤踏实（见图 2-33）。填土厚度比原土痕深 3～5 cm，太深底层土温低、通气不良，不利于鞭根的生长和笋芽的发育，易腐烂且笋出土阻力大；太浅易被风吹倒，鞭根易裸露失水。中小型观赏竹通常生长较密，因此可将几支一同挖起作为一“株”母竹，每株 1～2 支，母竹挖起后应砍去竹梢，保留 4～5 盘分枝，修剪过密枝叶，以减少水分蒸发，提高种植成活率。

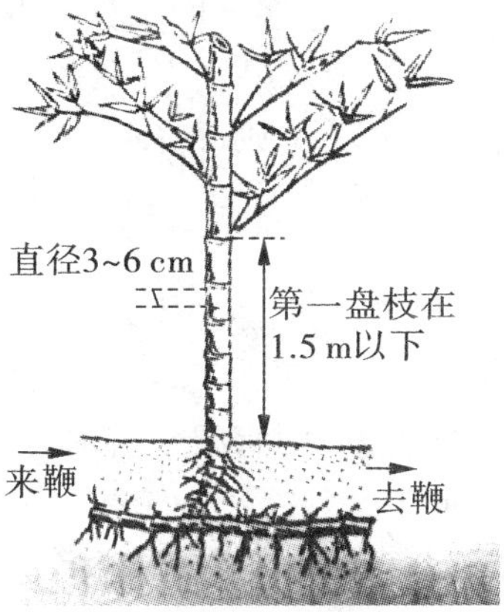

图 2-31　毛竹母竹的规格

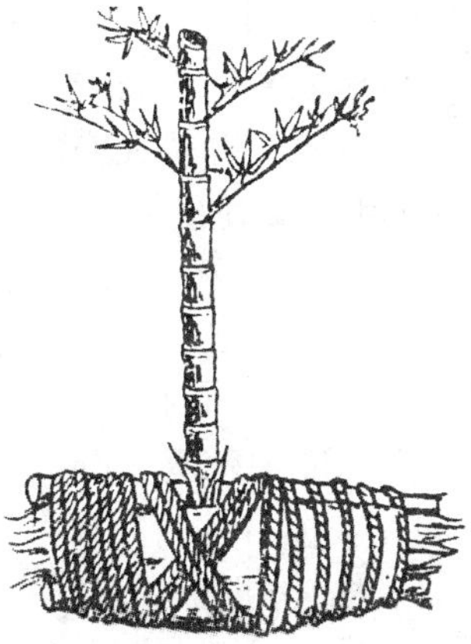
图 2-32　包扎

图 2-33　栽植及支撑

4. 灌定根水

栽后灌足水，进一步使根土密接。浇透后再覆一层松土，并在竹秆基部堆成馒头形。为了保墒还可以在土堆上加盖一层稻草，防止栽植穴内水分蒸发。

5. 栽后管理

如果母竹高大或在风大的地方要在栽植后立支架，以防风吹竹秆摇晃，降低栽植成活率。栽植后进行常规的养护管理，如发现露根、露鞭或竹蔸松动，要及时培土覆盖；松土除草时不要损伤竹根、竹鞭和笋芽；在 9 月以后孕笋期停止松土除草。

（二）棕榈类植物栽植技术

1. 移植前的准备

（1）栽植地的选择：除低湿、黏土、风口等处外均可以栽植，以土壤湿润、肥沃深厚、中性、石灰性、微酸性黏质壤土为好，并要注意排水。

（2）植株的选择与挖掘：园林中栽植的苗木以生长旺盛的、高度为 2.5 m 的健壮树为好。棕榈无主根，根系分布范围为 30～50 cm，有的可扩展到 1.0～1.5 m，爪状根分布紧密，深为 30～40 cm，最深可达 1.2～1.5 m。对将要进行移植的棕榈提前断根处理，断根后土球大小约为地径的 2 倍，断根处深度为 50～60 cm。断根后最好保留 30 天以上，待新根开始萌动时再移植。植株起好后运输的距离较远应进行包扎，运输的距离较近一般不包扎，但要注意保湿。

(3)挖栽植穴、施基肥:种植地点在移植前20天挖好穴,穴规格一般是土球的1.5倍,并及时施好基肥。

2. 起苗、包装及运输

起挖时应尽可能带大土球,并防止土球松散和开裂,尽量保护根系组织,把根群的损伤程度减到最小,以便能维持正常的呼吸作用和吸水能力,提高移植成活率。同时,施工时应准确放线定穴,避免返工。在起挖、搬运、装卸植株的施工过程中,应使其茎干部分免受损伤,假茎部分不受挤压和弯曲,这也是植株健康及尽快复壮的保证。

3. 叶片修剪

移植时留叶片的数量,应根据不同种类、移植时的气候、移植及养护条件等综合判断。一般应以保留原叶片数的40%左右、总叶量的30%左右为宜。留叶过多会因水分蒸发过量而造成叶片枯黄;留叶过少则植株恢复困难且周期长,初期的景观效果也不好,故应慎重对待。至于叶片修剪的形状,应以减少叶片在空气中的暴露面积为原则,故不宜为争高度而采用"排骨"修剪法造成全部叶片受到损伤。

4. 栽植

(1)挖穴、修穴:开挖足够大的种植穴,并在种植穴内加入腐熟的农家肥及复合肥,以利栽植后快速恢复生长。棕榈植物在移植时损伤了大部分根尖,而在移植后的一个月内又未萌发新的根尖,因此植株的吸水能力较弱,此时若土壤透气性好,则有利于苗木成活。

(2)栽植:棕榈叶大柄长,成片栽植时株行距不小于3.0 m。植穴挖好后先回填一些疏松的土壤,并踩实。然后放入植株,分层回填土,填土到植穴深的一半时,将树向上提起,然后将土拍实,继续填土再拍实,直至填土至根颈处。

(3)固定:用三根竹搭成三角状支撑是最经济实用的一种,绑扎高度在树干的2/3处。

六、评分标准

序号	考核项目	考核内容	考核标准	考核方法	得分
1	母竹挖掘	散生母竹的挖掘方法(30分)	能根据竹鞭走向准确挖掘母竹	个人考核 小组考核	
2	散生竹栽植技术	挖栽植穴、栽植母竹(40分)	能按设计要求挖栽植穴,能根据竹蔸大小、带土情况修穴并正确栽植,竹鞭自然舒展,覆土正确	个人考核 小组考核	
3	栽后养护	对栽植后的竹类进行土肥水管理(20分)	正确浇定根水,松土除草不损伤母竹,能及时发现露根、露鞭或竹蔸松动并及时培土覆盖	个人考核 小组考核	
4	安全操作	工具使用、栽植技术、人身安全(10分)	不损伤鞭芽、保持宿土不震落、正确使用栽植工具、严格执行安全操作规范	个人考核 小组考核	

七、思考与练习

比较丛生竹与散生竹栽植的异同处。

八、知识拓展

(一)丛生竹的栽植技术(以青皮竹为例)

1. 选地

丛生竹种大多数分布在平原丘陵地区,尤其是在溪流两岸的冲积土地带。青皮竹一般应选土层深厚,肥沃疏松,水分条件好,pH 值 4.5~7.0 的土壤进行栽植。

2. 选母竹

应选生长健壮,枝叶繁茂,无病虫害,秆基芽眼肥大充实,须根发达的 1~2 年生竹。母竹的粗度应大小适中,青皮竹属中型竹种,一般胸径以 2~3 cm 为宜。

3. 挖母竹与运输

在株丛边缘挖取 1~2 年生的健壮竹株,即为母竹。先在离竹丛 25~30 cm 处扒开土壤,由远至近逐渐深挖,在靠近老竹一侧,找出母竹秆柄与老竹秆基的连接点,用利刃切断,带土挖起母竹。保留 1.5~2.0 m 长的竹秆,用利刃从节间中部呈马耳形截去竹梢,适当疏除过密枝和截短过长的枝,可减少母竹蒸腾失水,便于搬运和栽植。母竹就近栽植可不必包装,若远距离运输则需包装保护,防止损伤芽眼。

4. 整地、挖穴

全面翻耕种植地块,翻耕深度 30 cm 以上,清除土壤中的石块、杂草、树根等杂物。如种植地点位于居住区内,建筑垃圾多,应客土改良土壤质地。呈品字形挖掘坑穴,坑穴株行距 50~60 cm,种植穴的规格为 40 cm×30 cm。将表土或有机肥与表土拌匀后回填种植穴内,一般厚 10 cm。

5. 栽植

解除母竹根盘的包扎物,将母竹放入穴内。放入母竹时,若能判断秆基弯曲方向最好,将弓背朝下,正面朝上,斜放入穴内。这样不但根系舒展有利于成活和发笋长竹,而且有利于加大母竹出笋长竹的水平距离。保证根盘面与地表面保持平行,使根系舒展,下部与土壤密接,然后先填表土,后填心土,分层踏实,使根系与土壤紧密相接。小型观赏竹通常生长较密,可将几支一同挖起作为一"株"母竹,丛生竹可挖起后分成每丛 3~5 支。在运坨时应抱住土坨搬运,绝不能用手提竹秆。装卸车时不准拖、压、摔、砸。种植时,填土踏实过程中注意勿伤鞭芽。

丛生竹无鞭,分株时必须带部分须根。散生竹尽量带竹鞭。剪去枝叶,留 50 cm 左右高截。秆顶部用薄膜包住,避免风吹干顶部剪口。如在秋末和冬天种植必须加盖薄膜,保温保湿,薄膜上盖草帘遮挡阳光,避免光线过强时温度升高灼伤竹子。栽后要经常淋水,保持土壤湿润。

(二)棕榈类植物的特点及管理

棕榈类为常绿乔木或灌木,茎单生或丛生,直立或攀缘,实心。叶常聚生于茎顶,无分枝或极少分枝;地下无主根,根颈附近须根盘结密生,耐移栽,易成活。主产于热带及亚热带地区,在我国主要分布于广东、广西、福建、云南、海南、台湾及港澳地区。棕榈类植物喜温暖湿润的气候条件,其中许多种类具有较强的耐阴性。栽培种类以外来种为主,引种本国野生种为辅。

棕榈科树种因在园林绿化中具有独特景观效果而备受人们青睐,特别是南方城市庭园及小景绿化,为了营造热带、亚热带的风情,常常需要进行棕榈科树种的移植。棕榈类植物的生态学特性虽有差异,但其移栽方法大体相同。现以棕榈为例进行介绍。

1. 棕榈类植物特点

(1)种类繁多。全世界棕榈类植物有207属、2 800多种;原产我国的有18属、98种,其中我国特有的种有27种。目前,我国用于栽培观赏的有近100种,其生态类型非常丰富。

(2)株型多样,形态优美。棕榈类植物植株形态有单干高大乔木,也有多干丛生型低矮灌木。如产于我国海南省的椰子株高可达35 m,而低矮灌木袖珍椰子株高只1 m有余。茎干既有雄伟挺拔的加那列海枣,也有玲珑纤细的散尾葵。大王椰子、假槟榔、蒲葵、董棕、椰子等都具有主干通直、叶片整齐、姿态优雅的特点。

(3)寿命较长。棕榈类植物大多数种类个体生命周期较长,生长速度缓慢。如蒲葵寿命可达200年以上。

(4)树冠通透。适于下层树木花草的生长。

(5)易于保洁。由于棕榈类植物具有常绿、叶大,自然落叶极少的特性,因而被广泛配置于游泳池、自来水场以及各种精密仪器工厂等园林绿地,使其配置环境易于保持清洁。

(6)抗性强。养护管理简单、粗放。

(7)用途广泛、多样。

2. 移植时间

在珠三角地区全年可移栽,但最佳移植时间为每年的春、秋两季,尽量避免夏、冬两季移植。

3. 移植后的管理

(1)保湿。每天喷淋叶片及树干包扎物2次(早晚各一次),雨天除外。以喷湿叶片及树干包扎物为度。根部一般不淋水,因淋湿的叶片及包扎物会有多余的水往下流,土球积水极易造成烂根。树头周围覆盖稻草防晒;防止土壤温差变化过大造成土壤板结;保持土球周围的土壤疏松,湿润通气,有利于新根萌发。

(2)防风。移植的棕榈植物大苗一般较高,且移植后常受雷雨大风的影响,因此植后要定期检查支撑物是否松脱。

(3)追肥。植后约一个月可用0.5%的尿素溶液作根外追肥,追肥时间半个月左右一次。待长出第一片新叶且老熟后,用充分腐熟的花生枯饼进行挖穴施肥;挖穴位置在土球边缘以外开环形沟,开沟宽度及深度各为30 cm,肥料与回复土要混合均匀。

(4)防虫治病。新移植的棕榈科大苗由于树势相对较弱,极易受病虫的危害,尤其是嫩叶及心叶,应及时防治病虫。

项目三　园林植物的整形修剪

任务一　园林植物整形修剪手法与工具

一、教学目标

(1)掌握园林植物整形修剪的概念、目的和基本手法。

(2)会正确使用园林植物整形修剪工具。

(3)会对不同类型园林植物进行正确的整形和修剪。

二、任务提出

在东北地区的一大型公园中,有绿篱、造型树、庭荫树、行道树等,为保持其优美的树形及园林设计的景观效果,在养护期间就要对上述树木进行常规的整形修剪。

三、任务分析

在园林绿化过程中,园林植物的景观价值需要通过树形、树姿来体现,园林植物的生态价值要通过树冠结构来提高,以上目标的实现,要通过用正确使用整形修剪工具,使其在整形修剪技术的应用中得到调整和完善。同时,园林植物病虫害防治和安全生长,也要靠整形修剪来实现。

四、相关知识

(一)整形修剪的概念

修剪是指对园林植物的某些器官,如芽、干、枝、叶、花、果、根等进行剪截、疏除或其他处理的具体操作。整形是指为提高园林植物观赏价值,按其习性或人为意愿而修整成为各种优美的形状与树姿的园艺措施。整形是目的,修剪是手段,两者紧密相关,都是一定栽培管理要求下的技术措施。在土、肥、水管理的基础上进行科学的整形修剪,是提高园林绿化水平的一项重要技术环节。

(二)整形修剪的目的

根据园林植物的生长发育特性、栽培环境和栽培目的进行适当的整形修剪。

1.促进树体水分平衡,提高栽植的成活率

园林树木在起苗时对根系的损伤很大,植物所带吸收根很少,栽植后,根部难以及时供给地上部分充足的水分和养料,会造成树体的吸收与蒸腾比例失调。因此,要在起苗前或起苗后,适当剪去劈裂根、病虫根、过长根,剪去病弱枝,疏除徒长枝、过密枝,有时还要适当剪去部分叶片，在高温季节移植大树时甚至还需要截去树木主干、侧枝，以确保栽植后顺利成活。

2. 控制园林植物生长势

园林绿地中的树木，有时必须将其限制在有限的土地上，使其与房屋、亭廊、露台、假山、塑像及小块水面、草坪等环境相协调，通过修剪可控制植物的形体大小。屋顶和平台种植的植物，生长在土层浅、空间小的环境中，通过修剪使植株的大小长期控制在一定范围内。室内栽植的植株，压低株高、缩小冠幅，也要通过修剪来实现。

3. 促使园林植物多开花结实

通过修剪调节植物体内的营养生长和生殖生长，促使其合理分配，防止徒长，将养分集中供给顶芽、叶芽，促进花芽分化形成更多花枝、果枝，提高花、果数量和质量，使花繁色艳、果实累累，要疏除过多的花、果。一些花灌木还可通过修剪来达到控制花期的目的。

4. 促进植物体健康生长

园林植物枝条年年增多，叶片拥挤，相互遮光，尤其树冠内膛光照不足，通风差，修剪可以使树冠内各层枝叶获得充分的阳光和新鲜空气。增强树体通风透光能力，提高园林植物的抗逆性和减少病虫害的发生概率。冬季集中修剪时，要同时剪去病虫枝、干枯枝，并集中焚烧，既保持了绿地清洁，又能防止病虫害蔓延，促使树体健康生长。对衰老的园林植物进行重剪可延缓植物体的衰老，促进植物体的更新复壮。

5. 创造最佳美化效果

在自然式的庭园绿化中，人们通过修剪创造出“虽有人作，宛如天开”的意境，达到步移景换的效果；在规则式修剪中，可将一些园林植物修剪成尖塔形、圆球形、几何形、动物形等形状，以便与园林形式协调一致；对建筑物窗前的植物，通过修剪使株高降低，以免影响室内采光或对建筑物造成危险；不同植物搭配时，通过整形修剪创造出主次分明、高低错落的景观效果。

6. 保障人身和财产安全

园林植物上的死枝、枯枝、劈裂枝和折断枝，在风吹雨打时极易坠落，造成损伤树木和人身财产的不安全隐患，应及时修剪；对妨碍交通或与架空线太近或接触、太接近房屋或建筑物的要将其修剪至符合要求的位置。

7. 形成各种艺术造型

通过整形修剪，可以把树冠培育成符合特定要求的形态，如绿篱、圆球形、动物形等具一定冠形、姿态的观赏树，使其达到设计要求并与园林形式协调一致。

（三）园林植物修剪的时期

一年中任何时候都可以对园林植物进行修剪，但最佳时期的确定至少要满足下面两个条件：一是不影响园林植物的正常生长，减少营养消耗，避免伤口感染，如抹芽、除蘖宜早不宜迟；二是不影响开花结果，不破坏原有冠形，不降低其观赏价值。如观花观果类植物，应在花芽分化前和花期后修剪；观枝类植物，为延长其观赏期，应在早春芽萌动前修剪。一般修剪都在植物的休眠期或缓慢生长期进行，以冬季和夏季整形修剪为主。

1. 休眠期修剪（冬季修剪）

落叶树的休眠期从落叶开始至春季萌发前，北京地区一般是在 11 月至第二年的 1~2

月。此期修剪的目的是构造合适的树冠、配置合适的枝干、培养花果枝等。幼树以整形为主；观叶树以控制侧枝生长、加强主枝生长为主；观花观果类树木以构造树形、培养花果枝为主。

1）冬季寒冷地区

冬剪最好在早春萌芽前进行，以防止剪口受冻抽干。对于一些入冬前需防寒保护的藤本类和花灌木植物如葡萄、月季、牡丹等，可在秋季落叶后修剪，再埋土或卷干防寒。

2）冬季温暖地区

自落叶后到翌春萌芽前进行冬剪，此时伤口虽不能很快愈合，但也不至于遭受冻害。

3）热带和亚热带地区

冬季树木生长较慢，是修剪大枝干的最佳时期。

4）北方严寒地区

如紫薇冬剪，伤口易受冻害，最好在早春修剪，但不宜过晚。有伤流现象的树种如葡萄、核桃、槭类、桦树等一定要在春季伤流期前修剪。

2. 生长期修剪（夏季修剪）

在树木的生长期，植物枝叶茂盛，为调节植物体内部通风透光条件需要进行修剪。一般采用抹芽、除蘖、摘心、环剥、扭梢、曲枝、疏剪等修剪方法。

常绿树没有明显的休眠期，春夏季可随时修剪生长过长、过旺的枝条，使剪口下的叶芽萌发。一年内多次抽梢开花的树木，花后及时剪去花梗，使其抽发新枝，不断开花，延长观花期，如紫薇、月季等；观叶、观姿类树木，一旦发现扰乱树形的枝条就应立即剪除；绿篱的夏季修剪，既要使其整齐美观，同时又要兼顾截取插穗。

（四）顶端优势

同一枝条上顶芽或位置高的芽抽生的枝条生长势最强，向下生长势递减的现象称为顶端优势。顶端优势的强度与枝条的分枝角度有关。枝条越直立，顶端优势越强；枝条越下垂，顶端优势越弱。阔叶树顶端优势较弱，一般都形成圆球形树冠。常采取短截、疏枝、回缩的修剪方法，用以调整主枝和侧枝的关系，从而达到促进树木的高生长，扩大树冠，培养主体结构，形成良好树形。针叶树的顶端优势较强，应对中心主枝附近的竞争枝短截，以削弱生长势，保证中心主枝的顶端优势；也可以通过剪除中心主枝，使其主枝顶端优势转移，促进侧枝生长，形成各种矮化树形或球形树。

幼树的顶端优势比老树、弱树明显，为促使树木快速成形，修剪时对幼树要轻剪；如果要促进老树、弱树萌发新枝，增强树势时，应对其重剪。枝条着生的位置不同，顶端优势不同。枝条着生位置高，顶端优势强，在修剪时应注意将中心主枝附近的侧枝短截、疏剪，以缓和侧枝生长势，保证主枝的优势地位。

对于剪口芽来说，如为壮芽则优势强，为弱芽则优势较弱。在修剪中，为了扩大树冠剪口芽留壮芽；为了控制竞争枝的生长则剪口芽留弱芽。对一些观花植物，为延长花期可以在剪口处留壮芽，同时还可以促发新梢。

五、任务实施

(一)园林植物整形修剪的基本手法

1. 截

截即将园林植物的一年生或多年生枝条剪去一部分。此法可以刺激剪口下的侧芽萌发,抽发新梢,增加枝条数量,多发叶、多开花,是园林植物修剪整形最常用的方法。

(1)轻短剪:只剪去一年生枝的少量枝段,一般剪去枝条的1/4~1/3。截后易形成较多的中、短枝,单枝生长较弱,能缓和树势,有利于花芽分化。

(2)中短剪:在春梢的中上部饱满芽处剪去枝条的1/3~1/2。截后形成较多的中、长枝,成枝力高,生长势强,枝条加粗,生长快,一般用于延长各级骨干枝的枝上或复壮枝势。

(3)重短剪:在春梢的中下部短剪,一般剪去枝条的2/3~3/4。重短剪对局部的刺激作用大,对全树总生长量有影响,剪后萌发的侧枝少,枝条的长势较旺,易形成花芽,多用于恢复长势和改造徒长枝、竞争枝。

(4)极重短剪:在春梢基部仅留1~2个不饱满的芽,其余剪去,此后萌发1~2个弱枝,多用于竞争枝处理或降低枝位。

(5)回缩:将多年生枝的一部分剪掉。当树木或枝条生长势减弱,部分枝条开始下垂,树冠中下部出现光秃时,将衰老枝或树干基部留一段,其余剪去,使剪口下方枝条旺盛生长或刺激休眠芽萌发徒长枝,以培育新的树冠,重新生长。

2. 疏

疏即把枝条从分枝点基部全部剪去。主要是疏去内膛过密枝,减少树冠内枝条数量,调节枝条分布,为树冠创造良好的通风透光条件,减少病虫害,增加同化作用产物,防止新梢抽生过多而消耗过多营养,使枝叶生长健壮,有利于花芽分化、开花结果。

疏剪的对象为枯死枝、病虫枝、衰老下垂枝、竞争枝、徒长枝等。

疏剪对树木总生长量有削弱作用,对局部的促进作用不如截,但如果只将树木的弱枝除掉,总的来说,对树木的长势将起到加强作用。疏剪枝条,特别是疏除大枝、强枝和多年生枝,常会削弱伤口以上枝条的生长势,而伤口以下的枝条有增强生长势的作用。疏枝越多,削弱伤口以上枝条生长势的作用越大,对总的生长影响越明显。因此,在疏剪时要适量,尤其对幼树不能疏剪过量,否则会扰乱树形,给后期的修剪带来麻烦。

疏剪的强度分为三种:轻疏,即疏枝量为全树枝条的10%或以下;中疏,即疏枝量占全树枝条的10%~20%;重疏,即疏枝量占全树枝条的20%以上。萌芽力和成枝力都强的植物,疏剪强度可大些;萌芽力和成枝力较弱的植物,要少疏或不疏。幼树一般轻疏或不疏,以促进树冠迅速扩大成形;花灌木轻疏以提早形成花芽开花;成年树生长与开花进入盛期时,可适当中疏;衰老期植物,只疏去必须疏的枝条。

抹芽和除蘖也是疏的一种形式。在树木主干、主枝基部或大枝伤口附近,常萌发一些嫩芽,进而抽生新梢,妨碍树形,影响树木主体的生长。将芽及早除去称抹芽,将已经发育的新梢剪去称除蘖。抹芽和除蘖可减少树木的生长点数量，减少养分的消耗，改善树木光照与肥水条件；同时还可以减少冬季修剪的工作量，要在早春及时进行，越早越好。

3. 伤

伤是指用各种方法损伤枝条，以缓和树势、削弱受伤枝条的生长势。一般在植物的生长期进行，对植物整体生长影响不大。

(1)环剥：在发育期，用刀在开花结果少的枝干或枝条基部适当部位剥去一定宽度的环状树皮，深达木质部，剥皮宽度一般为枝条粗的1/10，使伤口能在一个月内愈合。利于环剥上方枝条积累营养物质和花芽形成，并促进剥口下部发枝。环剥是在生长季临时修剪使用的修剪措施，一般在主干、中干和主枝上不用。

(2)刻伤：刻伤因位置不同所起的作用不同。在春季树木萌芽前，在芽上方横切并深达木质部，能暂时阻止部分根系贮存的养分向枝顶回流，使位于伤口下方的芽获得较多的养分，有利于芽的萌发和抽生新枝。伤口越宽，效果越明显。在生长盛期于芽下方刻伤，可以阻止有机物向下输送，滞留在伤口芽附近，同样能起到环剥的效果。对一些大型名贵花木刻伤可使花、果更大。

(3)扭梢与折梢：生长季将生长过旺的枝条，特别是着生在枝背上的旺枝，在中上部将其扭曲下垂为扭梢，将其折伤不折断称为折梢。扭梢与折梢是伤骨不伤皮，其阻止了水分、养分向生长点输送，可削弱枝条生长势，利于短花枝的形成。

4. 变

变是指改变枝条生长方向和角度，控制枝条生长势。如用曲枝、拉枝、抬枝等方法，将直立或空间位置不理想的枝条，引向水平或其他方向，以加大枝条开张角度，使顶端优势转位、加强或削弱。将直立生长的背上枝向下曲成拱枝时，顶端优势减弱，生长转缓。下垂枝因向地生长，顶端优势弱，生长不良，强行抬高枝条，使枝顶向上生长，使枝势转旺。骨干枝弯枝可以扩大树冠、改善光照条件，充分利用空间，缓和生长，促进生殖生长。变的修剪一般在生长季内应用。

5. 放(缓放、长放、甩放)

放是对一年生的枝条不作任何短截，任其自然生长。利用单枝生长势逐年减弱的特点，对部分长势中等的枝条长放不剪，其下部易发生中、短枝，停止生长早，同化面积大，光合产物多，有利于花芽形成。幼树、旺树常用放的方法缓和树势，促进提早开花结实；放的修剪方法用于中庸树，平生枝、斜生枝效果更好，但对幼树骨干枝的延长枝或背生枝、徒长枝及弱树不能采取长放。

在修剪中，通常是将上述修剪方法与植物生长发育的状况结合起来灵活运用，同时还要加上严格的土壤、水肥管理，才能取得较好的效果。

6. 摘心与剪梢

在生长季节摘除新梢幼嫩顶尖的方法叫摘心，通常在新梢长到30~40 cm时摘除先端4~8 cm的嫩梢。在生长季将未及时摘心、已经木质化的枝条新梢剪去一段的方法叫剪梢。摘心与剪梢可削弱顶端优势，可以促生二次枝，加速扩大树冠，促进花芽分化和果实发育。如为了提高植物的坐果率，在开花前摘心可促进一次开花；绿篱植物通过剪梢，可使绿篱枝叶密生，增加观赏效果和防护功能。

不同的时间进行摘心与剪梢，对树木产生的影响不同。具体操作时要依树种、修剪的目的和要求不同而确定，如为多发侧枝、扩大树冠，应在新梢旺盛生长时摘心；如为促进观花树多开花，应在新梢生长缓慢时进行；观叶树种不受限制。

（二）整形修剪程序

1. 一知

修剪前修剪人员必须掌握操作规程、技术规范及其他特别要求，避免错误操作。

2. 二看

实施修剪前要对植物进行仔细观察，因树制宜，合理修剪。根据植物生长习性、枝芽的发育特点、植物生长情况、冠形特点及周围环境与园林功能进行合理修剪。

3. 三剪

确定修剪目标，对植物按要求或规定修剪，剪时由上而下、由外及里、由粗剪到细剪。剪口可以为平口或斜口，距芽尖0.5~1 cm，若要扩大树冠，则留外侧芽；若要填补树冠内膛，则留内侧芽；若要改变枝条方向，剪口芽应朝所需空间处；若为控制枝条生长，应留弱芽，反之留壮芽做剪口芽。上树修剪时，所有工具、机械必须灵活、牢固，防止发生事故。使用工具要锋利，修剪时不能造成树皮撕裂、折枝、断枝。

4. 四检查

检查修剪是否合理，有无漏剪、错剪，并修正或重剪。

5. 五处理

对修剪的剪口及剪下的枝、叶、花、果等进行集中处理，病虫枝要集中烧毁。对修剪病枝的工具要用硫酸铜消毒后再修剪其他枝条，以防交叉感染。

（三）整形修剪工具使用技艺

1. 修枝剪

适用范围：修剪直径小于1 cm的细弱枝条及较为细致的修剪工作。

使用方法：修枝剪（见图3–1）在园林植物的修剪工作中是最常用的，其双刃锋利，修剪细枝时，使用剪口的前端刃口；修剪粗枝时，使用剪口后端刃口（见图3–2）。

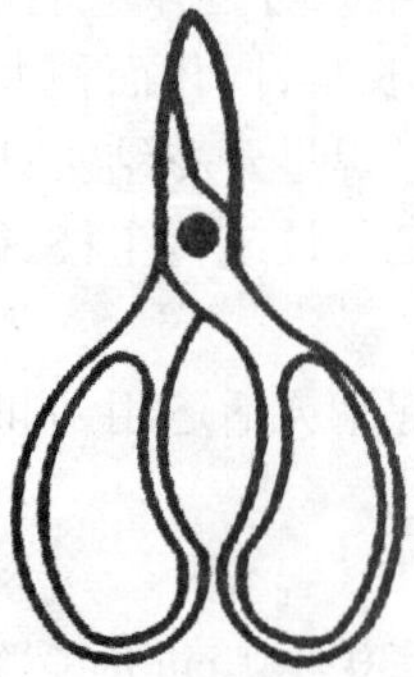

图3–1　修枝剪

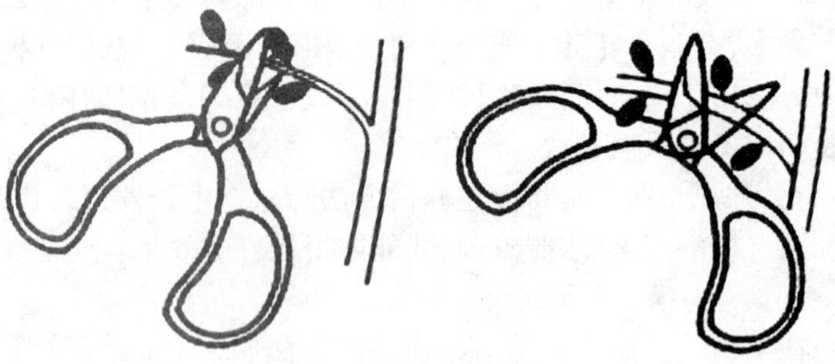

图3–2　修枝剪的使用

2. 切枝剪

适用范围：修剪直径1~3 cm的枝条。

使用方法：切枝剪（见图3-3）一般为单刃，刃口分为主动剪片和被动剪片，有侧枝用和砧木用两种，是最重要的修剪工具之一，一般大于修枝剪。修剪时被动剪片在下起固定作用，主动剪片在上剪下树枝。

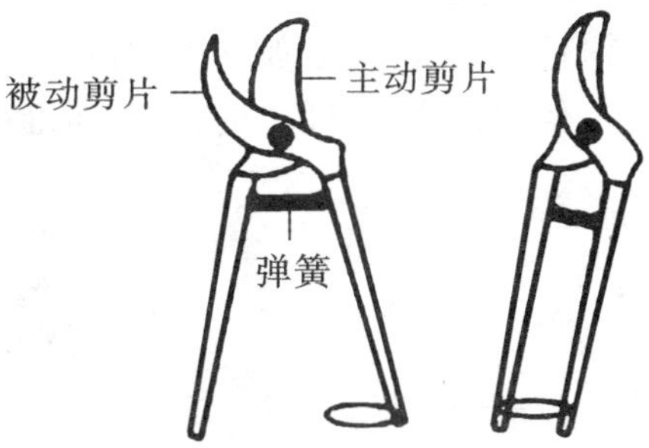

图3-3　切枝剪

3. 园艺锯

适用范围：较粗大的枝干，在回缩或疏枝时用，切除直径2.5 cm以上的粗枝。

使用方法：一手握紧待修剪枝条，另一手握住园艺锯与枝条垂直下锯，向前推时手不要用力，向后拉时手向下均匀用力下拉，可顺利锯断枝条。

4. 绿篱剪（大平剪）

适用范围：修剪绿篱、树木造型。

使用方法：修剪树冠或绿篱上部叶片时，双手握持绿篱剪手柄中间；修剪较粗枝条时，双手握持绿篱剪手柄下端轻松省力。绿篱剪的使用方法见图3-4～图3-6。

图3-4　绿篱剪正确使用方法

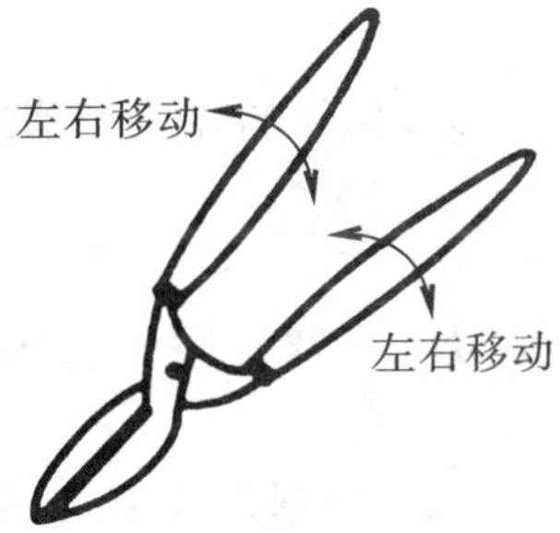

图3-5　绿篱剪错误使用方法

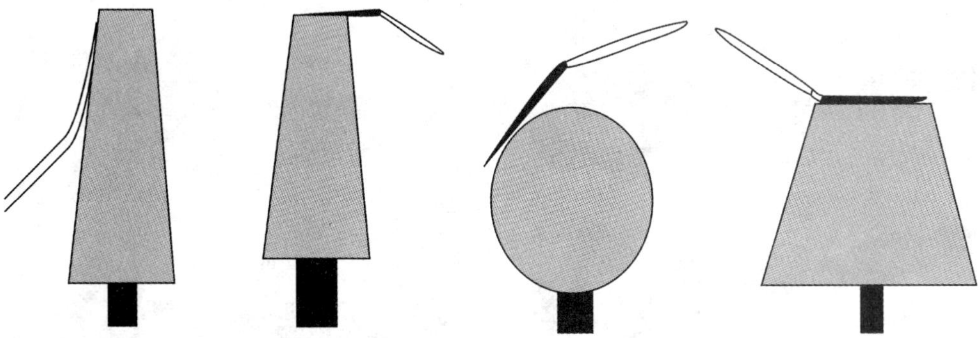
图3 6　绿篱剪在树木造型中的使用方法

5. 高枝剪

适用范围：庭园孤立木，行道树等长的较高或树膛内的枝条，可免登高作业。

使用方法：手握剪柄，剪口对准欲剪枝条，另一手拉动绳索剪断枝条(见图 3–7)。

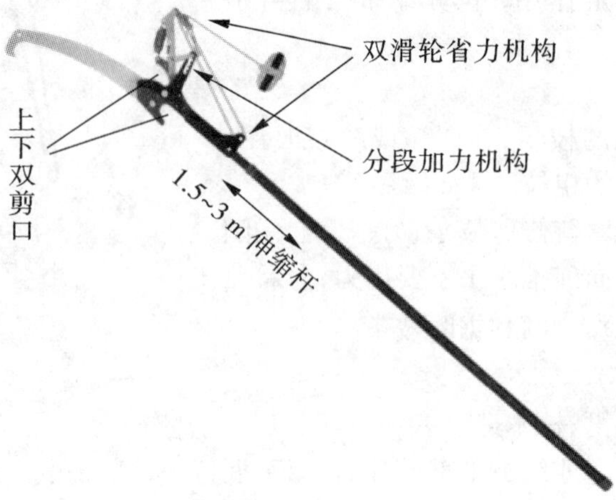

图 3–7　高枝剪

6. 梯子

主要在修剪高大树体的高位干、枝时登高而用。在使用前首先要观察地面凹凸及软硬情况，放稳以保证安全。

7. 绿篱修剪机

以电动机为动力的绿篱修剪机，常见有 600HEL 型往复式电动绿篱修剪机、ZDY－1 型回转式电动绿篱修剪机等。

以汽油机为动力的绿篱修剪机规格和型号很多，主要有 LJ3 型绿篱修剪机、AM－100E 型软轴绿篱修剪机、双人绿篱修剪机、双边绿篱修剪机、高枝绿篱修剪机等。

绿篱修剪机(见图 3–8、图 3–9)的操作如下。

图 3–8　绿篱修剪机

图 3–9　车载绿篱修剪机

1)加油

加油时关闭发动机。

2)启动

把发动机开关拨到“开”(ON)的位置;推动注油阀,直到溢油管中有油液流动;拉启动绳启动(或启动器);把阻塞杆拨到半开的位置,让发动机空转3~5分钟;把阻塞杆拨到“开”(ON)的位置,轻轻地捏紧油门调节杠杆,然后突然松开,使得自锁解除。此时发动机按额定转速正常工作。

8.立木整枝机

1)手持、背负式立木整枝机

此种立木整枝机一般由发动机、离合器、传动轴、减速装置、操纵控制手柄及工作装置等组成。工作时,手持或肩背整枝机,其传动轴一般是套在长的铝合金薄壁硬管中,根据型号不同可以有1~2 m长,也有伸缩式的杆,可根据立木的高度来调整杆的长度。

2)车载式立木整枝机

车载式立木整枝机指在较大型拖拉机上侧置可以伸向高空的液压折叠臂,臂端配有可以往复运动的液压剪,可修剪高度为6~7 m的树冠,切断直径为10 cm的树枝。其液压折叠臂在需要时可以下放到不同高度,也可以放到地面上,可以修剪灌木丛或地面杂草。

3)自动立木整枝机

自动立木整枝机也叫整枝机器人,是一种高科技产品。作业时,人将机器套置在树干上,启动汽油机,在遥控器的控制下机器自动绕树干螺旋式上升,导板锯链式锯切机构贴靠树干锯切树枝,不留枝茬,切痕平整。但其要求树干通直度较高,对树木弯曲度过大、树干有隆起树包、树枝直径超限、树干不圆及在树干上有攀附枝条等的树干不能使用。

(四)修剪时剪口及剪口芽的处理技术

1.剪口

(1)平剪口:在侧芽的上方呈近似水平状态,在侧芽的对面作缓倾斜面,剪口距离剪口芽顶端0.5~1.0 cm。剪口小,易于愈合,是修剪小枝常用的方法。

(2)大斜剪口:适用于抑制剪口芽长势时,因为伤口大,水分蒸发多,剪口芽养分受阻,能抑制剪口芽生长,促进下面一个芽的生长。

(3)大侧枝剪口:大侧枝剪断后,伤口大,不易愈合,剪口剪成稍凸成馒头状,利于伤口愈合。

2.剪口芽的处理技术

留芽的位置不同,未来新枝生长方向则不同。修剪时如要扩张树冠则保留外侧芽,如要填补树冠内膛则留内侧芽;如果想改变枝条生长方向,则剪口芽要朝向欲改变的方向;如果要控制枝条生长势剪口留弱芽,反之剪口留壮芽。

六、评分标准

序号	考核项目	考核内容	考核标准	考核方法	得分
1	修剪手法	修剪的基本手法：截、疏(50分)	正确选择修剪手法、会进行剪口及剪口芽处理、剪下枝条的处理	个人考核 小组考核	
2	修剪工具使用	修剪工具的使用方法(50分)	正确使用修剪工具、保养工具	个人考核 小组考核	

七、思考与练习

(1)整形修剪的基本手法有哪些?

(2)整形修剪的工具如何使用?

(3)整形修剪的程序是什么?

(4)简述剪口芽的处理技术。

八、知识拓展

(一)园林植物常用的树形

1. 自然式整形

自然式整形以自然生长形成的树冠为基础进行适当修剪。自然树形优美,萌芽力、成枝力弱,或因造景需要等都应采取自然式修剪整形。主要任务是幼龄期培育恰当的主干高及合理配置主、侧枝,以保证迅速成形;以后做到“形而不乱”,其充分尊重植物独有的特性,修剪技术只是辅助性的调整,只对枯枝、病弱枝及少量扰乱树形的枝条作适当修剪,是园林植物修剪整形工作中最常用的手段。常见园林植物的自然冠形有以下几种。

(1)尖塔形:顶端优势强,有明显的中心主干(见图3-10),如红皮云杉、落羽杉、雪松。

(2)圆柱形:中心主干明显,主枝长度上下相差较小,形成上下几乎同粗的树冠(见图3-11),如新疆杨、龙柏、杜松。

(3)圆锥形:介于尖塔形和圆柱形之间(见图3-12),如桧柏、红松、白蜡。

(4)伞形:有明显主干,树冠枝条近平展生长,如老年油松、合欢、棕榈。

(5)椭圆形:主干和顶端优势明显,但基部枝条生长较慢,大多数阔叶树属于此冠形,如榆树、紫椴、水曲柳、加拿大杨。

(6)圆球形:树干较矮、主枝较多,形成近圆球形树冠,如山丁子、山槐、樱花、元宝枫。

(7)垂枝形:有明显的主干,树冠枝条垂悬向下生长(见图3-13),如垂柳、龙爪槐。

(8)拱枝形:主干不太明显,长枝弯曲成拱形,如迎春、连翘。

(9)丛生形:主干不明显,多个主枝从基部萌蘖而成,如玫瑰、贴梗海棠。

(10)匍匐形:枝条匐地生长,如偃松、偃柏。

图 3-10　尖塔形

图 3-11　圆柱形

图 3-12　圆锥形

图 3-13　垂枝形

2. 整形式整形

整形式整形是指根据园林观赏的需要,将树冠强制修剪成各种特定形式(见图 3-14)。因其不是按园林植物树冠的生长规律进行,经过一定时期自然生长后会破坏造型,需要经常修剪整形。它适用于耐修剪、萌芽力和成枝力都强的树种。常见的园林植物整形式冠形有以下几种。

(1)几何形式:如正方体、长方体、球体、半球体、不规则几何体。

(2)建筑物形式:如亭、台、楼等。

(3)动物形式:鸡、马、兔、象等。

(4)古树盆景式:运用树桩盆景的造型技艺,将树木的冠形修剪成单干式、丛生式、悬崖式、攀缘式等。

图 3-14 常见的园林植物整形形式

3. 混合式整形

混合式整形是指在自然树形基础上,结合观赏要求和植物生长发育规律进行人工改造而进行的整形形式。

(1)杯形:有一定高度的主干(定干),无中心干,特点是三股六杈十二枝(见图3-15)。树冠内的直立枝和内向枝必须剪除,整形技术较复杂,缩短树木寿命,只在城市行道树和个别花灌木中采用,易形成掐脖现象,使用时要慎重。

(2)自然开心形:由杯形改进而来,没有中心主干,分枝较低,三个主枝错落分布,自主干向四周放射而出,中心开展(见图3-16)。但主枝分枝不为二杈分枝,树冠不完全平面化,能较好地利用空间,不会形成掐脖现象。

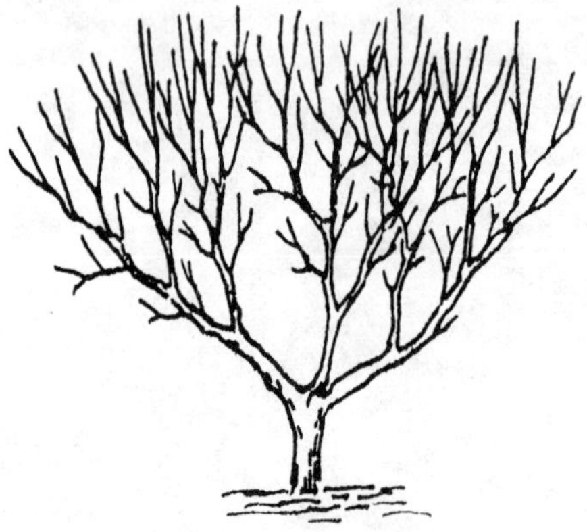

图 3-15 杯形

图 3-16 自然开心形

(3)中央领导干形:留一强中央领导干,其上配列疏散的主枝(见图3-17)。若主枝分层着生,则称为疏散分层形。这种树形,中央领导枝的生长优势较强,能向外和向上扩大树冠,主枝分布均匀,通风透光良好。它适用于干性较强的树种,能形成高大的树冠,宜做庭荫树、观赏树。

(4)多主干形:近地面留 2~4 个中央领导干,均配有几个侧生主枝,树冠要均匀,适于生长较旺盛的树种,具有规则优美的树冠,可提早开花。它适用于观花乔木和庭荫树,如紫薇、紫荆、蜡梅、桂花等树种。

(5)圆球形:主干极短,主侧枝均匀错落分布,通风透光。黄杨、小叶女贞等常用此法。

图 3-17　中央领导干形

(二)树体的形态结构

1. 树体的基本结构

树木由地上与地下两部分组成。

(1)主干:自地面起至第一主枝间的树干。其高度为干高,主干上承树冠下接根系,有的树种主干很短或无主干,树木直接从根颈处发出主枝组成树冠。

(2)树冠:由中心干、主枝、侧枝和其他各级分枝构成,是各级枝的集合体,枝上的叶和芽都是树冠的组成部分。它包括主枝、侧枝、延长枝等。

(3)冠高:第一主枝的最低点至树冠最高处的距离。

(4)冠幅:树冠垂直投影的平均直径。

(5)树高:从地面起至树木最高点的距离。

(6)分枝角度:分枝与着生母枝的夹角。

2. 芽的类型

1)根据芽的着生部位分

(1)顶芽:着生在枝条或茎顶端的芽,在当年停止生长时形成,第二年萌发。一般比侧芽健壮而饱满。

(2)侧芽:着生在叶腋的芽,当年形成,第二年不一定都萌发。

(3)不定芽:芽原基生长在根茎或树干上,在树木受伤时会长出不定芽。

2)根据芽的性质分

(1)花芽:展开后可形成花的芽,花芽比叶芽粗而圆。

(2)叶芽:展开后只形成叶和枝条的芽。

(3)混合芽:展开后既有花又有枝条的芽。

3)根据芽的萌发状况分

(1)活动芽:在当年生长季节中可形成新枝、花或花序的芽,如顶芽、部分侧芽、腋芽、花芽、混合芽。

(2)潜伏芽:在生长季节不生长、不发展、保持休眠状态的芽,寿命较长。潜伏芽也叫隐芽或休眠芽。

潜伏芽大都是侧芽,翌年可能会发芽,也可能几年、十几年甚至一生都不会发芽。如悬铃木、梅等潜伏芽可生存数十年。在一定条件下如受到刺激或修剪、损伤情况下,潜伏芽会打破休眠,形成粗壮直立的枝条。休眠芽长期休眠,在发育上比一般芽年轻,在整形修剪工作中,可以利用这个特性,用其萌发出的强壮旺盛的枝条代替老树,能达到更新复壮的目的。侧芽可以用来控制或促进枝条的长势。

3. 枝条的类型

1)按枝条在树冠上的位置与顺序分

(1)中央领导干:主干的延伸部分。干性强的树种有明显的中心干,如红松、落叶松、雪松、银杏等;干性弱的树种,中央领导干不明显或无中央领导干,如槐树、柳树、榆树等。

(2)主枝:着生在主干或中心干上的永久性大枝。位置最低的主枝为第一主枝,依次向上为第二、第三主枝。

(3)侧枝:着生在主枝上面的主要枝条,从主枝上发出的次级枝条。

(4)枝组:自侧枝分生出的许多小枝而形成的枝群。

(5)骨干枝:组成树冠骨架永久性枝的统称。如主干、中干、主枝、侧枝等,它们支撑树冠全部的侧生枝及叶、花、果。在生理上主要起运输和贮藏水分、养分的作用。由于骨干枝着生的状态不同,构成树冠的基本外貌也不同。

(6)延长枝:各级骨干枝先端的延长部分,延长枝在树木幼年、青年期生长量较大,起扩大树冠的作用。其枝龄增高后,转变为骨干枝的一部分。随着分枝级次的增高,到一定级次后,延长枝和附近的侧生枝差别很小或很难区别。

2)按枝条的年龄分

(1)新梢:由芽萌发后,当年抽生的新枝条。

(2)一年生枝条:当年形成的新梢停止生长至下一年萌芽前的枝条。

(3)二年生枝条:一年生枝条落叶后到次年发芽前的枝条。

(4)多年生枝条:生长两年以上的枝条。

前一年冬天枝条顶端的休眠芽恢复生长后,会在枝条上留下一个"芽鳞痕"。枝条上芽鳞痕的数目加一个即为该枝条生长的年龄。

3)按枝条抽生的季节分

(1)春梢:在春季萌发成枝的枝条。

(2)夏梢:夏季在春梢的基础上再次抽出的新梢。

(3)秋梢及冬梢:在热带及亚热带地区,由于秋季的天气适合部分植物的生长,会在夏梢的基础上抽出秋梢,部分植物甚至还会抽生冬梢。

4)按枝条的性质分

(1)发育枝:一年生枝条侧芽和顶芽都是枝芽。发育枝是培养骨干枝和各类枝组的基础。

(2)结果枝:直接着生花或花序并能开花结果的枝。

5)按姿势或各枝间相互关系分

(1)徒长枝:生长直立旺盛、节间长、芽弱、叶片大而薄、组织不充实的枝条。

(2)重叠枝:两个或两个以上的枝条在同一垂直面内相邻近、上下重叠生长的枝条。

(3)平行枝:两个或两个以上、在同一水平面上向同一方向平行伸展的枝条。

(4)延长枝:在原来的枝条停止生长后,从该枝顶芽或梢端附近的芽发出并与原枝方向大体一致的枝条。

(5)竞争枝:生长势与延长枝相近或超过延长枝的枝条。

(6)内向枝:枝梢向树冠中央生长的枝条。

任务二 行道树、庭荫树的整形修剪技艺

一、教学目标

(1)掌握行道树、庭荫树的自然形、杯形、自然开心形的整形修剪方法。

(2)能根据当地行道树、庭荫树生长环境状况,进行行道树、庭荫树的整形修剪。

二、任务提出

某城市园林绿化中行道树、庭荫树的生长环境复杂,且常受各种不利条件的影响,为便于车辆通行和游人纳凉,拟对城市主要街道的行道树及各公园或休闲广场中的庭荫树进行整形修剪,通过各种修剪措施来控制其生长、体量及伸展方向。

三、任务分析

根据行道树、庭荫树的园林功能,对不同环境、不同用途的行道树及庭荫树因时、因势、因需、因景采取相应措施进行树木的整形修剪,并掌握其整形修剪技艺。

四、相关知识

(一)整形修剪的作用

1.整形修剪对树木生长发育具有双重作用

树木在自然生长的情况下,各部分常处于相对的平衡状态。修剪后,这种平衡就会被打破,引起树木地上部分和根系、整体和局部之间的生长关系发生变化。其变化是由于修剪时对树体内的营养物质分配、激素的多少、枝条长势和整个树体的生长状况影响造成的。

树木的整形修剪对象主要是各种枝条,而修剪后的影响范围不只局限于被修剪后的枝条本身,还会对树木的整体生长有一定的作用。对一棵树木来说,整形修剪既有抑制作用,也有局部促进作用。

1)整体抑制作用

由于修剪后枝条的数量减少了,树冠相对缩小,叶量及叶面积也减小,植物的光合作用产物减少,同时修剪时留下的伤口也要消耗一定的营养物质来愈合,因此修剪使树体总的营养水平下降,园林植物总生长量减少。这种抑制作用的大小与修剪轻重及树龄有关。同时,由于树木整体营养水平降低,对根部供应的养分也相应减少,发根量减少,根系生长势减弱,所以修剪对根系的生长也有抑制作用。修剪的抑制作用大小与修剪轻重及树龄有关,树龄越小、树势较弱、修剪过重,则抑制作用大。

2)局部促进作用

当一个枝条被剪去一部分后,可以使被剪枝条的生长势增强,这是由于修剪后减少了枝芽数量,改变了原有营养和水分的分配关系,使养料集中供给留下的枝芽生长。同时修

剪改善了树冠的光照与通风条件,提高了叶片的光合作用效能,使局部枝芽的营养水平有所提高,从而加强了局部的生长势。

修剪促进作用的强弱,与树龄、树势、修剪程度及剪口芽的质量有关。树龄越小,修剪的局部促进作用越大。相同树势下,重剪较轻剪促进作用明显。短剪促进生长作用最明显。当剪口芽质量较好时,促进生长的作用也明显,一般剪口下第一个芽生长最旺,第二、第三个芽的生长势依次递减。疏剪只对其剪口下方的枝条有增强生长势的作用,对剪口以上枝条产生削弱生长势的作用。

修剪时要全面考虑其对园林植物的双重作用,是以促为主还是以抑为主,应根据具体的植株情况而定。

2. 整形修剪对开花结果的影响

合理的整形修剪,能调节营养生长与生殖生长的平衡关系。树木修剪后枝芽的数量减少,树体营养集中供给留下的枝条,使新梢生长充实,并萌发较多的侧枝开花结果。修剪的轻重程度对花芽分化影响很大。如果连年重剪会使花芽量减少;连年轻剪则会使花芽量增加。在修剪中,对生长强度不同的枝条要采取不同程度的修剪。通常情况下,树冠内膛的弱枝,因光照不足、枝条的营养水平差,可以实行重剪,以促进营养生长转旺;树冠外围枝条生长旺盛,对营养水平较高的中、长枝应轻剪,以促发大量的中、短枝开花。另外,不同的花灌木枝条的萌芽力和成枝力不同,修剪强弱也不同,枝芽生长点较多的花灌木,比生长点少的植物生长势缓和,花芽易分化,可以重剪,如月季、栀子、六月雪等,以促其发出更多的花枝,增加开花部分。而萌芽力或成枝力较弱的植物,要轻剪或不剪。

3. 整形修剪对树体内营养物质含量的影响

整形修剪后,枝条的生长强度发生了变化,短截后的枝条及其抽生的新梢,含氮量和含水量增加,碳水化合物含量相对减少。为使整形修剪造成的养分损失减到最少,要尽量在树体内养分含量最少的时期进行。具体是冬季修剪选择在秋季落叶后,此时养分回流到根部和枝干上贮藏时,或者在春季萌芽前树液流动前进行。在生长季修剪时间越早越好,如抹芽、除萌、曲枝等。修剪后,树体内的激素分布、活性也有所改变。激素产生于植物顶端幼嫩组织中,由上向下运输,短剪除去了枝条的顶端,排除了激素对侧式(枝)的抑制作用,提高了下部芽的萌芽力和成枝力。有报道称,激素向下运输,在光照条件下比黑暗时活跃。修剪改变了树冠的透光性,促进了激素的极性运转能力,一定程度上改变了激素的分布,活性增强。

(二)行道树具备的条件

行道树是栽于道路两侧并构成街景的树木,是城市绿化的骨架,在城市中起到沟通各类分散绿地、组织交通的作用,还能反映一个城市的风貌和特点。

行道树的生长环境复杂,常受到车辆、街道宽窄、建筑物高低、架空线、地下电缆、管道的影响。为了便于车辆通行,行道树一般使用树体高大的乔木树种,必须有一个通直的主干,干高要求 2.5~4 m。城郊公路及街道、巷道的行道树,主干高可达 4~6 m 或更高。公园内园路两侧的行道树主干高以不影响游人的行走为原则,一般枝下高在 2 m 左右。同一街道的行道树干高与分枝点要保持基本一致,且树冠端正、生长健壮。行道树的树形基本在定植后的 5~6 年内形成,以后只需经常进行常规修剪即可保持理想的树形。苗木经过了苗圃阶段的定向培育，定植后的修剪就有了基础，也就很容易调整、培养成优美的树形。

行道树要求有强大的根系，树形整齐，枝叶茂盛，姿态优美，夏季绿荫浓；树干通直，无臭味，无毒无刺；繁殖容易，生长迅速，栽培移植成活率高；对有害气体抗性强，病虫害少，对各种灾害性气候有较强的抗御能力，能适应当地环境条件，耐修剪，养护管理容易。

修剪时根据具体的树势及枝势来确定留剪口芽的强弱，一般剪口留强芽，可抽长粗壮的长枝。剪口留弱芽，其发枝力较弱。休眠芽经过刺激也可以发枝。

对衰老树木进行重剪可达到更新复壮的目的，因为剪去大量的枝芽，甚至一部分主干，使养料集中供给休眠芽及留下的枝芽，在良好的肥水条件配合下，还能刺激根部发生新根，提高树木的生理活性，大大促进植株枝条的生长，使树木达到复壮的目的。这种促进复壮作用，第一年不太明显，因为修剪的抑制作用在第一年最强，在第三年则表现非常突出。

五、任务实施

（一）杯形行道树的整形修剪技艺

1. 观察

先观察要修剪的行道树树势是否平衡、树木与周围关系是否协调，分析原因，再根据树木生长习性、生物学特性、与周围环境的关系及园林功能，确定要修剪的部分。几个人同剪一棵树，要确定好修剪方案后再修剪。

2. 修剪

1）短截

妨碍架空线和影响游人行走的枝条用截的方法将枝条截掉。修剪时先剪树冠上部，后剪下部；先剪内膛枝，后剪外围枝。在架空线多的主干道、一般干道的上方及路面较窄的街道上，采取修剪的冠形为三股六杈十二枝，于树木萌发后选3～5个方向不同、分布均匀与主干成45°角的枝条作主枝，其余枝条剪掉，冬季将主枝留80～100 cm短截，剪口芽留在侧面，并处于同一平面上。第二年夏季剥芽、疏枝。第二年冬季或第三年早春，在主枝两侧生长的侧枝中选1～2个作延长枝，在80～100 cm处短截，剪口芽留在枝条侧面，疏除原来暂时保留的直立枝，如此反复修剪，经3～5年后即可形成杯状形树冠。杯形行道树的修剪见图3-18、图3-19。

2）疏除

将树冠内多余枝条，特别是大枝造成的生长势过强的枝条，先决定选留的大枝数及其在骨干枝上的位置，将无用的大枝先剪掉，待大枝疏除后再疏除多余的小枝，修剪时要从各主枝或各侧枝的上部开始，向下依次进行。锯除时，因枝干较重，对下方的其他枝条或人身及财产造成危险时，要用绳索捆住枝干进行保护性作业（见图3-20（a）、（b））。

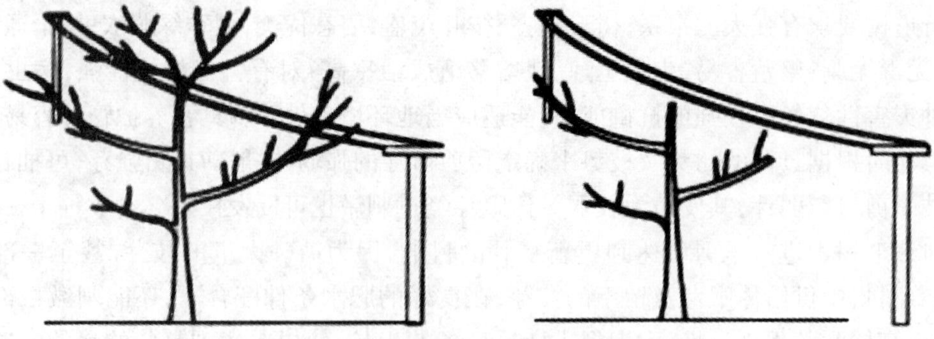

图 3-18　干扰枝修剪前及修剪后

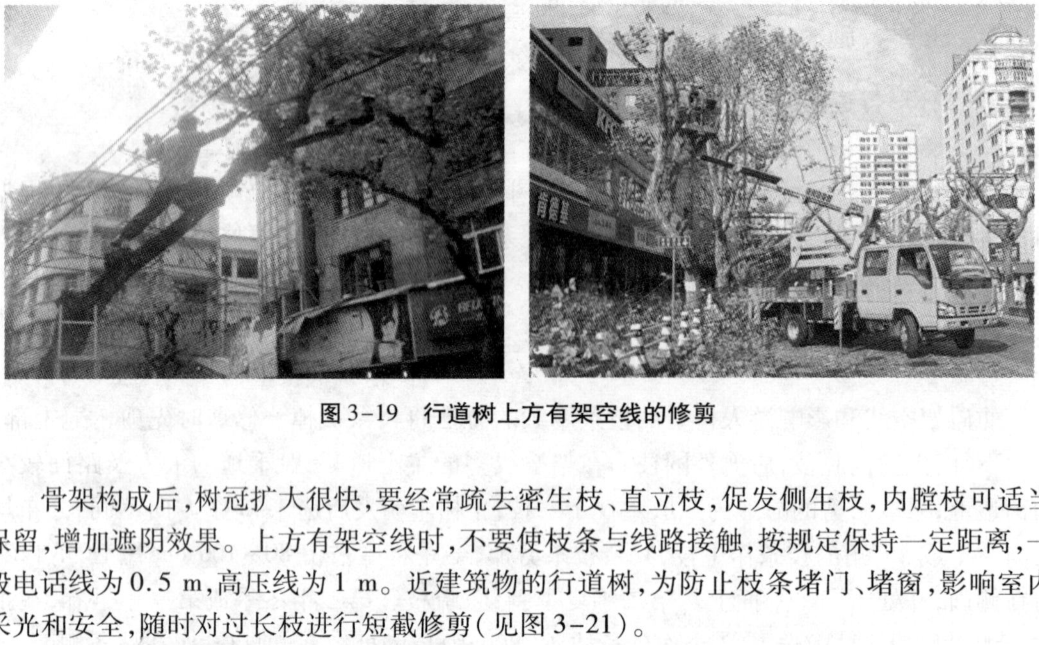

图 3-19　行道树上方有架空线的修剪

骨架构成后，树冠扩大很快，要经常疏去密生枝、直立枝，促发侧生枝，内膛枝可适当保留，增加遮阴效果。上方有架空线时，不要使枝条与线路接触，按规定保持一定距离，一般电话线为 0.5 m，高压线为 1 m。近建筑物的行道树，为防止枝条堵门、堵窗，影响室内采光和安全，随时对过长枝进行短截修剪（见图 3-21）。

（二）开心形行道树的整形修剪技艺

开心形行道树适用于无中央主轴或顶芽自剪的树种，树冠自然展开。定植时，将主干留 3 m 或截干，春季发芽后，选留 3~5 个位于不同方向、分布均匀、错落分布的侧枝进行短截，促进枝条生长成主枝，其余全部抹去。生长季注意将主枝上的芽抹去。次年萌发后选留侧枝，使其向四周斜生，并进行短截，促发次级侧枝，使树冠丰满、匀称。

（三）自然式冠形行道树的整形修剪技艺

对于路面较宽、上方没有架空线的道路，在不妨碍交通和其他公用设施的情况下，树木有任意生长条件时，行道树选择有中央领导干的树种，多采用自然式冠形，如塔形、卵圆形、扁圆形等。

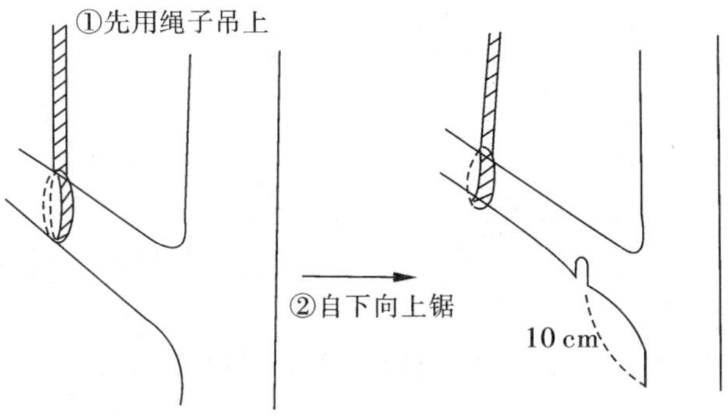

（a）

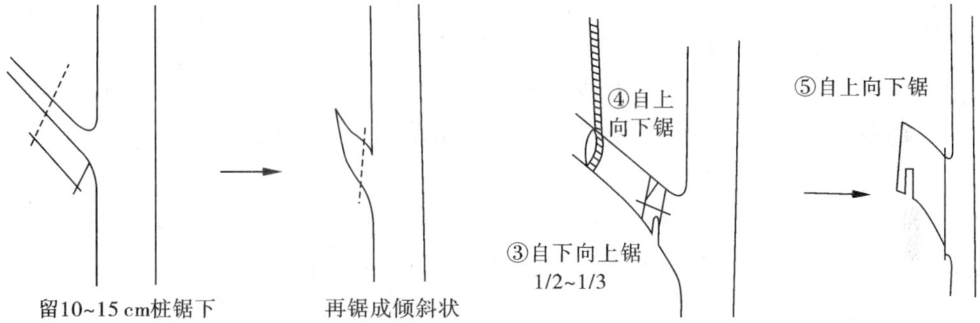

（b）

图 3-20　大枝修剪

图 3-21　对遮光树冠的修剪

有中央领导干的行道树，如杨树、水杉、侧柏、金钱松、雪松、枫杨等，分枝点的高度按树种特性及树木规格而定，栽培中要保护顶芽向上生长。郊区多用高大树木，分枝点在 4 ~6 m 或以上。如杨树应以冬季疏剪为主，保持树冠与树干的比例，一般树冠高占全树的3/5，树干高占2/5。注意最下的三大主枝上下位置要错开，方向匀称、角度适宜。及时剪掉三大主枝基部贴近树干的侧枝，成形后，仅对枯死枝、病虫枝、过密枝进行疏剪。主干顶端如受损伤，应选择一直立向上生长的枝条或在壮芽处短剪，并把其下部的侧芽抹去，抽出直立枝条代替，避免形成多头现象。

无中央领导干的行道树，如柳树、榆树等，分枝点高度一般为2~3 m，留5~6个主枝，各层主枝间距短，使其自然长成卵圆形或扁圆形树冠，每年修剪主要对象是密生枝、枯死枝、病虫枝和伤残枝等。

在整形修剪过程中，要注意截干、截冠后选留主枝，及时疏除过多萌条，加快构筑合理的树冠结构。成枝力高的树种，及时短截和疏除，去除顶端优势，促进侧芽萌发，扩大树冠；尽早去除过多的当年生萌条，减小枝条顶端重，防止树冠过度开张。顶端优势明显的针叶树不能截干，截干会影响其观赏价值。应保持其原有的自然式冠形，可以疏除过多的枝条，以体现其观赏价值。由于行道树一般都比较高大，又地处车辆、行人较多的地方，整形修剪时一定要注意安全，当修剪大枝时，采取将树枝分段或整体缓放在地面，防止损坏电线、建筑物及其下的灌木、草坪等，必要时可以用两根以上的绳子控制枝条落下的方向和速度，保证修剪的安全。

修剪病枝后，修剪工具应用硫酸铜溶液浸泡消毒后再使用，防止交叉感染。修剪下来的病虫枝条应集中焚烧，其他枝条清理运走。

六、评分标准

序号	考核项目	考核内容	考核标准	考核方法	得分
1	行道树的整形修剪	杯形行道树的整形修剪技艺(60分)	正确选择杯形行道树整形修剪方法，剪口及剪口芽处理、剪下枝条的处理	个人考核 小组考核	
2	庭荫树的整形修剪	自然式庭荫树的整形修剪技艺(40分)	正确选择自然式庭荫树整形修剪方法，剪口及剪口芽处理、剪下枝条的处理	个人考核 小组考核	

七、思考与练习

(1)杯形行道树的整形修剪技艺有哪些？

(2)整形修剪的基本手法有哪些？

(3)观察校园内的庭荫树，制订出整形修剪方案。

八、知识拓展

(一)植物的分枝方式

自然生长的树木，有多种多样的树冠形式，这是由于树种的分枝方式不同而形成的，植物的分枝方式按其习性可分为以下三种。

1. 单轴分枝(总状分枝)

单轴分枝形成的树冠多为塔形、圆锥形、椭圆形等，其树冠不宜抱紧，也不宜松散，易形成多数竞争枝，降低观赏价值，修剪时要控制侧枝，促进主枝的生长发育。

单轴分枝的植物顶芽健壮饱满，生长势极强，每年持续向上生长，形成高大通直的树干，侧芽萌发形成侧枝；侧枝上的顶芽和侧芽又以同样的方式进行分枝，形成次级侧枝。此分枝方式以裸子植物最多，如红松、樟子松、雪松、水杉、桧柏等。阔叶树中也有单轴分枝方式的，这类植物在幼年期表现突出，在成年树上则表现不太明显，如银杏、杨树、栎等。

2. 合轴分枝

合轴分枝易形成开张式的树冠，通风透光好，花芽、腋芽发育良好。以被子植物为多，如杏、李、苹果、月季、榆、核桃、碧桃等。此类树木顶芽发育到一定时期就死亡或生长缓慢或分化成花芽，由位于顶芽下方的侧芽萌发成强壮的延长枝，连接在主轴上继续向上生长，以后此侧枝的顶芽又自剪，再由其下方的侧芽代替，逐渐形成弯曲的主轴。

合轴分枝的树木在放任其自然生长时，易在顶梢上部有几个生长势相近的侧枝同时生长，形成多杈树干，影响美观。可采取降低顶端优势的方法，也可以将一年生的顶枝短截，剪口留壮芽，并疏去剪口下3~4个侧枝。这种树木如是观花观果的应扩大树冠，增加花果枝数量，促使整株树木冠内外均衡开花结果。培育幼树时，要有目的地培育中心主枝，合理选择和安排各级侧枝，达到骨干枝明显、花果满膛的效果。

3. 假二杈分枝

假二杈分枝的树种树冠为开张式，如丁香、梓树、石竹、泡桐等。其分枝方式是合轴分枝的一种，在一部分叶序对生的植物中存在。此类植物的顶芽停止生长或形成花芽后，顶芽下方的一对侧芽同时萌发，形成外形相同、优势均衡的两个侧枝，向相对方向生长，以后按此方式继续分枝。分枝后的外形与低等植物的二杈分枝相似，因此称为假二杈分枝。

不同植物的分枝方式是可以变化的，会随着生长环境和年龄的变化而改变。人们在园林绿化中常根据植物的分枝方式，决定整形修剪的方式，以此提高植物整形修剪的效率和起到促进开花结果的作用。

(二)不同条件下行道树的树形

(1)路面较窄或上方有架空线的街道，选择中干不强或不明显的树种，栽植点选择在电线下方，定植后剪除中干，让其主枝向侧方生长。

(2)路面较宽或上方没有架空线的街道，选择有中央领导干的树种，要有一定分枝高度，一般采用自然式树形。

(三)庭荫树的整形修剪技艺

庭荫树一般栽植在公园中草地中心、建筑物周围或南侧、园路两侧等场所，具有庞大的树冠、挺秀的树形、健壮的树干，能造成浓荫如盖、凉爽宜人的环境，供游人纳凉避暑、休闲聚会之用。庭荫树的整形修剪，首先是培养一段高矮适中、挺拔粗壮的树干。树干的高度要根据树种生态习性和生物学特性而定，更主要的是应与周围环境相适应。树干定植后，尽早将树干上1~1.5 m或以下的枝条全部剪除，以后随着树木的生长，逐年疏除树冠下部的侧枝。庭荫树的枝下高没有固定要求，如果树势旺盛、树冠庞大，作为遮阳树，树干的高度以2~3 m为好，能更好地发挥遮阳作用，为游人提供在树下自由活动的空间；栽在山坡或花坛中央的观赏树主干可矮些，一般不超过 1 m。

常用的整形修剪方法有截、疏、放。对庭荫树中扰乱树形的枝条及病虫枝、枯死枝、密生枝、下垂枝等采取疏除方法（见图 3-22），为了尽量缩小伤口，应自分枝点的上部斜向下部剪下，保留分枝点下部凸起部分，伤口面积小，易愈合。若留桩过长，易形成残桩枯枝。疏除多年生大枝，为避免撕裂树皮和造成其他损伤，一般采用两锯法或三锯法。

图 3-22　庭荫树干扰枝修剪前后

庭荫树一般以自然式树形为主，一般每 1～2 年将过密枝、伤残枝、病虫枝、枯死枝及扰乱树形的枝条疏除，对老弱枝进行短截，也可根据园林植物配置需要进行特殊的造型和修剪。庭荫树的树冠应尽可能大些，以最大可能发挥其遮阳等功能，对一些树皮较薄的树种还有防日灼的作用。一般以遮阳为目的的庭荫树，冠高比在 2/3 以上为宜。

庭荫树榆树的整形修剪技艺：于冬春季发芽前短截榆树顶梢，占树高的 1/4～1/3，短截超过主干直径 1/2 的侧枝，疏除密生枝；生长季选生长健壮的直立枝做主干延长枝，其余枝条短截，确保主干优势。如此反复修剪 4～5 年，达到定干高度即可停止修剪，以后进行常规修剪即可。

（四）大枝的修剪技艺

直径在 10 cm 以上的大枝用三锯法（见图 3-23），先在待锯枝条上距切口约 25 cm 处，从下向上锯一切口，深达枝条直径的 1/3 或开始夹锯为止；然后在离第一切口前方约 5 cm 处，从上向下锯第二锯，锯下枝条；最后在留下枝桩上方的分杈处向下截断残桩。直径在 10 cm 以下的大枝如果枝条可以用手或绳子固定时，可以直接锯掉枝条，省去前两锯，或者用两锯法，第一锯从下向上锯，深达枝条直径的 1/3 或开始夹锯为止，第二锯从上向下截掉枝条，要尽量靠近树干基部修剪掉这些枝条。修剪后要进行检查，如果最后的锯口位置不合要求，要在伤口修整时进行补充修剪，修剪后立即用涂抹剂涂抹伤口，促进伤口的愈合。

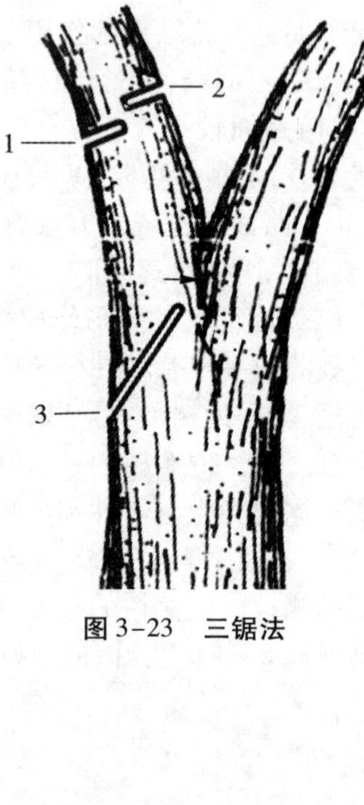

图 3-23　三锯法

(五)有架空线行道树的修剪技艺

(1)截顶修剪,降低树冠高度。当树木正上方有线路通过时,截除上部树冠,使线路在树冠上方通过;侧方修剪,修剪树冠的一侧,使线路在树木的侧面通过,有时在去掉线路一侧枝条的同时,也剪除与之相对一侧的枝条,维持树木的对称生长(见图3-24)。

(2)穿过修剪,形成线路通道。在电线与树枝相接前,进行系统修剪,使枝条远离线路生长,最后在树冠中形成一个能让线路通过的管道,在修剪中要会预测树枝的生长方向,通过早期修剪校正新枝走向,减少以后修剪量,这种修剪对树形的破坏较轻,并能避免降杈修剪引起腐朽。

(3)树冠下方修剪,使线路从树冠下侧方通过。当线路直接通过树冠中下侧,与主枝或大侧枝发生接触时,将主枝或大侧枝截除(见图3-25)。

(4)当树冠侧斜,有倒伏的危险,尽早重剪侧斜方向的枝条,另一方应轻剪,使偏冠得到纠正。

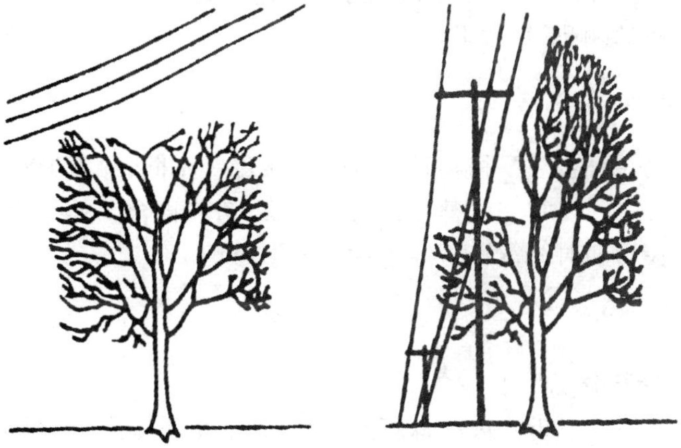

(a) 上部修剪　(b) 一侧修剪

图3-24　树冠修剪(一)

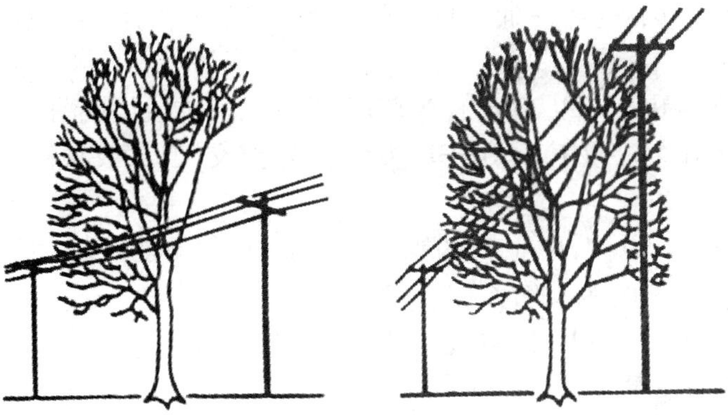

(a) 下侧方修剪　(b) 中间部分修剪

图3-25　树冠修剪(二)

任务三　绿篱植物的整形修剪技艺

一、教学目标

(1)掌握自然式、整形式绿篱的整形修剪方法。

(2)能根据不同树种的生长习性、园林组景要求及园林绿化实际需要对不同绿篱进行整形修剪。

二、任务提出

绿篱是园林组景的重要组成部分。某城市在春季对其主干道两侧的绿篱进行更新，将原来的绿篱除掉，重新规划设计，栽植小叶锦鸡儿中篱，为城市绿化增添佳景。对新栽植的绿篱按人们的意愿和需要不断地修剪成各种规则的形状。整形式绿篱要及时修剪，以免造成形状不整齐，影响景观效果。

三、任务分析

绿篱栽植的目的、栽植位置、植物种类及气候条件等不同，绿篱形状、整形修剪方式也不同，当确定修剪形式后，要掌握其整形修剪技艺，以培养符合园林绿化设计要求、生长旺盛、整齐的绿篱，并在后期对绿篱进行经常性的整形修剪。

四、相关知识

(一)绿篱的概念及分类

凡是由灌木或小乔木以近距离的株行距密植，栽成单行或双行，紧密结合的规则的种植形式，称为绿篱、植篱、生篱。绿篱可修剪成各种造型并能相互组合，能提高观赏效果。绿篱在园林中具有分隔空间、屏障视线、减弱噪声、美化环境以及作为喷泉或雕像的背景等作用。用于绿篱的植物一般都有生长缓慢、叶小、萌芽力强、发枝力强、愈伤力强、耐修剪、耐阴力强、病虫害少的习性。通常只有在合理的修剪下，篱体才会紧密、美观。

1. 依据高度分

(1)矮篱：高度在0.5 m以下，常作为草坪、花坛的边饰或组成图案。

(2)中篱：高度在1 m以下，常用于街头绿地、小路交叉口，或种植于公园、林荫道、分车带、街道和建筑物旁。

(3)高篱：高度在1.0~1.6 m，人的视线可以通过，但不能跨越，多用于绿地的防范、屏障视线、分隔空间、其他景物的背景。

(4)绿墙：高度在1.6 m以上，能完全遮挡住人们的视线。

2. 依据功能与观赏要求分

(1)花篱：花色及花期不同，花的大小、形状及有无香气等形成情调各异的景色，如扶桑花、叶子花、木槿、锦带花、迎春、绣线菊、月季、杜鹃花、小叶丁香、银老梅、茉莉、桂花、栀子等。

(2)观果篱:果的大小、形状、色彩不同,并且可以招引各种鸟类,如小檗、冬青、紫珠等。

(3)刺篱:一般用枝干或叶片具钩刺或尖刺的种类,如枳、酸枣、金合欢、枸骨、火棘、小檗、花椒、黄刺玫、枸橘、蔷薇、胡颓子等。

(4)蔓篱:由攀缘植物组成。在建有竹篱、木栅围墙或铅丝网篱处,可同时栽植藤本植物,攀缘于篱栅之上,另有特色。常用的植物有叶子花、凌霄、常春藤、茑萝、牵牛花等。

(5)编篱:植物彼此编结起来而成依网状或格状的形式,以增加绿篱的防护作用。常用的植物有木槿、杞柳、紫穗槐等。

3. 依据作用分

根据作用可分为隔音篱、防尘篱、装饰篱。

4. 依据生态习性分

根据生态习性可分为常绿篱、半常绿篱、落叶篱。

(二)绿篱的修剪时期

绿篱的修剪时期及次数应根据植物类型确定,对于常绿针叶树种绿篱,因为它们每年新梢萌发得较早,应在春末夏初之际完成第一次修剪,同时可一并获得扦插材料。立秋以后,秋梢又开始旺盛生长,这时应进行第二次全面修剪,使株丛在秋冬两季保持整齐划一,并在严冬到来之前完成伤口愈合。对于大多数阔叶树种绿篱,在春、夏、秋季都可根据需要随时进行修剪。为获得充足的扦插材料,通常在晚春和生长季节的前期或后期进行。用花灌木栽植的绿篱不大可能进行规整式的修剪,修剪工作最好在花谢以后进行,这样既可防止大量结实和新梢徒长而消耗养分,又能促进新的花芽分化,为来年或以后开花做好准备。同时,为了迎接节日,常于“五一”、“十一”等节日到来前对绿篱进行整形修剪,强化观赏效果,以烘托节日气氛。

(三)绿篱的修剪形式

1. 自然式修剪

自然式绿篱一般不作人工修剪整形,只适当控制高度和疏剪病虫枝、干枯枝,任其自然生长,使枝叶相接、紧密成片,提高阻隔效果。绿篱墙、高篱采用这种整形修剪技艺较多,常用来分隔空间,屏障山墙、厕所等不宜暴露之处。如枸骨、枳、火棘、红叶小檗、黄刺玫等刺篱和玫瑰、蔷薇、木香、栀子等花篱。

高篱、绿墙栽植成活后,须将顶部剪平,同时将侧枝一律短截,以防止将来下部出现“脱脚”、“光腿”现象,以后每年在生长季均修剪一次,直到高篱、绿墙形成。

花篱开花后略加修剪以促使其继续开花,冬季修去枯枝、病虫枝。对萌发力强的花篱树种,如栀子、玫瑰、蔷薇等,盛花后进行重剪,萌发的新枝粗壮,篱体高大美观。

2. 整形式修剪

多数绿篱是按一定形状修剪的,但对生长缓慢的树种,以及高式竹篱和以观花为目的的花篱,多不作修剪,或只作高部枝条的调整。为了丰富园林景观和绿化美化环境,多采用几何图案式的整形修剪。对整形式绿篱,可营建成以下几种形式:一是修剪成同一高度的单层式绿篱;二是由不同高度的两层组合而成的二层式绿篱;三是二层以上的多层式绿篱。从遮蔽效果来讲,以二层式及多层式为佳,多层式在空间效果上更富于变化。通过刻意修剪，能使绿篱的图案美与线条美相结合，还能使绿篱不断更新，长久保持生命活力及观赏价值。整形式绿篱断面形状有梯形、方形、圆顶形、柱形、杯形、球形等。

（1）梯形：篱体上窄下宽，下面和侧面接受阳光多，有利于基部枝条的生长发育，枝条生长茂盛，不会产生枯枝和空秃现象。

（2）方形：造型比较简单、呆板，篱体顶部易积雪，在冬季雪多地区易受雪压。

（3）柱形：起背景衬托或遮掩隐蔽作用，如绿篱墙和高篱，要求选用中央主枝向上直立生长而基部侧枝萌芽力强的树种。

（4）杯形：近似于倒梯形，造型美观别致，但篱体上大下小，下部侧枝常因得不到充足的阳光而生长不良或枯死，使基部枝条空秃、老干裸露，失去绿篱的整体美。

（5）球形：球形美化效果理想，选用萌芽力、成枝力强的常绿树种，单行栽植，株间拉开一定的距离，一株为一球。

（6）圆顶形：篱体形状生动活泼、篱体顶部不易积雪，避免受雪压变形。

（四）绿篱修剪的原则及修剪作用

对整形式绿篱修剪时应尽可能使下部枝叶多见阳光，以免因过分荫蔽而枯萎，因而要使树冠下部宽阔，愈向顶部愈狭，通常以采用正梯形或馒头形为佳。对自然式绿篱应按不同树种的生态习性以及当地气候采取适当的调节树势和更新复壮措施。从小到大，多次修剪，线条流畅，按需成形。

绿篱一般都是为了符合设计要求通过人工修剪而成的。定植后要充分灌水，并及时修剪。修剪的作用：一是抑制植物顶端生长优势，促使腋芽萌发，使侧枝生长，篱体丰满，利于修剪成形。二是加速成形，满足设计欣赏效果。

五、任务实施

（一）整形式绿篱整形修剪技艺

选择2~3年生苗木，根据植物生物学特性确定株行距，栽植过密则通风透光性差，生长不良、易发生病虫害、地下根系不能正常生长，易造成营养不良，导致植株过早衰老死亡。栽植密度过小，达不到绿篱的作用，观赏效果和作用发挥不出来。

图3-26　钉桩

按设计方案制订好绿篱的修剪规格，钉桩（见图3-26）、拉绳。新栽绿篱，栽后第一年先放任其自然生长，避免修剪过早而影响根系生长。从第二年开始，按照预定的高度和宽度进行短截修剪。同一绿篱高度和宽度要统一，使整条绿篱平整、通直。修剪时要依苗木大小，截去苗高的1/3～1/2。准备好修剪工具，在生长期内对所有新梢进行2～3次修剪，可使苗木分枝高度降低，促其发生分枝，使其提早郁闭，经过2～3年修剪整形，直到绿篱下部分枝匀称、稠密，上部树冠彼此密接成形为止。

绿篱成形后，根据设计要求将其修剪成各种形状。为达到修剪要求，修剪时要按照绿篱的长度和宽度钉桩，按绿篱高度拉绳，两头钉木桩，再沿绿篱上口和下沿拉绳，以达到预期效果。修剪较粗的枝条，剪口应略倾斜，以便雨水能尽快流掉，避免剪口积水腐烂。直径1 cm以上的粗枝剪口，应比篱面低1～2 cm，以掩盖在枝叶之中，避免因剪口暴露而影响美观。从有利于绿篱植物生长考虑，其横断面以上小下大为好。正确的修剪方法为：先剪两侧，使侧面成为一个斜平面，两侧剪完再修剪顶面，使整个断面呈梯形。使绿篱上下各部分枝条顶端优势受损，刺激上、下部枝条再长新侧枝，侧枝的位置距离主干相对较近，有利于获得足够的养分，同时，上小下大有利于绿篱下部枝条获得充足阳光，枝叶茂盛，外形美观。

当次修剪后，清除剪下的枝叶，加强肥水管理，待新枝叶长至4～6 cm时，再进行下一次修剪，修剪间隔时间过长，会使绿篱失去其形状。不要在中午、雨天、雾天及强风天气情况下修剪。修剪时要求刀口锋利，紧贴篱面，不漏剪、少重剪，长势旺盛突出的部分应多剪，长势弱小的凹陷部分少剪，造型绿篱要按型修剪。常用的修剪手法主要是短截（见图3-27、图3-28）。

图3-27　绿篱修剪（一）

图3-28　绿篱修剪（二）

修剪操作结束后将剪下的枝条进行集中处理，并将剪枝剪清理干净，撤桩、绳，同时将绿篱修剪机清理干净。

（二）更新绿篱的整形修剪技艺

衰老的绿篱，萌枝能力差，新梢生长势弱，年生长量很小，侧枝少，篱体空裸变形，失去观赏价值时应当进行更新修剪，更新过程一般需要3年。修剪的手法主要是疏、截、回缩。第一年先疏除过多的老干，留新的主干，改善树冠内的通风透光条件，然后短截主干上的枝条，将保留的主干逐个回缩；第二年对新生枝条多次轻短截，促发侧枝；第三年再将顶部修剪至略低于目标高度，以后每年进行重剪。绿篱更新的时期，一般常绿树种在5月下旬至6月底进行，落叶树种在秋末冬初。用作绿篱的落叶花灌木大部分具有较强的愈伤和萌芽能力，一般可以采取平茬强剪更新。平茬后，因植株拥有强大的根系，萌芽力特别强，可在1~2年中形成绿篱的雏形，3年后即可恢复原来的绿篱形状，在修剪后要配合土肥水管理和病虫害防治。

六、评分标准

序号	考核项目	考核内容	考核标准	考核方法	得分
1	绿篱的规划	钉桩、拉绳(20分)	按绿篱修剪要求准确钉桩、拉绳	个人考核 小组考核	
2	绿篱的修剪	修剪的基本方法：截(50分)	正确选择修剪方法、剪口及剪口芽处理、剪下枝条的处理	个人考核 小组考核	
3	绿篱修剪工具的使用	修剪工具的使用方法(30分)	正确使用修剪工具、保养工具	个人考核 小组考核	

七、思考与练习

(1)在整形式绿篱的修剪中，哪种断面形状最好？说出其修剪手法和技艺。

(2)绿篱更新的整形修剪技艺有哪些？

(3)调查你所在地区绿篱的种类及常用的绿篱植物。

八、知识拓展

(一)不同用途绿篱植物的配置

(1)区划境界：绿篱要与建筑物统一布局，在周界或庭园墙下及路旁布置。既要衬托建筑物，又可美化环境。要修剪成规则式形状，与主题一致，与环境协调。

(2)边缘用：如花坛、花境边缘或小路边，可用矮篱镶边，既起保护作用，又增加观赏效果。

(3)组成图案：用青翠矮生材料加枝叶细密的小灌木，如小叶黄杨或景天类，修剪成矮篱，构成优美的图案，中间铺上彩色石子，艺术效果极佳。

(4)装饰绿门：在公园或庭园入口处，通过对绿篱的修剪，构成各种绿门。紧密型的可剪成规则式；疏散型的可以竹木或钢筋为骨架，构成既透又掩的篱门。

(5)组成空间：把绿篱修剪成各种艺术造型，有高有低，分割出不同场地，组成不同境界的空间。

(6)作背景：可作为花坛、雕像、喷泉等的背景，以色彩对比突出观赏效果，多用浓绿高墙，但应注意协调。

(7)绿屏障风：园林中有的部分如不宜人们观赏，可用高篱障隔，或以篱障风。

(二)北方地区常用的几种绿篱植物

(1)小叶黄杨：黄杨科黄杨属，常绿灌木。枝叶茂密，叶片春季嫩绿，夏秋深绿，冬季红褐色，经冬不落。生长慢，萌芽力强，耐修剪，抗性强，是园林绿化的主要树种和优良的绿篱树种。繁殖用播种或嫩枝扦插均可。

(2)大叶黄杨：卫矛科卫矛属，常绿灌木或小乔木。枝叶浓密，四季常青，浓绿光亮，极具观赏性。萌芽力极强，耐修剪整形，适应性强，生长慢，寿命长，较耐寒。侧枝对生而稠密，叶革质，有光泽，浓绿色，椭圆形至倒卵形。聚伞花序，花绿白色，花期5月至6月。蒴果近球形，红色，果9月至10月成熟。喜光，耐阴，对土壤要求不严。对有毒气体抗性较强，抗烟尘能力也强，是污染区绿化的理想树种。繁殖以嫩枝扦插为主，亦可播种、压条。

(3)侧柏：柏科侧柏属，常绿乔木。幼时用做绿篱，叶、枝扁平，萌芽力强，耐修剪，适应干冷、温暖、湿润气候，耐瘠薄，耐寒，耐盐碱。抗烟尘，抗二氧化硫、氯化氢等有害气体。侧柏因四季常绿，树形多姿、美观，耐修剪、适应性强等特点，在园林绿化中被广泛应用。缺点是11月至次年3月期间叶片颜色变为土褐色。

(4)木槿：锦葵科木槿属，落叶灌木。树冠长圆形，枝条纤细繁多，质柔韧，枝叶繁茂，花期长达4个月。用木槿作篱，既可观叶，又可观花，为夏、秋季节重要花木。萌芽力强，耐修剪，易整形，喜光、耐寒、耐旱、耐湿、耐瘠薄。繁殖以扦插为主，亦可用播种法和压条法。

(5)金叶女贞：木犀科女贞属，落叶灌木。叶色金黄，色彩明快，萌芽力、根蘖力强，耐修剪，能形成较紧密树冠。适应性强，喜光，喜温暖湿润环境，但亦耐阴，耐寒冷，对多种有毒气体抗性强，是城市绿化中黄色调的主栽品种，常与大叶黄杨、紫叶小檗一起组成黄、绿、红三色绿篱，被广泛应用于园林绿化中。繁殖以扦插为主，亦可用播种法和压条法。

(6)卫矛：卫矛科卫矛属，落叶灌木。小枝硬直而斜出，具2~4条木栓质阔翅，早春的嫩叶和秋天的叶片均呈紫红色。适应性强，能耐干旱瘠薄，对土壤要求不严，萌芽性强，耐修剪整形，对二氧化硫有较强抗性，尤其适用于厂矿区绿化。繁殖以播种为主，亦可扦插或分株。

(7)贴梗海棠：蔷薇科，落叶灌木。小枝开展，有刺，早春先叶开花，簇生枝间，花色艳丽，秋日果熟，黄色芳香，是良好的观花、观叶绿篱材料。喜光而稍耐阴，喜排水良好的肥沃壤土，耐瘠薄，但不宜在低洼积水处栽植。繁殖以分株为主，也可扦插或压条。

(8)圆柏(桧柏)：柏科常绿针叶树种，树皮灰褐色，呈浅纵条剥离，叶有鳞叶、刺叶两种，球果，花期4月下旬，果多次年10月至11月成熟。喜光，但耐阴性很强。耐寒，耐热，对土壤要求不严。播种、扦插繁殖，耐修剪，作绿篱比侧柏要优良。

(9)玫瑰：蔷薇科落叶灌木。茎密生倒刺及刚毛。花紫红色或白色，芳香，花期4月至7月。适应性强，耐旱，耐寒，不耐积水。喜光，萌蘖力强，生长迅速，管理简单。分株、扦插、嫁接繁殖。常作园林的防护绿篱使用，不适作规整式绿篱。

(10)紫穗槐：豆科落叶灌木。枝多粗壮，向斜上方生长，小叶椭圆形，奇数羽状复叶，花蓝紫色，花期5月至6月。耐寒，耐旱，适应性强，株丛稠密，适合在田间、原野、铁路及公路两侧作自然式绿篱配置。在北方作绿篱的植物还有水蜡、连翘、珍珠梅等。

(三)南方地区常用的绿篱植物

(1)南迎春：亦称云南黄馨、迎春柳，木犀科常绿灌木，原产云南。在庭园中应用广泛，常用做绿篱、花篱，也可植于河边、坡地，遮挡土墙或作假山配植。

(2)小叶女贞:木犀科常绿小乔木,原产华北地区及长江流域各省。除用作绿篱外,也可用作庭园丛植或配植。

(3)卵叶女贞:木犀科半常绿灌木,原产日本,各地广泛引种栽培作绿篱用。常见的变种有金边卵叶女贞、斑叶卵叶女贞。

(4)大叶黄杨:卫矛科常绿灌木,原产长江流域及日本。庭园中常单株密植成绿篱,也可在苗圃将苗木培育、整形成球状,用于庭园孤植、丛植或列植。

(5)雀舌黄杨:黄杨科常绿灌木,原产我国中部。分枝密集成丛,常用作绿篱,也可修剪成球状,用于花坛、假山配植。

(6)珊瑚树:亦称法国冬青,忍冬科常绿灌木或小乔木,原产浙江、台湾等地。枝繁叶茂,叶片光亮,适应性和抗污染力强,常用作庭园的高篱,作分隔空间和范围之用。

(7)千头柏:柏科常绿丛生灌木,原产我国。植株由根际分枝,枝条甚密,常作绿篱栽植,也可单株(树冠圆球形)或丛植于庭园。

(8)紫叶小檗:小檗科落叶灌木,原产日本及我国中部。多分枝,幼枝紫红色,叶鲜红至紫红色,庭园中常用作绿篱,或用以布置图案。也可用作山石,池畔配植。

(9)花叶鹅掌柴:五加科常绿灌木,原产台湾、海南、广东、广西和云南。庭园中常用作绿篱,也常用作地被植物,也可盆栽观赏。

(10)假连翘:马鞭草科常绿灌木,原产巴西、墨西哥。可观花、观果,庭园中用作绿篱或丛植,也可盆栽观赏。

(11)普洱茶:山茶科常绿小乔木,原产云南、印度。世界闻名茶种,庭园中常用作绿篱栽培。

(四)特殊绿篱的整形修剪技艺

常用的修剪方法是截、放、变。

1. 图案式绿篱的整形修剪技艺

组字或图案式绿篱(见图3-29),采用矩形的整形方式,要求篱体边缘棱角分明,界限清楚,篱带宽窄一致,每年修剪的次数比一般镶边、防护的绿篱要多,枝条的替换、更新时间应短,不能出现空秃,要始终保持文字和图案的清晰可辨。用于组字或图案的植物,应植株矮小、萌枝力强、极耐修剪。栽植时可依字或图的大小,采用单行、双行或多行进行栽植。常用于组字或图案的植物有瓜子黄杨、雀舌黄杨、水蜡等。

2. 绿篱拱门的制作与修剪技艺

绿篱拱门设置在用绿篱围成的闭锁空间处,为了便于游人入内,常在绿篱的适当位置断开绿篱,栽植绿篱拱门,与绿篱连成一体,可供游人自由出入,同时又具有极强的观赏和装饰效果(见图3-30)。方法是在断开的绿篱两侧按设计要求,各种植一株枝条柔软的小乔木或藤本植物,两树之间保持一定的距离,将树梢向内弯曲并绑扎在一起。随着植物的生长,由于其柔软的枝条可以很快将整个骨架遮挡起来,之后要经常修剪,防止新梢横生下垂,影响游人通行和观赏效果。同时,经过反复修剪,要始终保持较窄的厚度,使拱门通风透光好,不易产生空秃。

图 3-29　图案式绿篱

图 3-30　绿篱拱门

任务四　花灌木整形修剪技艺

一、教学目标

(1)掌握观花类、观果类、观叶类、观枝类、观形类灌木的花芽分化特点。

(2)根据花灌木的不同类型及其在园林绿化中的不同功能,掌握不同类型花灌木的整形修剪技艺。

(3)能根据当地园林绿化状况,对本地区的花灌木用截、疏、回缩的方法进行整形修剪。

二、任务提出

花灌木种类繁多,观赏效果强,在园林绿地中应用广泛,这类植物群植,能充分显示大色块的群体效果,美化环境,是园林绿化中不可缺少的植物。其整形修剪是促进花灌木健康生长的关键措施之一,只有正确修剪才能使其繁花不断。在公园内有大量不同类型的花灌木,为了提高其观赏价值,要求制订园内花灌木整形修剪方案。

三、任务分析

某城市园林绿地中,有不同季节开花的花灌木,为了保证其观赏效果,使观花、观果、观形、观枝类树木生长健壮、开花结果繁茂、观赏效果突出,必须针对花灌木的不同立地条件,掌握树木的生长及开花习性,合理地进行整形和修剪,促进树木繁花似锦、硕果累累。

四、相关知识

花灌木是指有美丽、芳香的花朵或色彩艳丽的果实的灌木或小乔木。其造型多样,能营造出五彩景色,被视为园林景观的重要组成部分。它适合于湖滨、溪流、道路两侧和公园布置,以及小庭园点缀和盆栽观赏,还常用于切花和制作盆景。花灌木的整形修剪目的是增加观赏部位,突出观赏点,如使观花的花灌木花期长、花朵大、花色艳丽、花朵数量多等,体现色彩丰富、繁花似锦的壮观景色。同时,要使植株整齐、分枝点较低、冠形匀称。灌木根据观赏部位不同可分为观花类、观果类、观枝类、观叶类、观形类等，不同类型在整形修剪上要求不同。

园林树木获得开花结实的能力后，即保持这种能力并成为一种季节性的物候现象，对于观花、观果树木来说，开花结果的意义更多地体现在园林植物景观的价值。由叶芽的生理和组织状态转化为花芽的生理和组织状态的过程，称为花芽分化。

（一）花灌木花芽分化的类型及特点

（1）夏秋分化型：大多数早春和春夏开花的树木，是在前一年夏秋（6~8 月）季节开始分化花芽，于 9~10 月完成花器分化的重要部分，在早春、春夏间开花，如榆叶梅、连翘、樱花、玉兰、紫藤、迎春、丁香、牡丹等；有些树种如柿子、板栗等分化较晚，在秋天形成花原始体，这类树木花芽的进一步分化与完善需要经过一段低温，到翌年春才进一步完成性器官的发育。

（2）冬春分化型：从 12 月至次年春季分化花芽，分化时间较短且连续进行，如柑橘类；有的树木还延迟到年初分化，在较寒冷的地区有的还提前分化。

（3）当年分化型：在当年新梢上形成花芽并在夏秋开花，不需要经过低温过程。如槐、珍珠梅、紫薇、木槿等。

（4）多次分化型：一年中多次抽梢，每次在抽生的新梢上分化花芽并开花，如茉莉、月季、葡萄、无花果、四季桂、枣等。

（二）影响园林树木花芽分化的因素

花芽分化既决定于树体的内部因素，又受外部环境因素的影响。一般来说，形成花芽需要以下条件。

1. 影响花芽分化的内部因素

1）花芽形态建成的内在条件

由简单的叶芽转变为复杂的花芽，是一种由量变到质变、由营养生长转向生殖生长的过程。其转变过程需要具备的条件：一是要有比形成叶芽更丰富的结构物质；二是要有形态建成中所需要的能源、能量贮藏和转化物质；三是形态建成中的平衡调节物质。

2）不同器官的相互作用与花芽分化

树木的枝叶必须生长繁茂、健壮，能够制造大量的光合产物，满足根系、枝、叶、花、果等对养分的需要，才能提早形成花芽。绝大多数树木的花芽分化是在新梢生长减慢或停止时。开花和结果会消耗大量的营养物质，这时根和枝叶由于得不到足够营养，生长受到抑制，所以开花时会影响新梢和根系的生长，同时也影响花芽分化。根系生长与花芽分化成正比关系，吸收根多，则增加蛋白质的合成和细胞分裂素的水平，蛋白质和细胞分裂素影响花芽分化。如果根系活动弱，水分和矿物营养吸收得少，蛋白质和细胞分裂素合成受到抑制，则会影响花芽分化。只有根系、枝叶和花果对光合产物的需要满足之后，花芽才开始分化。

2. 影响花芽分化的外部因素

（1）光照：光是影响树木花芽分化的重要环境因子之一，其不仅影响营养物质的合成与积累，也影响内源激素的合成与平衡。光照强度大时，激素合成慢，生长素和赤霉素被分解或活化受抑制，新梢生长受影响，有利于花芽形成。

(2)水分:在花芽分化的生理分化前,适当控制灌水,可以提高树体内氨基酸,特别是精氨酸的水平,增加脱落酸的含量,抑制赤霉素的合成及淀粉酶的产生,会抑制新梢生长,有利于光合产物的积累和花芽形成。

(3)温度:温度既影响树体的生长,也影响生理过程和激素平衡,间接影响到花芽分化的时期、质量和数量。树木的花芽分化都要求一定的温度条件,过高或过低的环境温度都不利于花芽的形成。

(4)根系生长和矿质营养:吸收根系的生长与花芽分化呈明显的正相关,当矿质营养缺乏时,影响成花。

(5)栽培技术:采取综合措施如扩大栽植坑穴、施肥等可以促进水平根系发展,扩大树冠,加速养分积累。加强肥水、防治病虫,合理疏花疏果,调节养分,使树体形成适量的花芽。

(三)花芽分化的调控

要有效控制花芽分化,必须通过各种栽培措施,控制和调节树木生长发育的外部条件,平衡树木各器官间生长发育关系,达到控制花芽分化的目的。

(1)充分利用花芽分化的长期性,针对不同树种、不同年龄、不同大小年的树木采用相应的控制措施,提高观赏效果。

(2)充分利用不同树种的花芽分化临界期,抓住控制花芽分化的关键时期,实施技术措施。

五、任务实施

(一)观花类灌木整形修剪技艺

以观花为主要目的的灌木,种类繁多,修剪时要考虑植物的开花习性、着花部位及花芽的性质。只有采取正确的整形修剪技艺,才能使花灌木年年繁花不断。

1. 早春开花灌木的整形修剪技艺

绝大多数植物的花芽是在上一年的夏秋季进行分化的。花芽生长在二年生的枝条上,个别的在多年生枝条上。整形修剪时期以休眠期为主,结合夏季修剪。修剪的手法以截、疏、回缩为主。修剪时首先要不断调整和发展原有树形。一般多进行常规修剪,以保持理想树姿。即疏除病虫枝、干枯枝、过密枝、交叉枝、徒长枝等,同时要进行造型修剪和开花枝组的培养,以提高观赏效果。在休眠期修剪时,对具有顶生花芽的种类,如山茶绝对不能短截着生花芽的枝条;具有腋生花芽的种类,如迎春、蜡梅等可以短截枝条。具有混合芽的种类,剪口芽要保留混合芽;具有纯花芽的种类,剪口芽留叶芽。

先花后叶树种,在春季开花后要修剪老枝,保持理想树形。对有拱形枝条的灌木如迎春、连翘等,可采用疏剪的手法,疏除膛内过密枝、枯死枝、徒长枝和干扰枝,采用回缩的手法回缩老枝,促发强壮新枝,使株形丰满,提高观赏效果。

2. 夏秋开花灌木的整形修剪技艺

夏秋开花的灌木花芽是在当年新梢上形成的,夏秋在当年生枝条上开花,如紫薇、锦带花、枸杞等,不要在开花前重短截。修剪时期通常在早春树液流动前进行,一般不在秋季修剪,以免修剪后长出新梢而受冻害。整形修剪的手法主要是截和疏。如果在二年生枝条基部留2~3个饱满芽重剪,可萌发出茁壮的枝条,花枝虽然减少,但由于营养集中会产生较大的花朵。一年两次开花的灌木,可在花后将残花及下方的2~3个芽剪除,刺激二次枝条的发生,适当增加肥水可再次开花。对萌芽力强的灌木或冬季易枯梢的树种,如胡枝子等可在冬季自地面回缩,使其第二年春季重新萌发新枝。蔷薇、迎春、丁香、榆叶梅等在定植后的前几年任其生长,待株丛过密时再疏剪与回缩,否则通风透光不良造成生长不良,影响开花。

3. 花芽着生在二年生和多年生枝的灌木整形修剪技艺

如紫荆、贴梗海棠等,花芽大部分着生在二年生枝上,如营养充足时,在多年生的老干上也可分化花芽。修剪时期为休眠期和生长期。整形修剪手法主要是剪截、摘心。此类树种修剪量较小,一般在早春将枝条先端干枯部分剪除,在生长季摘心,抑制其营养生长,促进花芽分化。

4. 花芽、混合芽着生在开花短枝上的灌木整形修剪技艺

如西府海棠等,早期生长势较强,每年自基部发生多数萌芽,自主枝上发生大量直立枝,当进入开花龄时,多数枝条形成开花短枝,连年开花。修剪时期在生长期。整形修剪手法为疏剪、摘心。此类灌木修剪量很小,一般在花后剪除残花,夏季生长旺盛时将生长枝适当摘心,抑制其生长,将过多的直立枝、徒长枝进行疏剪。

(二)观果类灌木整形修剪技艺

桃叶卫矛、鸡树条荚蒾、金银木、枸杞、火棘、佛手等既可观花又可观果的植物,修剪时期为休眠期和生长期,整形修剪手法以截、疏为主,综合运用其他修剪方法。在休眠期和生长期及时疏除过密枝、徒长枝、枯死枝,确保通风透光,减少病虫害,促进果实着色,提高观赏效果。在生长期采用环剥、疏花、疏果等方法,提高观果树木的坐果率,促进果实的生长发育。

六、评分标准

序号	考核项目	考核内容	考核标准	考核方法	得分
1	观花灌木整形修剪	截、疏及摘心的修剪手法(50分)	正确选择修剪手法,剪口及剪口芽处理,剪下枝条的处理	个人考核 小组考核	
2	观果灌木整形修剪	截、疏花、疏果的修剪手法(50分)	正确选择修剪手法,剪口及剪口芽处理,剪下枝条、花、果的处理	个人考核 小组考核	

七、思考与练习

(1)早春开花的灌木整形修剪的方法及修剪技艺有哪些?

(2)夏秋开花的灌木整形修剪的方法及修剪技艺有哪些?

(3)观枝类灌木整形修剪的方法及修剪技艺有哪些?

八、知识拓展

(一)观枝、观形、观叶类灌木的整形修剪技艺

1. 观枝类灌木整形修剪技艺

观枝类灌木的嫩枝是最鲜艳的部分,老枝的颜色一般比较暗淡。修剪时期为休眠期和生长期。修剪手法为截和疏。如红瑞木、偃伏梾木等,为延长观赏期,一般冬季不剪,在早春萌芽前重剪,以后轻剪,使其萌发多数枝叶,并逐步疏除老枝,不断进行更新,充分发挥观赏效果。

2. 观形类灌木整形修剪技艺

属于这类花木的有垂枝桃、垂枝梅、垂枝榆、龙爪槐、合欢、鸡爪槭等。其既可观优美、飘逸的树形,也可观花。修剪手法因树种而异,如垂枝桃、垂枝梅、龙爪槐可短截,修剪时剪口留上芽或侧芽;合欢、鸡爪槭等成形后只进行常规修剪,修剪手法为放。

观形树龙爪槐的整形修剪技艺:修剪时期为休眠期和生长期,一年一次。生长期整形修剪在生长旺盛期进行,将当年生的下垂枝短截2/3或3/4,促使剪口发出更多的枝条,扩大树冠。短截的剪口留芽必须注意留上芽或侧芽,因为上芽萌发出的枝条可呈抛物线形向外扩展生长。

休眠期整形修剪时,首先要调整树冠,用绳子或铅丝改变枝条的生长方向,将邻近的密枝拉到缺枝处固定,使整个树冠枝条分布均匀。剪除病死枝、内膛弱枝、过密枝,再根据枝条的强弱将留下的枝条在弯曲最高点处留上芽短截。一般粗壮枝留长些,细弱枝留短些。

3. 观叶类灌木整形修剪技艺

属于观叶类的灌木有观早春叶的,如山麻秆等;有观秋叶的,如银杏、元宝枫、茶条槭等;还有全年叶色为紫色或红色的,如紫叶李、红叶小檗等。其中有些种类不但叶色奇特,花也很具观赏价值。对既观花又观叶的种类,往往按早春开花的种类修剪;其他观叶类一般只作常规修剪。对观叶类要特别注意做好保护叶片工作,防止温度骤变、肥水过大或病虫害而影响叶片的寿命及观赏价值。

(二)花灌木花芽着生部位与整形修剪

不同花灌木花芽着生部位与整形修剪见表3-1。

表3-1　不同花灌木花芽着生部位与修剪时期和修剪部位

花芽着生部位	树种	修剪时期	修剪部位
二年生枝	连翘、榆叶梅、碧桃、迎春、牡丹等	秋季落叶后至早春萌芽前。冬季寒冷或春季干旱的地区,修剪应推迟至早春气温回升、芽即将萌动时进行	连翘、榆叶梅、碧桃、迎春等可在开花枝条基部留2~4个饱满芽进行短截。牡丹则只将残花剪除即可

续表 3-1

花芽着生部位	树种	修剪时期	修剪部位
当年新梢	紫薇、木槿、珍珠梅等	休眠期	将二年生枝基部留 2～3 个饱满芽重剪，可使花枝少但花朵大；花后将残花及其下的 2～3 个芽剪掉，可以二次开花
多年生枝	紫荆、贴梗海棠等	休眠期、生长期	早春剪除枝条先端干枯部分，在生长季节对当年生枝条进行摘心，使营养集中在多年生枝干上，促进开花
开花短枝	西府海棠等	生长期	剪除残花，适当摘心，抑制旺枝生长，疏剪过多的直立枝、徒长枝
当年生枝	月季等	休眠期和生长期	休眠期对当年生枝条进行短剪或回缩强枝，同时剪除交叉枝、病虫枝、并生枝、弱枝及内膛过密枝。生长季在花后于新梢饱满芽处短剪，一般在花梗下方第 2～3 芽处。剪口芽很快萌发抽梢，形成花蕾开花，花谢后再次重复修剪

任务五　藤本类植物的整形修剪技艺

一、教学目标

(1)了解藤本植物的生长规律。

(2)掌握藤本植物的整形修剪规律和方法。

(3)能根据当地藤本植物生长状况、生长习性，进行正确的整形修剪。

二、任务提出

在某城市的公园中，有一棚架上栽植了葡萄，在办公室的外墙面上布满了五叶地锦，并且在一些灯柱上缠绕了一些牵牛花等，这些植物有的已经生长多年，有的藤蔓下垂、密度过大等，制订计划对公园内的所有藤本植物进行整形和修剪，以更好地发挥其观赏和遮阴效果。

三、任务分析

藤本类植物的整形修剪的目的是尽快让其布架占棚，使蔓条均匀分布，不重叠、不空缺。利用藤本植物的特性进行园区的垂直绿化，提高绿化质量，改善和保护环境，创造景观、生态、经济三相宜的园林绿化效果。要了解藤本植物的分类,掌握其生态习性,正确地对不同类型藤本植物进行整形修剪。

四、相关知识

在垂直绿化中常用的藤本植物,有的用吸盘或卷须攀缘而上,有的垂挂覆地,用长的枝和蔓茎、美丽的枝叶和花朵组成景观。许多藤本植物除观叶外还可以观花,有的藤本植物还散发芳香,有些藤本植物的根、茎、叶、花、果实等还可以提供药材、香料等。

(一)藤本植物的概念及分类

藤本植物是指植物体细长,不能直立,只能依附别的植物或支持物,缠绕或攀缘向上生长的植物。

1. 依据植物茎的质地不同

(1)木本藤本:如葡萄、紫藤等。

(2)草本藤本:如牵牛花等。

2. 依据其攀援方式不同

(1)缠绕藤本:依靠自己的主茎或叶轴缠绕他物向上生长的一类藤本,如金银花、南蛇藤、牵牛花等。

(2)吸附藤本:依靠茎上的不定根或吸盘吸附他物攀缘生长的一类藤本,如常春藤等。

(3)卷须藤本:由枝叶、托叶的先端变态特化而成的卷须攀缘生长的藤本,如葡萄、五叶地锦等。

(4)钩刺类藤本:利用枝蔓体表向下弯曲的镰刀状逆刺(枝刺或皮刺),勾附他物向上攀缘的藤本,如藤本月季、悬钩子等。

(5)蔓生类藤本:不具有缠绕特性,无卷须、吸盘、吸附根等器官,但茎长而细软,披散下垂的藤本,如枸杞等。

(二)藤本植物的整形修剪时期

根据藤本植物的生长习性和园林绿化的需要,在休眠期和生长期进行整形修剪。整形修剪的方法为摘心、抹芽、疏枝及短截。

在生长期内摘心、抹芽,促使侧枝大量萌发,从而达到迅速绿化的效果。在花后及时剪除残花,减少营养物质的消耗。休眠期剪除病虫枝、干枯枝,疏除过密枝。衰老藤本植物,应适当回缩,更新促壮。

五、任务实施

(一)棚架式藤本园林植物的整形修剪技艺

整形时在近地面处先重剪,促使发生数条强壮主蔓,再垂直引主蔓于棚架上,最后把主蔓上发生的侧蔓均匀分布于棚顶,就能很快形成荫棚。隔数年疏剪病虫枝、老弱枝和过密枝。对不耐当地寒冷的藤本植物,需将藤蔓下架埋土防寒的,要将植物修剪清理后,捆扎好埋于土壤中。对结合花果生产的藤本植物,应充分利用向阳垂直面,采用长枝、中枝、短枝修剪,增加开花结果面积。

(二)附壁式藤本植物整形修剪技艺

一般将藤蔓引于墙面,如爬山虎、凌霄、扶芳藤、常春藤等。为防止基部过早光秃,应先重剪促发侧蔓,能自行依靠吸盘或吸附根逐渐布满墙面,或用支架、铁丝网牵引附壁的,只需对过于光滑的吸附面作变糙处理即可,蔓一般不剪,除非影响门、窗采光。

(三)缠柱式藤本植物整形修剪技艺

各种缠绕类垂直绿化植物要求有一定的适合缠绕的柱形物,并保护和培养主蔓,使其自行缠绕攀缘。对不能自缠过粗的柱状物植物,应人工用绳索将藤牵引绕于树上,直至适缠粗度的分枝处,令其自行缠绕。在两柱中间植双株缠绕类藤本植物,要在根际处钉桩,结链绳分别呈环状垂挂于两柱适合的等高处,诱引主蔓缠绕于绳链,形成连续花环般景观。对藤本月季类要重剪后促生侧蔓,防基部光秃,以后对主蔓长留,人工牵引绕柱逐年延伸,同时要均匀缚扎侧蔓或弯下引缚补缺。

六、评分标准

序号	考核项目	考核内容	考核标准	考核方法	得分
1	棚架式藤本植物整形修剪	重剪、引蔓的方法(50分)	正确选择修剪方法、剪口及剪口芽处理、剪下枝条的处理、会均匀布蔓	个人考核 小组考核	
2	附壁式藤本植物整形修剪	促侧蔓、引蔓的方法(50分)	正确选择修剪方法、剪口及剪口芽处理、剪下枝条的处理	个人考核 小组考核	

七、思考与练习

(1)说出你所在地区常用哪些藤本植物进行不同形式的垂直绿化。

(2)藤本植物有哪几种攀缘方式?

八、知识拓展

(一)凉廊式藤本植物整形修剪技艺

这类植物不宜过早引于廊顶,否则易形成侧面空虚。采取连续重剪抑制主蔓促进侧蔓的修剪手法,均匀缚侧蔓于垂直格架上。如果是吸附类藤本植物,要用砖等砌花墙,提供藤本植物吸附所需的一定平面,并隔一定距离开设漏窗,防止过于郁暗,为防止基部光秃,在藤本植物栽植时及栽植初期采取重剪的手法。

(二)篱垣式藤本植物整形修剪技艺

对于卷须类及缠绕类植物采取短截促发主蔓。将枝蔓水平诱引至架上,每年对侧枝进行短剪。侧蔓可以为一层或多层,即将第一层侧蔓水平引缚后,主蔓继续向上,形成第二层水平侧蔓,以此类推形成多层,达到篱垣设计的高度。

修剪时,要剪除互相缠绕的枝条,使枝条均匀分布在篱架上,形成整齐的篱垣形式。

如葡萄、金银花等常采用这种方式。对藤本月季、叶子花等蔓生性的藤本，栽于篱笆、栅栏边，采取短截萌枝后由人工编别于篱栅上。

（三）格架式藤本植物整形修剪技艺

除有较粗的框架外，其内用较细的钢筋、粗铅丝或细竹木等条材组成方格，有利于卷络。采用重剪的手法，培养侧蔓，经缚扎，使其均匀布满架面。

（四）悬垂式藤本植物整形修剪技艺

自身不能缠绕又无特化的攀缘器官的蔓生植物，在垂直绿化中主要利用其悬垂性。一般栽于屋顶、墙顶或盆栽于阳台等处，使其藤蔓悬垂而下，修剪时顺其自然生长，只作一般整形修剪。用于室内吊挂的盆栽藤本植物，应通过整形修剪达到蔓条均匀分布于盆的四周，下垂蔓有长有短，错落有致。将衰老枝选适合的带头枝进行回缩修剪。

任务六　特殊造型植物整形修剪技艺

一、教学目标

（1）掌握造型植物的选择条件。

（2）掌握树木造型分类及特点。

（3）会进行独干植物球形造型和层状独干造型的整形修剪。

（4）会进行动物造型整形修剪。

二、任务提出

在园林绿化中恰当地应用造型树木，可收到良好的艺术效果，提高园林植物的观赏价值，丰富园林景观。根据树木的生长习性，对一小区内的树木进行球形独干造型和层状独干造型的修剪。

三、任务分析

为了修剪出形象逼真、生动的树木造型，就要首先了解树木造型的种类、树冠造型的技艺，再按设计要求对欲造型树木进行造型修剪。

四、相关知识

用各种侧枝茂盛、枝条柔软、叶片细小且极耐修剪的植物，采用扭曲、修剪、盘扎等措施，将园林树木培育成预期优美形状的技艺称为造型。如修剪成亭台、牌楼、鸟兽等各种主体造型，以点缀和丰富园景。经过造型的树木为造型树。

（一）树木造型分类

1. 几何造型

将树木修剪成圆球形（见图 3-31）、伞形、方形、螺旋体、圆锥体等规整的几何形体。用于规则式园林，给人以整齐的感觉。适于这类造型的树木要求枝叶茂密、萌芽力强、耐修剪或易于编扎，如圆柏、红豆杉、黄杨、枳、五角枫、紫薇、水蜡等。

图 3-31 圆球形

2. 篱垣造型

通过修剪或编扎等手段使列植的树木形成高矮、形状不同的篱垣，如绿篱、树墙，常植于建筑、草坪、喷泉、雕塑等的周围，起分隔景区或背景的作用。

3. 建筑物造型

建筑物造型主要以园林建筑小品或生活中常用实物为雏形，通过植物镶嵌或修剪整形和部分辅助材料的巧妙组合，构成一个园林绿色小品。如亭、台、楼、沙发、桌凳、自行车、汽车等造型。

4. 人物造型

人物造型一般取材于一定的文化艺术传说，使景观从欣赏植物的形态美升华到意境美，含意隽永，达到“天人合一”的境界。

5. 动物造型

常用动物造型的雏形一般源于十二生肖、国家重点保护动物“国宝”熊猫、象征吉祥如意的大象、任劳任怨的骆驼以及聪明可爱的海豚等（见图 3-32）。

图 3-32 动物造型

6. 桩景造型

桩景造型是应用缩微手法，典型再现古木奇树神韵的园林艺术品。多用于露地园林重要景点或花台，大型树桩盆景即属此类（见图 3-33）。适于这类造型的树种要求树干低矮、苍劲拙朴，如银杏、罗汉松、金柑、石榴、梅、贴梗海棠等。

（二）造型树木选择的条件

（1）主干的选择：有明显的主干或通过修剪能获得明显的主干。

（2）树冠的选择：萌芽力和成枝力强，耐修剪，叶小而密。生长速度慢或中等。

（3）树干的选择：要符合造型的要求，在苗圃中培育。

图 3-33　桩景造型

五、任务实施

（一）球形独干树整形修剪技艺

独干树造型是通过修剪形成的，是将植株定干下部枝条全部剪除，有时为了形成更好的观赏效果，可对树冠进行修剪，将树冠修剪成各种各样的造型。可以进行独干造型的植物要求有较明显的主干，并且植株的枝叶繁茂，耐修剪，能在定干部位形成较多的分枝点，以形成饱满的树冠。有些独干树造型可由小乔木修剪形成，在预期的高度处将顶枝截断，把预期树冠下部枝条剪除，初期对树冠的枝条短截促使其萌发新枝，当达到一定的密实度后即可修剪，再经过多次整形、修剪达到设计的效果。用灌木也可做独干树造型，从苗期就开始培养主干，选一通直枝条做主干，每年将从根部发出的枝条剪除，当选定的主干达到预期高度后，再按小乔木的修剪方法进行造型。球形独干树整形修剪技艺如下：

（1）修剪时要保证球形的均衡，先按要求的冠径沿圆周方向剪出一条水平带（腰线），要保持水平。

（2）从树冠顶部剪出一条中心带（垂线），要保持经圆球形的中心点，上下垂直。冠径/树高＝1/3。

（3）以这两条带（线）为引导修剪树冠的其他部位，要保证弧形圆滑、线条流畅、球体均衡。

（二）几何造型树整形修剪技艺

通过多次修剪，慢慢形成规则的几何形状，简单的几何造型在园林植物造型中最常见，通常有球形、半球形、塔形、锥形、柱形等，一般对乔灌木类植物材料进行简单修剪就可以达到目的。稍复杂的几何造型需要进行前期的轻度修剪，刺激植物生长，使枝叶更加密实，以便达到规则形状，有时为了造型的需要也借助尺子、金属丝等工具。复杂造型的树冠要通过多次修剪或结合绑扎才能形成。

修剪时期一般选在春秋季节较为适宜，此时，植物枝杈多叶，枝条密度大，易弯曲。对于粗和弯曲度大的枝干，则要加辅助物件弯曲固定。

(三)层状独干造型树整形修剪技艺

图 3-34　层状独干造型

层状造型常由一系列的圆盘组成。必须有一个强壮、挺直的主干支撑,自下而上,圆盘的厚度和直径逐渐变小或上下大小一致(见图 3-34)。层状独干造型树整形技艺如下:

(1)将各圆盘之间树冠上的枝叶全部剪掉,以便露出一段树干。

(2)形成圆盘的枝叶由树干下方的侧枝所支撑,在最终确定某一枝条是否需要疏除之前,要顺主干察看该枝条顶端伸展的位置,如能被用到层面上,最好不要剪掉。

(3)固定形成水平圆盘造型时要用绳子,要定期检查,不能束缚枝生长。

(4)要保证树干位于修剪的每层圆盘中心。

六、评分标准

序号	考核项目	考核内容	考核标准	考核方法	得分
1	球形独干树整形修剪	修剪工具的使用、球形独干树造型修剪(70分)	正确使用修剪整形工具,根据树形正确确定球形半径,球形修剪均衡、圆滑	个人考核 小组考核	
2	自选一种造型的整形修剪	修剪手法、造型技艺(30分)	正确选择修剪方法、造型合理、修剪后线条流畅	个人考核 小组考核	

七、思考与练习

(1)树木造型的分类有哪几种?

(2)适合做造型的树种的条件有哪些?

(3)自己制订一个方案,在校园内进行特殊树木造型修剪。

八、知识拓展

成丛栽植造型树木的整形修剪技艺

1. 几何造型

对成丛栽植的树木进行几何造型修剪时,其修剪方式与独干几何形修剪方式一致。

2. 动物造型或其他复杂造型

越复杂的造型创作的难度就越大,应用乔灌木类植物时通常需要进行多年的栽培、修剪、绑扎等,对修剪和维护的要求也更高。

在植物雕塑中通常使用嫁接的办法来缩短对树冠的培养时间,此方法有很多优势,如嫁接用的砧木通常选择抗性强的树种,这样可以增强造型树的抗性;将不同花色的植株嫁接到同一株植物上,可以产生一株植物不同花色的效果,大大增加了造型植物的观赏性。

植物的特殊造型也是植物修剪整形的一种形式,常见的造型有动物形状和其他物体形状。要进行植物的特殊造型,须选择适宜的植物。这类植物必须枝繁叶茂、叶片细小、萌芽力和成枝力强、自然整枝能力差,枝干易变形。符合这些条件的植物有罗汉松、圆柏、黄杨、福建茶、六月雪、水蜡、女贞、榆树、珊瑚树等。

对植物进行特殊的造型,在技术上要求较高。首先必须具有一定的雕塑知识,能较好地把握造型对象各部分的结构比例;其次花费的时间要长,要从基部开始做起,循序渐进,切忌急于求成。另外,对体量大的造型,还须在内膛架设金属骨架,以增加支撑力。最后对修剪方法灵活运用,常用的方法有截、放、变等。

任务七　成片树木的整形修剪技艺

一、教学目标

(1)掌握成片栽植树木的整形修剪方法。

(2)会对不同立地条件下的成片栽植的树木进行整形修剪。

二、任务提出

在学院的植物园内有一片山杏林和红松林,为了维持其良好的冠形,使其开花繁茂并具有较强的观赏效果,要对其进行常规的整形修剪。

三、任务分析

对这种成片栽植的树木,其整形修剪比较粗放,通常只需进行常规性的修剪即可,在修剪中要了解树木的干性和冠形特点,采取相应的措施,以达到观花和观形的目的。

四、相关知识

(一)树木枝的特性

1. 干性

树木中心干的强弱和维持时期的长短,称为干性。顶端优势明显的树种,中心干强而持久。凡中心干坚硬,能长期处于优势生长的树种,其干性强,如银杏、松类、杉类、苹果、梨等树种干性强,石榴、桃、柑橘等树种则干性弱。

2. 层性

顶端优势和不同部位芽的质量存在差异,使强壮的一年生枝的着生部位比较集中,这种现象在植物的幼年期历年重现,称为层性。

层性是顶端优势和芽的异质性共同作用的结果。一般顶端优势强而成枝力弱的树种层性明显。有些树种如油松的层性在一开始就很明显;有些树种则随树龄增大、弱枝衰亡,层性逐渐明显,如苹果、梨等。具有层性的树冠,其通风透光好。但层性又随中心干的生长优势和保持的时间而变化。树木进入壮年后,中心干的优势减弱或失去优势,层性也随之消失。

树种不同,其层性和干性也不同,裸子植物中的银杏、一些松类及核桃、杉木、山核桃、枇杷等层性最为明显,而像银杏、松、杉类的干性与层性很强,柑橘、桃等树种其顶端优势弱,因此层性和干性都不明显。

(二)中央领导干

中央领导干是主干的延伸部分。直干性树种中央领导干明显,如水杉、松类等。通常把主干和中央领导干称为树干。直干性弱的树种,中央领导干不明显或无中央领导干,如梅、桃等。

五、任务实施

成片栽植树木的整形修剪,主要是维持树木良好的干性和冠形,解决通风透光条件,因此修剪比较粗放。对于有主干领导枝的树种要尽量保持中央领导干。当出现双干时,只选留一个,剪除另一个树干。如果中央领导枝已枯死,应该在中央选一强的侧生嫩枝,扶直培养成新的领导枝,并适时修剪主干下部侧生枝,使枝条能均匀分布在合适的分枝点上。对于一些主干短,但树已长大,不能再培养成独干的树木,也可以把分生的主枝当成主干培养,呈多干式。

对于松柏类树木的修剪整形,一般采用自然式的整形,在大面积人工林中,常进行人工打枝,即将处在树冠下方生长衰弱的侧枝剪除。但打枝多少,必须根据栽培目的及对树木生长的影响而定。

六、评分标准

序号	考核项目	考核内容	考核标准	考核方法	得分
1	成片花灌木的整形修剪	树木干性和冠形的维持性修剪(70分)	正确制订整形修剪方案,对不同干性和层性树种采取正确的修剪方法	个人考核 小组考核	
2	成片常绿树种的整形修剪	对通风透光差的树种进行修剪(30分)	保持中央领导干、维持树形的修剪	个人考核 小组考核	

七、思考与练习

(1)你所在城市的公园或植物园中的树木,层性强的树种有哪些?干性强的树种有哪些?在园林上是如何应用的?

(2)成片树木整形修剪与其他树木的整形修剪有哪些不同?

八、知识拓展

(一)园林树木整形修剪工作月历

以哈尔滨、北京、广州为例说明园林树木整形修剪工作月历的制定,见表3-2。

表 3-2　哈尔滨、北京、广州地区园林树木整形修剪工作月历

时间	哈尔滨	北京	广州
1 月		疏除枯死枝、病虫枝、伤残枝及干扰枝。对有伤流和剪口易受冻抽干的树种推迟到萌芽前进行	疏除枯死枝、病虫枝、伤残枝及干扰枝
2 月	冬季修剪	继续修剪，月底结束	继续修剪
3 月	继续冬季修剪		疏除树冠过密枝条，对整形式修剪植物开始修剪
4 月		剪除冬季枯枝，开始绿篱植物的修剪	修剪绿篱、枯残枝和残花，疏除过密枝
5 月	新植树和更新树开始抹芽	修剪残花，新植树剥芽除蘖	修剪绿篱和花后植物修剪
6 月	疏除枯死枝、病虫枝、伤残枝及干扰枝	对行道树重点疏除与架空线有矛盾的枝条	园林树木整形修剪，及时疏剪过密枝
7 月	部分树木造型修剪	修剪树木，稀疏树冠以防风	加强绿篱等植物的整形修剪，剪除易风折的枝条
8 月	开始绿篱的修剪	加强花木类的整形修剪，对绿篱植物造形修剪	花后植物修剪，对受台风影响的树木修剪扶正
9 月	树木修剪，疏除枯死枝、病虫枝	迎国庆，全面整形修剪	整形修剪，维护树形
10 月			
11 月			冬季修剪
12 月		冬季修剪	冬季修剪

(二)园林树木的色彩

园林植物能绿化、美化、净化环境，具有一定的观赏价值、生态价值和经济价值，它适用于美化人的生活环境、丰富人们的精神生活和维护生态平衡。而园林植物的可观赏性，正是因为园林树木的花、果、叶、枝、皮等有五颜六色的色彩。在园林上，树叶的色彩是主要的，可以产生大面积的景观效果。

1. 叶色

(1)绿色叶类：大多数植物的叶片都是绿色的，少数的植物具有其他颜色。绿色叶根据其深浅不同又可分为深绿色、浅绿色、黄绿色、蓝绿色、红绿色及灰绿色。把不同绿色的园林树木成行或成片有规则地配置也能形成一道美丽的景色。

(2)春色叶类：有些树木春季长出的新叶是不同于绿色的其他颜色，如臭椿、红叶石楠、檫木等；有的树木在生长季节长出的叶都有不同于正常叶片绿色的颜色，如铁力木、金叶梓树等。

(3)秋色叶类:一些园林植物秋天时叶片颜色发生变化,既不是绿色也不是正常落叶的褐色。如五叶地锦、五角枫、茶条槭、火炬树、南天竹、山楂、白牛槭等秋季变成红色或紫色;银杏、白蜡、梧桐、悬铃木、金叶皂荚等变成黄色或黄褐色。

(4)常色叶类:树木叶片常年呈现绿色以外的颜色,如紫叶小檗、紫叶李、红枫、金叶国槐、紫叶加拿大荆、紫叶矮樱等。

(5)斑色叶类:一些树木叶片上有不同于绿色的斑点或斑纹,如金边黄杨、变色木、花叶榕、花叶复叶槭、银边黄杨、花叶连翘等。

(6)双面色类:叶片正面和背面的颜色不同,如银白杨、广玉兰、红背桂等。

2. 花色

园林造园时,树木的花是主要的观赏部位,也是园林造园时主要考虑的因素,开不同颜色花的树木配置在一起,形成百花齐放的园林景观。花的颜色可分为以下几类:

(1)红花类:包括粉色、粉红色、紫红色等,如石榴、榆叶梅、红王子锦带、红牡丹、西府海棠、红色紫薇、红丁香等。

(2)黄花类:黄刺玫、黄槐、松东锦鸡儿、小叶锦鸡儿、连翘、迎春、蜡梅、桂花、栾树等。

(3)白花类:李、梨、山楂、白丁香、珍珠绣线菊、山丁子、白花锦带等。

(4)蓝紫花类:如紫藤、紫丁香、木槿、泡桐等。

有的树种随开花时间不同,花的颜色发生变化,如金银木始花为白色,快凋谢时变为黄色;木绣球初花为翠绿色,盛花时为白色,后期则变为蓝紫色;变色月季初花为硫黄色,随之依次变为橙色、红色、暗红色。

3. 枝干色

当落叶树种休眠期落叶后,在颜色比较单调的北方,有色的枝干就成了园林观赏的部位,枝干的颜色可以分为下面几种:

(1)红色或褐色类:如红瑞木、马尾松、红冠柳、杉木、山桃等。

(2)黄色类:如金枝槐、金枝柳等。

(3)绿色类:如梧桐、竹类、绿瑞木等。

(4)白色类:如白桦、白皮松、白千层、悬铃木等。

(5)紫色类:如紫竹等。

4. 果色

园林树木果实颜色的观赏性与观叶类一样,占有重要的观赏地位。

(1)红果类:如金银忍冬、紫叶小檗、枸杞、佛头花、山楂、花楸、樱桃、石榴、平枝栒子等。

(2)黑果类:如水蜡、山桃稠李、刺五加、五叶地锦、小叶女贞、君迁子、小蜡、金银花、黑果栒子、常春藤、黑果忍冬等。

(3)黄果类:如杏、佛手、沙棘、木瓜、橘子、柠檬、代代等。

(4)紫果类:如紫葡萄、紫叶李、李子、蓝靛果、忍冬等。

(5)白果类:如红瑞木、雪果等。

项目四　园林植物养护管理

任务一　园林植物生长调查

一、教学目标

(1)了解园林植物的结构与功能、各器官的生长发育规律、各器官之间的关系。

(2)掌握园林植物的个体生长发育规律。

(3)能根据植物的生命周期和年生长发育周期调查树木的生长发育。

(4)会进行园林植物根系、枝、花、果实的生长调查。

(5)会根据植物不同生长发育规律,采取相应的技术措施,使树木能长期健壮地生长,充分发挥园林植物的综合作用。

二、任务提出

在我国北方某城市,在江南新区进行了大面积绿化和原有植物的养护,要对其栽植的所有绿化植物进行生长调查。

三、任务分析

在进行园林植物生长调查时,首先要了解植物的生长发育规律、生命周期及植物的不同时期生长发育规律,才能准确地在不同时期、不同发育阶段对树木进行正确的栽培与养护。

四、相关知识

生长和发育是生物所特有的现象。园林树木通过细胞的分裂、扩大和分化,使其重量和体积不可逆地增加称为生长。在园林植物生长过程中,通过细胞、组织和器官的分化,植物体结构和功能从简单到复杂的变化过程称为发育。植物的生长和发育是紧密联系的,体现于植物整个生命活动过程中,其不仅受遗传基因的支配控制,同时还受环境条件的影响。

(一)园林植物的生命周期

由种子繁殖的园林植物,其个体发育的变化过程是从卵细胞受精产生合子开始,发育成胚胎,形成种子,萌发成幼苗、长大、开花、结实,直至衰老死亡的全过程,即是园林植物的生命周期。营养繁殖的园林植物的生命周期是指从繁殖开始直至个体生命结束的全过程。总之,园林植物的生命周期是指从生命开始到生命结束的生活史。植物在生命过程中,始终存在着地上部分与地下部分、生长与发育、衰老与更新、整体与局部等的矛盾。

对园林植物的栽培与养护就要根据园林植物的生命周期的节律性变化规律及其与外界环境的关系，发现矛盾，采取相应的栽培养护措施，调节和控制园林植物的生长发育，使其健壮生长，充分发挥其园林绿化、美化功能和其他效应。

1. 木本园林植物的生命周期

1）胚胎期

胚胎期从卵细胞受精形成合子开始到胚具有发芽能力时止。胚胎期主要是促进种子的形成、安全贮藏和在适宜的环境条件下播种并使其顺利发芽；而有的种子成熟后给予发芽条件还不能立即发芽，而必须经过一段时间的休眠后才能发芽。

2）幼年期

幼年期从种子萌发到植株第一次开花止。幼年期是植物地上、地下部分进行旺盛的离心生长的时期。植株在高度、冠幅、根系长度、根幅等方面生长很快，根系扩展比树冠快，光合作用与吸收面积迅速扩大，同化产物积累逐渐增多，为营养生长转向生殖生长创造了条件，做好了第一次开花的准备。幼年期的特点是可塑性大，对外界环境条件有较强的适应能力，易接受外界环境对其的影响，是定向培育的有利时期。幼年期长短因树种、品种、环境条件和栽培技术而不同。如月季为1年，桃、李、杏为3~5年，云冷杉及银杏等为20~40年，红松为60年以上，即速生树种幼年期短，而慢生树种幼年期长。

栽培措施：①加强土壤管理，充分供应水肥，促进营养器官均衡而健康地生长；②培育良好的树体结构，轻修剪，多留枝条，使树木根深叶茂；③对观花、观果树木，要促进其生殖生长，控制顶芽，促进侧芽萌发和侧枝生长，促进花芽形成，为提早开花做准备；④在苗木休眠期加强树体管理，使树木能安全越冬，如浇防冻水、树干缠干等。

3）青年期

青年期从植株第一次开花到大量开花前，花果性状逐渐稳定为止。此期的特点是树冠和根系迅速扩大，是离心生长最快的时期，能达到或接近最大营养面积，是生长占优势向生长与发育趋于平衡的过渡时期，这个时期的长短取决于养护管理程度。开始开花结实，且数量逐年上升，但花、果的数量少且质量差。

栽培措施：①以观花、观果为目的的，为了促进其迅速进入壮年期，要采取轻修剪，以促进树体结构尽快建成，使树冠尽早达到预定的最大营养面积，同时缓和树势，促进花芽的形成，培养骨干枝和丰满优美的树形，为壮年期的大量开花打下基础；②要合理施肥，加强土壤和水分的管理，对生长过旺的植物要少施氮肥，多施磷钾肥，适当控制水分，以缓和营养生长；③对于生长势弱的植物，适当增加肥水管理，促进植物体的生长。

4）壮年期

壮年期从植株大量开花结实开始，到结实量大幅下降为止，是观花、观果植物一生中最具观赏价值的时期。此期的特点是根系和树冠达到最大，树冠分枝数量增多，花芽发育完全，开花结果部位扩大，数量增多，是树冠及开花结果的稳定时期，并且叶片、芽及花等的形态表现出定型的特征，开花结果趋于平衡；但由于开花结果数量增多，营养物质消耗加大，易出现开花结果的大小年现象，加强管理可减少或消除此现象。同时根系和枝条的生长受到抑制。此期的后期，骨干枝离心生长停止，树冠顶部和主枝先端出现枯梢，地下部分的须根大量死亡，树冠内部发生少量生长旺盛的更新枝，开始出现向心更新。

栽培措施：最大限度地延长植物的壮年期，使其长期地发挥观赏作用。一要提供充足的肥水，要早施基肥，分期追肥，施肥量随开花结果量逐年增加；二要合理整形修剪，使生长、结果及花芽分化达到稳定平衡状态；三要在大年时适当疏除多余的花果，并将病虫枝、老弱枝、重叠枝、下垂枝、干枯枝疏剪掉，改善树冠通风透光条件，对生长势衰弱的树木，可适当重剪、回缩更新，加强土壤管理，加大肥水供应，保证树体健壮，防止树体早衰，延长壮年期。

5）衰老期

树冠逐渐缩小，开花结实量逐渐下降，树势下降直至死亡。此期的特点是根系和叶片的吸收及合成能力下降，且开花和结果消耗了大量营养物质，致使植物体内贮藏的营养物质越来越少，骨干枝、骨干根大量死亡，营养枝和结果母枝越来越少，枝条纤细且生长量很小，树体生长严重失衡，树冠更新复壮能力减弱，抗逆性显著降低，木质腐朽，树皮剥落，树体衰老，对外界不良环境抵抗能力降低，直至最后死亡。

栽培措施：一是花灌木要促其萌芽更新，或砍伐重新栽植；二是对古树名木要采取更新复壮技术，尽可能延续其生命周期。

2. 草本植物的生命周期

1）一、二年生草本植物的生命周期

一、二年生草本植物的生命周期为 1~2 年，一生经过胚胎期、幼苗期、成熟期、衰老期。

（1）胚胎期：从卵细胞受精发育成合子起至种子发芽止。

（2）幼苗期：从种子发芽起至第一次开花止。一般经历 2~4 个月，二年生草本花卉多数要经过冬季低温，在第二年春天才能进入开花期。

栽培措施：此期加强土肥水管理，使植株尽快达到一定的高度和株形，为开花打下良好基础。

（3）成熟期：从植株大量开花起至开花减少止。此期植株大量开花，花色、花形是其固有的最稳定、最有代表性的时期，是观赏盛期，一般持续 1~3 个月。

栽培措施：为提高观赏效果，延长观赏期，要加强水肥管理，同时对枝条进行摘心、扭梢，使其萌发更多的侧枝并开花。

（4）衰老期：从开花大量减少，种子逐渐成熟起至植株枯萎死亡，是种子收获期。此期应及时采收种子，以免种子散落。

2）多年生草本植物的生命周期

多年生草本植物各生长发育阶段与木本园林植物相似，比木本园林植物相对短些，也经历幼年期、青年期、衰老期。

（二）园林植物的年生长发育周期

1. 树木的物候期

树木的年周期是指树木自春季休眠芽开始萌发，经过夏秋生长，冬季再以休眠芽过冬，到第二年春天休眠芽萌发前的时间。树木的年生长周期，是树木每年都有与外界环境相适应的形态和生理机能的变化，并呈现一定生长发育的规律性。树木在一年中，随着气候的季节性变化而发生萌芽、抽枝、展叶、开花、结实及落叶、休眠等规律性变化的现象，称为生物气候学时期,简称物候期。树木的器官形态随季节变化而发生相应的变化,通过研究树木的生长发育主要是研究树木的物候期,通过观测物候期,了解树木生理机能与形态发生的节律性变化及其与自然季节变化之间的规律。进行树木物候期的观测,对园林设计、园林树木的栽植与养护具有非常重要的意义。

2. 落叶树木的年周期

温带地区的一年中有明显的四季变化,其中落叶树种在不同的物候期季相变化最为明显。一年中有两个最明显的物候特征期,一是生长期,即从春季开始进入萌芽生长后至秋季落叶前的时期。在整个生长期中树木都是处于生长阶段,表现为营养生长和生殖生长两个方面;二是休眠期,即树木在冬季到来时,为了适应低温和度过不利于树木生存的环境条件,树木处于休眠状态。同时在生长期与休眠期之间又各自有一个过渡期,即从生长转入休眠的落叶期和从休眠转入生长的萌芽期,其经历的时间很短,但对植物的影响很大,当外界环境条件发生较大变化时,一些树木的抗寒性、抗旱性等常会出现与环境不相适应的状况,从而发生各种危害。

1)萌芽期(休眠转入生长期)

萌芽期从日平均气温稳定在 3 ℃以上,芽开始萌动膨大、芽的开放到叶的展出为止。树木休眠的解除,通常以芽的萌发、芽鳞片的开绽作为树木解除休眠的形态标志,而生理活动则更早。树木由休眠转入生长,要求有适宜的温度、水分和营养物质。

2)生长期

生长期从树木萌芽生长到秋季落叶止,这一时期包括整个生长季,是树木年生长周期中时间最长的时期,也是树木物候变化最大、最多的时期。此期树木随季节变化和气温升高,会发生一系列极为明显的生命活动现象。如萌芽、抽枝、展叶、花芽的分化与形成、开花结实等过程,并形成许多器官,如叶芽、花芽等。生产中常以树木的萌芽作为树木开始生长的标志。

不同树种在生长期中,按其固定的物候期顺序进行着一系列的生命活动。树种不同物候顺序不同,同一树种各器官生长发育的顺序也有所不同。主要有地上部与地下部活动先后的顺序、展叶与开花的顺序、花芽分化与新梢生长的顺序、果实发育与新梢生长的关系等,如有的树种是先开花后放叶,有的树种先放叶、抽枝,后形成花芽并开花。

3)落叶期(生长转入休眠期)

落叶期从叶柄开始形成离层,至叶片落尽或完全失绿为止。秋季枝条成熟后的叶片自然脱落是落叶树木进入休眠的重要标志。说明树木已做好了越冬的准备。在新梢开始自下而上加粗生长时,就开始逐渐木质化,并开始贮藏营养物质。新梢停止生长后,其积累过程继续加强,同时有利于花芽分化和枝干的加粗。当树木的果实成熟后,其养分的积累更加突出,会一直持续到落叶前。秋季气温降低、日照变短是导致树木落叶而进入休眠的主要因素。在树木进入落叶期后,顶芽形成,高生长结束,依靠在生长期形成的大量叶片,在秋季适宜的温度、湿度、光照条件下,进行旺盛的光合作用,使枝条木质化,并将养分向贮藏器官或根部转移,进行养分的积累和贮藏。树木体内的水分逐渐减少,细胞液浓度提高,增强了树木的越冬能力,为其休眠和下一年的生长创造条件。

4)休眠期

休眠期指秋季树木正常落叶至翌春树液流动,芽开始膨大时为止的时期。它是树木进化中为适应不良的环境,如低温、高温、干旱等所表现出来的一种特性。正常的休眠有冬季、夏季和旱季的休眠,树木夏季休眠一般只是某些器官的活动被迫休止,并不是表现出落叶;温带、亚热带的落叶树休眠,主要是对冬季低温所形成的适应性。所以,休眠是相对生长期而言的一个概念,即休眠是相对的。根据休眠期的生态表现和生理活动特性,可以分为自然休眠和被迫休眠。

(1)自然休眠:也叫深休眠或熟休眠,是由树木生理过程所引起的或由树木遗传性所决定的。落叶树进入自然休眠后,要在一定的低温条件下经过一段时间后才能结束。在未通过自然休眠时,即使给予树木以适合生长的外界条件,也不能萌芽生长。

(2)被迫休眠:落叶树在通过自然休眠后,因外界条件不适宜,使芽不能萌发而呈休眠状态,一旦条件合适,就会开始生长。

(三)树木根系的生长

1.根系在土壤中的分布

各类根系在土壤中生长分布的方向不同,有的水平生长、有的垂直生长,根据根系在土壤中生长的方向分为水平根和垂直根。

1)水平根

水平根多数是沿着土壤表层平行方向生长。在土壤中分布深度和范围依地区、土壤、树种、繁殖方式、砧木等不同而变化。如红皮云杉、落羽杉、刺槐、梅花、桃花、连翘、榆叶梅等水平根系分布较浅,在30~40 cm土层内,属于浅根性树种;油松、核桃、银杏、苹果、梨、樟树及栎树等水平根系分布较深,属于深根性树种。水平根的横向分布,从定植的第二年起即超出树冠范围,甚至可以为树冠的2~3倍。

根系的水平分布范围受土壤质地、水分和养分管理的影响很大。生长在深厚肥沃的土壤中及经常进行土肥水管理的树木,水平根的分布区域较小,而分布区内的须根特别多;在干燥瘠薄的土壤中,分布区域较大,但须根稀少。

2)垂直根

垂直根是与土表呈垂直方向生长的根系。垂直根将树木固定在土壤中,从较深的土层中吸收水分、养分及微量元素。其分枝弱、寿命长,与水平根之间有过渡类型的根。垂直根的入土深度取决于土层厚度及理化特性。在疏松、通气良好、肥沃的土壤中,垂直根发育较强;在地下水位高或土壤下部有不透水层的情况下,则限制根系向下发展。如土壤下层有孔隙或孔道,树木根系甚至可深达10 m以上。其深浅因树木种类、砧木不同而有很大的变化,如银杏、核桃、油松等具有较强的垂直根;梅花、金银木、连翘等垂直根不发达。

不同树种根系在土壤中生长的深浅程度不同,根据根系在土壤中生长的深浅分为深根性根系和浅根性根系。

(1)深根性根系:其根系主根发达,深入土层,垂直向下生长,如马尾松一年生苗的主根长达20~30 cm,长大后可深达5 m以上。具有深根性根系的树种称为深根性树种。

(2)浅根性根系:根系的主根不发达,侧根或不定根向四面扩张,长度远远超过主根,根系大部分分布在土壤表层，如刺槐的根系一般分布在30~40 cm的土壤中，将具有浅根性根系的树种称为浅根性树种。

树木根系的深浅既由植物的遗传特性所决定，也受外界环境条件，特别是土壤条件的影响。如长期生长在河流两岸或低湿地区的树种，如柳树、枫杨等，因其在较浅的土壤中就能获得足够的水分，而形成浅根性根系的特性；对生长在干旱地区的马尾松和生长在沙漠地区的骆驼刺，为了生存要从土壤深层获得水分，则形成深根性根系的特性。同一树种生长条件不同，根系也会发生变化，如浅根性的柳树，生长在地下水位低、土质疏松、排水及通气良好的土壤中，也可以形成较深的根系；同样，深根系的马尾松生长在土壤瘠薄的荒山中，则根系分布较浅。

2.影响根系生长的因素

1）树体内的有机营养

根的生长、吸收、合成等都取决于地上部分供应的有机营养。发新根除与外界环境有关外，与地上部分供应的有机营养多少有密切关系，营养物质丰富，发出的新根就多，发根时间长，根系生长旺盛。如果开花、结果过多或叶片受到伤害时，会造成养分供应不足，导致根系会明显受到影响，此时即使给予其施肥、灌水，也很难改善根系的生长状况。应及时采取疏花、疏果措施，减少有机养分的消耗，或通过保叶改善叶的机能，会有明显的恢复和促进根系生长发育的作用。

2）土壤温度

树木根系的活动与土壤温度有密切关系，树种不同对土壤温度要求也不同。一般原产北方的树种对土温的要求较低，而南方树种要求土温较高，在冬季土壤温度过低，会导致根系生长缓慢与停止，但土温过高也会造成根系的灼伤与死亡。

3）土壤的含水量与通气状况

树木根系的生长与土壤的含水量及通气状况有密切关系。最适宜树木根系生长的土壤含水量是占土壤最大田间持水量的60%~80%。当土壤含水量低到某一限度时，即使温度和其他因子都适宜，也会使根系的生长受到破坏。当土壤干旱时，土壤溶液的浓度高，根系不能正常吸收水分而发生外渗现象，因此在施肥后一定要立即浇水，以利于根系的吸收。同时，根的木质化加速，自疏现象严重，且开始死亡。在根系正常生长范围内适度干旱，土壤通气性好，地上部的生长受抑制，对根系生长发育和花芽分化都有好处。

4）土壤肥力

树木根系总是向肥多的方向生长，当土壤肥沃或在施肥的条件下，则根系发达，细根多且密，生长活动时间长；反之，在瘠薄的土壤中，根系生长瘦弱，细根稀少，生长时间缩短。因此，施肥可以促进树木吸收根的生长，适当增施无机肥（如氮肥和磷肥），可以促进植物枝叶生长，从而也间接促进了根系的生长；但如果施用氮肥过量则会引起树木枝叶徒长而削弱了根系的生长；微量元素如硼、锰等对根系的生长发育都有良好的影响。另外，根系的生长还受土壤的厚度及质地的影响。

（四）树木的年生长量和生长势

树木每年以新梢的生长来不断扩大树冠，新梢生长包括加长生长和加粗生长。一年内枝条生长达到的长度与粗度，称为年生长量；在一定时间内，枝条加长生长和加粗生长的快慢,称为生长势。生长量和生长势是衡量树木生长强弱与某些生命活动状况的常用指标,也是栽培措施是否得当的判断依据之一。

五、任务实施

(一)树木根系生长的调查

(1)原产温带、寒带的树木根系生长所要求的温度较低,与地上部分相比,生长开始得早,结束得晚。并且只要能满足所需的条件,全年都可以不断地生长,但是,在外界环境条件恶劣时,根被迫停止生长而进入休眠。亚热带树种根系活动要求温度高,因此在北方栽植时则先发芽后发根。在寒冷地区春天气温高于地温,树木通常是先发芽后发根。一般在叶片大量形成后、枝梢生长缓慢或停止生长时,是树木发根最多的时期;而根系与果实发育的高峰又是相反的,所以当年的结实量,也会明显影响根系的生长。这是树木体内营养物质调节与平衡的结果。

(2)一般生长在温带寒地的落叶树木,根系能在较低的温度下先于枝芽开始活动。而生长于亚热带的树种,其根系开始生长要求的温度高,在冬春较为寒冷的地区,因早春地温升高得慢,气温升高相对快,则先发芽后发根。

(二)树木枝的生长调查

1. 树木枝的加长生长调查

1)新梢开始生长期调查

新梢开始生长期叶芽幼叶伸出芽外,节间伸长,幼叶分离。节间较短,叶片由前期形成的芽内幼叶原始体发育而成,其叶面积较小,叶形与后期叶有一定的差别,叶的寿命也较短,叶腋内侧芽的发育质量差,常成为潜伏芽。此期的新梢生长主要依靠树体在上一生长季节贮藏的营养物质,新梢生长速度慢。

2)新梢旺盛生长期调查

新梢开始生长后,随着叶片的增多和叶面积的加大,枝条很快进入旺盛生长期。枝条明显伸长、幼叶迅速分离、叶片增多、叶面积加大、光合作用加强;生长量加大、节间逐渐变长、糖分含量低、树体内非蛋白氮含量多,新梢生长加速。叶片具有该种或品种的代表性,叶片较大、寿命长、叶绿素含量高、同化能力强、侧芽饱满,此期枝条的生长由利用贮藏物质转为利用当年的同化物质。所以,上一生长季节的营养贮藏水平和本期肥水的供应对新梢生长势的强弱有决定性的影响。

3)新梢缓慢生长与停止生长期调查

此期枝条的节间缩短、新梢生长量减少,生长速度变缓,顶芽形成、新生叶片变小,枝条生长停止,叶片衰老、光合作用逐渐减弱、枝内形成木栓层、积累淀粉和半纤维素、蛋白质的合成加强,枝条充分木质化转为成熟。枝条停止生长的早晚与树种、部位及环境条件关系密切,一般北方树种早于南方树种,成年树木早于幼年树木,观花和观果树木的短果枝或花束状果枝早于营养枝,树冠内部枝条早于树冠外围枝条,有些徒长枝会因没有及时停止生长而受冻害。有时土壤缺乏营养、透气性差、过于干旱等,会使枝条提前1~2个月结束生长,但如果后期施用过多氮肥、灌水过多等均能导致枝条生长期的延长,在北方地区这些树木枝条极易受冻害。

2. 树木枝的加粗生长调查

枝条加粗生长比加长生长开始得晚，停止得也晚。同一株树下部枝条加粗生长比上部稍晚。春天芽萌动时，芽附近的形成层先开始活动，再向枝条基部发展。所以，落叶树木形成层的活动晚于萌芽。枝条下部形成层细胞开始分裂时期相对出现较晚。枝条加粗生长所需的营养主要是上年贮备的，当新梢不断加长，形成层活动持续进行，新梢生长越旺盛，加粗生长就越快，此时形成层活动强烈且延续的时间长。加长生长高峰与加粗生长高峰是相互错开的，当加长生长旺盛时，加粗生长就变得较缓慢，在加长生长后 1~2 周才出现加粗生长的高峰。一般在秋季由于叶片积累了大量光合产物，所以还有一次加粗生长高峰，枝干明显加粗。如油松的迅速生长在春季，3 月下旬芽开始膨大，5 月上旬前生长迅速，5 月下旬停止生长，形成新的顶芽，生长期约 60 天。加粗生长从 5 月中、下旬开始，7 月中、下旬有一段停止，到 8~9 月出现第二次高峰，一直延续生长到 11 月初结束，生长期约 5 个半月。

有时部分植株的当年新生顶芽在 7~8 月期间再进行延伸，出现第二次生长，第二次抽梢往往不能形成顶芽或顶芽瘦小，对第二年高生长有不利影响。

（三）树木物候观测调查

对乔木和灌木从春季芽开始膨大变色时期开始，至其生长结束进入休眠止，一年中的生长情况进行调查。

乔、灌木植物物候观测调查表见表 4-1。

表 4-1　乔、灌木植物物候观测调查表

树种名称				编号						观测人					天气状况					
学名				栽植地点						土壤					地形					
日期	芽膨大变色期	芽开放期	展叶期	花蕾出现期	始花期	盛花期	末花期	果实成熟期	果实脱落期	春梢生长期	春梢停止生长期	夏梢生长期	夏梢停止生长期	秋梢生长期	秋梢停止生长期	秋色叶期	开始落叶期	落叶末期	休眠期	备注

草本植物物候观测调查表见表4-2。

表4-2　草本植物物候观测调查表

<table>
<tr><td colspan="3">树种名称</td><td colspan="2"></td><td colspan="3">编　　号</td><td colspan="2"></td><td colspan="2">观测人</td><td colspan="2"></td><td colspan="2">天气状况</td><td></td></tr>
<tr><td colspan="3">学　　名</td><td colspan="2"></td><td colspan="3">栽植地点</td><td colspan="2"></td><td colspan="2">土　壤</td><td colspan="2"></td><td colspan="2">地　　形</td><td></td></tr>
<tr><td rowspan="2">日期</td><td colspan="2">萌动期</td><td colspan="2">展叶期</td><td colspan="5">开花期</td><td colspan="4">果实成熟期</td><td colspan="3">黄枯期</td></tr>
<tr><td>地下芽出土期</td><td>地面芽变绿色期</td><td>开始展叶期</td><td>展叶盛期</td><td>花蕾或花序出现期</td><td>开花始期</td><td>开花盛期</td><td>开花末期</td><td>第二开花期</td><td>果实始熟期</td><td>果实全熟期</td><td>果实脱落期</td><td>种子散布期</td><td>开始黄枯期</td><td>普遍黄枯期</td><td>全部黄枯期</td></tr>
<tr><td></td><td></td><td></td><td></td><td></td><td></td><td></td><td></td><td></td><td></td><td></td><td></td><td></td><td></td><td></td><td></td><td></td></tr>
</table>

六、评分标准

序号	考核项目	考核内容	考核标准	考核方法	得分
1	某树种物候观测	萌动期、展叶期、开花期、结果期、新梢生长期、落叶期(100分)	正确测定树种的不同物候期，描述其特点	个人考核 小组考核	

七、思考与练习

(1)在你们校园中，确定几种树种进行物候观测，再找到你所在地区的园林植物物候观测记录，与你所调查的进行对比，看有什么不同。

(2)经过物候观测后你发现近年来的气候变化对植物的物候有哪些影响？

八、知识拓展

(一)营养繁殖植物的生命周期

营养繁殖植物的生命周期是树木的营养器官发育成独立植株后，生长、开花、结果直至衰老、死亡的过程。营养繁殖植物的发育特性，根据其营养体的起源、母树的发育阶段和部位而不同，成熟枝条取自发育阶段成熟的营养繁殖的母树，或实生成年母树树冠外围的枝条，它们在成活时就具备了开花的潜能，经过一定年限的营养生长后即能开花结实。但如果采取实生幼年树木的枝条或成年植株下部的幼年区萌生枝条、根蘖枝进行繁殖而成的植株,由于其发育阶段较短,不能立即开花。根据繁殖的需要,采用不同发育阶段的枝条,如乔木的繁殖为了延长营养生长的时间,常用幼年阶段的枝条;花灌木的繁殖为了早开花结果,则利用其成熟的枝条。

营养繁殖的植物生命周期为幼年期、成年期、衰老期,有些树木没有幼年期或相对持续较短。

1. 幼年期

当采取营养繁殖成为独立植株后,由于个体生长、营养物质积累和内源激素不足等,植株还不能开花,要进行一定年限的营养生长,以扩大树体的营养空间、积累营养物质、增加内源激素后,植株才能开花。

栽培措施:提供充足的水肥条件,加强土壤管理,促进营养器官健康均衡地生长,同时对树体采取轻修剪、多留枝,以尽快扩大树冠,形成良好的树体结构,积累丰富的营养物质,为花芽分化和开花结实打下良好的基础,以便缩短幼年期的时间。

2. 成年期

进入幼年期后,植株树冠扩大、枝繁叶茂、营养物质充足、内源激素丰富,在适当的外界条件下,即能大量开花结实,并且树木在此阶段能循环往复多次开花结实。

栽培措施:合理的土肥水管理,促进树木健康生长,采取措施合理修剪,加强土肥水管理,保持植株健康茁壮生长,延长成年期,恢复树势,延缓衰老。

3. 衰老期

营养繁殖植物经历多年的开花结实后,营养生长显著减弱,枝条生长量小,开花结果逐渐减少,枝条凋落枯死量加大,更新复壮能力弱,骨干枝和骨干根从高级次逐渐回缩枯死,抗性下降,直至最后衰老、死亡。

栽培措施:对于萌蘖、萌芽力强的花灌木,可以对其平茬复壮,适当加强水肥管理,促发新根,恢复树势;对无更新价值或更新能力差的树木,砍伐后重新栽植。

(二)落叶树木年周期中的保护措施

1. 萌芽期

如北方树种,当气温稳定在3 ℃以上时,经过一定积温后,芽开始膨大;南方树种芽膨大要求的积温较高。不同树种对温度的反应和要求是不同的。解除休眠后,树木的抗寒能力显著降低,一旦遇到晚霜等剧变的温度,极易使树木受冻害,特别是花芽受害最严重。可通过灌水、涂白、施用 B_9 等生长调节剂延缓芽的开放。在晚霜发生前,对已开花展叶的树木在根外喷洒磷酸二氢钾等,提高花、叶的细胞液浓度,增强抗寒性。

2. 生长期

生长期是各种树木营养生长和生殖生长的主要时期,这个时期不仅体现树木当年的生长发育、开花结实情况,也对树木体内养分的贮存和下一年的生长等各种生命活动有着重要的影响,同时也是发挥其绿化作用的重要时期。因此,在栽培上,生长期是养护管理工作的重点时期,应该创造良好的环境条件,满足肥水的需求,以促进树木生长、开花、结实。

3. 落叶期

正常落叶前,新梢必须经过组织成熟过程才能顺利越冬。过早落叶影响树体营养物质的积累和组织的成熟；该落叶时不落叶，是树木没有做好越冬准备，树体还没达到休眠状态，易遭受秋季早霜的危害。树木的不同器官和组织进入休眠的早晚是不同的，皮层和木质部进入休眠早，形成层进入休眠最迟，当初冬遇寒流时形成层易受冻害；地上部主枝和主干进入休眠期较晚，而根颈最晚，所以易受冻害。年龄不同的树木进入休眠早晚不同，幼龄树木比成年树木进入休眠要晚。刚进入休眠期的树木处于浅休眠，耐寒力不强，当遇到初冬间断回暖时会使休眠逆转，越冬芽萌动，当再次降温时常遭受冻害。所以，这类树木不宜过早修剪，在进入休眠期前也要控制浇水。

在落叶期开始时，对树干涂白、包裹和根部培土等，可防止形成层冻害。在树木栽植养护中，在落叶期要停施氮肥，后期停止灌水，多施磷钾肥，促进树木的木质化，增加树体的抗寒性。如果在树木大量落叶时进行树木的移植可以使伤口在年前愈合，第二年能早发根、早生长。

4. 休眠期

从树体外部观察，休眠期落叶树地上部分的叶片脱落、枝条变色成熟、顶芽形成，没有任何生长发育的表现，地下部的根系在适宜的情况下可能有微小的生长，所以休眠是树木生长发育暂时停顿的状态。

树木在休眠期中，虽然没有明显的生长现象，但树体内仍然进行着各种生命活动，如呼吸、蒸腾、芽的分化、根的吸收、养分的合成和转化等，只是这些活动非常微弱。

（三）树木根系

1. 树木根系的结构

树木的根系通常由主根、侧根、骨干根和须根组成。

1）主根

主根由种子的胚根发育而成的根，其形成最早，又称为初生根。

2）侧根

侧根是在主根上面产生的各级较粗大的分支，及支根上再生的第二次级或第三次级支根，分别称为一级侧根、二级侧根和三级侧根等。由于侧根形成较晚，所以又称为次生根。

3）骨干根

粗大的主根和各级侧根构成根系的主要骨架，称为骨干根。

4）须根

须根是最活跃的部分，在侧根上形成的较细的根系，依据其形态及功能分为以下几种：

（1）生长根：初生结构的根，具有较大的分生区，有吸收能力。功能是促进根系向新的土层推进，延长和扩大根系分布范围及形成侧分支即吸收根。其生长较快，较粗且长。树种不同根的颜色也不同，如小檗科各级根多为黄色、卫矛科多为白色、鼠李科及胡桃科多为黑色或黑褐色。

（2）吸收根：初生结构的根，主要是从土壤中吸收水分和矿物质，并将其转化成有机物。它具有高度的生理活性，在根系生长的最好时期，它的数目可占树木根系的90%或更多。一般不能变成次生根，长度为0.1~4 mm，粗为0.3~1 mm，寿命为15~30天。吸收根的多少与树体营养状况关系极为密切。

(3)过渡根:初生结构的根,大多数是由吸收根转变而来的,经过一定时期后自疏死亡。少数是由生长根形成的,以后转变为次生结构,成为输导根。

(4)输导根:次生结构的根,来源于生长根,随着年龄的增大而逐年加粗,变成骨干根或半骨干根。功能是输导水分和营养物质,并起固定作用。

5)根毛

根毛是吸收根上根毛区表皮细胞形成的管状突起物,特点是数量多、密度大,是树木根系吸收养分和水分的主要部位,根毛的寿命较短,仅几小时、几天或几周。根尖根毛区上部的根毛死后,由伸长区新形成的表皮细胞分化出根毛补充,因此根毛区的长度保持相对不变,位置不断向土层深处推移,根毛的生长和更新对水分、养分的吸收非常重要。所以,在树木栽植时,要尽量减少对细根的损伤。

2. 树木根系的类型

1)依起源和形态分

(1)直根系:由胚根发育产生的初生根及次生根组成,主根发达,较各级侧根粗而长,能明显区分出主根和侧根。由扦插和压条等无性繁殖而成的树木,其根系由不定根组成,没有真正的主根,但其中的1~2条不定根常发育得很粗壮,外表似主根,具有直根系的形态,通常也把这种根看成直根系。

(2)须根系:主根不发达或早期停止生长,由茎的基部形成许多粗细相似的不定根,呈丛生状态。

2)依繁殖方法分

(1)实生根系:用实生繁殖和实生砧嫁接的树木的根系均为实生根系。具有主根发达、根系较深、年龄发育阶段年轻、生活力较强、对外界环境有较强的适应能力、根系个体间差异比无性繁殖树木大的特点。

(2)茎源根系:用扦插、压条繁殖所形成的根系,其根系来源于母体茎上的不定芽。具有主根不明显、根系较浅、生理年龄较老、生命力相对较弱、个体间差异不大的特点。

(3)根蘖根系:一些树种由根上的不定芽形成根蘖,而后与母体分离形成单独的植株。其特点与茎源根系的特点相似。

3. 根的生命周期

树木根系生命周期的变化与地上部相似,也经历着发生、发展与衰亡的过程。幼树根系也是以离心方式进行生长的,而且生长很快,一般都超过地上部分的生长速度。树木幼年期根系领先生长的年限因树种而异。随着树龄增加,根系生长速度趋于缓慢,并逐年与地上部分的生长保持着一定的比例关系。在其整个生命过程中,根系始终发生着局部的自疏与更新。吸收根的死亡现象,从根系开始生长一段时间后就开始发生,逐渐木栓化,外表变为褐色,逐渐失去吸收功能。有的轴根演变成输导根,有的死亡。而须根的死亡,起初发生在低级次的骨干根上,其后发生在高级次的骨干根上。根系生长达到最大根幅后向心更新,由于受土壤环境的影响,更新不像地上部分有规律,常出现大根季节性间歇死亡的现象。更新所发生的新根,继续生长和更新,随着树体衰老而逐渐缩小,当树木衰老,地上部濒临死亡时,根系仍能保持一段时期的活动。

任务二　成活期养护管理技术

一、教学目标

(1)了解树木栽植后成活期养护管理的内容。

(2)掌握栽植后提高树木成活率的养护管理技术。

(3)能灵活进行树木成活期的养护管理。

二、任务提出

某城市春季在新城区栽植了大量的绿化植物,因为刚栽植的树木正处于缓苗期,根系吸收水分和养分的能力较差,抵抗不良环境的能力弱,易生长不良或死亡。要求制定一个合理措施,以促进新栽树木根系尽快恢复生长,提高树木根系吸水能力,促进移栽树木体内水分平衡,使树木正常生长,尽快发挥其景观效果。

三、任务分析

园林树木栽植后的第一年是其能否成活的重要时期。而栽植后能否成活,期间的养护管理极为重要。如果疏于管理或管理不到位、不及时,就会阻碍树木的成活,造成树木生长不良甚至死亡。及时、合理、经常地养护管理,就能促进树木的水分平衡,恢复生长,增强树木对高温干旱或其他不利因素的抗性,提高成活率。

四、相关知识

(一)水分管理

树木经过移栽后,由于根系的损伤和生长环境的变化,对水分的需要十分敏感。因此,新栽树木的水分管理是成活期养护管理的重要内容,包括树木地上部分水分和地下土壤水分两部分的管理。土壤水分供应是否充足、合理、及时是新栽树木成活的关键。

对于枝叶修剪量较小的名贵大树,在高温干旱季节,即使保证土壤的水分供应,也易发生水分亏损。因此,当发现树叶有轻度萎蔫症状时,可采取增加树冠内空气湿度的方法,从而降低温度,减少蒸腾,促进树体水分平衡。常绿树栽植或反季节栽植时,一般栽后也要向树上喷水。

(二)修剪、抹芽除萌

树体地上部分的萌发,能促进根系的生长。因此,对新栽植的树木,特别是对移植时进行过重度修剪的树木上萌发的芽要加以保护,以使其抽枝发叶,待树体恢复生长后再修剪。在栽植过程中虽然进行了修剪,但后来发现发芽、展叶、抽枝缓慢或枝叶发生萎蔫,通过采用浇水、喷雾、叶面喷肥等养护措施仍不缓解这种现象,此时可进行补充修剪。

树木经过修剪,树干或树枝上可能会发出许多萌蘖枝,其既消耗营养,又扰乱树形。

(三)松土除草

因浇水、降雨及人为活动等导致树盘土壤板结,透气不良而影响树木生长,应及时松土,促进土壤与大气的气体交换,有利于树木新根的发生与生长。

有时树木基部土壤会长出许多杂草或其他植物,与树木争夺水分和养分,藤本植物还会缠绕树身,妨碍树木正常生长,所以应及时除去。

(四)施用生长液与施肥

树木栽植后,有时地下根系恢复缓慢,不能及时吸收足够的水分与养分供给地上部分生长的需要,适当施用生长激素溶液,如2,4-D、萘乙酸、吲哚丁酸、3号生根粉等刺激尽快发出新根。

树木栽后不久,发现新叶停止生长,甚至个别的发生枝叶萎蔫,在这时可以试验性地进行叶面喷肥。

(五)新栽植树木成活的调查

1. 调查的目的

对新栽树木进行成活与生长情况的调查,一方面是为了及时补栽,不影响绿化效果;另一方面是为了分析生长不良与死亡的原因,总结经验与教训,以指导今后的绿化实践工作。

因为在春季与秋季新栽的树木,在生长初期,靠体内的营养一般也能抽枝、展叶,表现出喜人的景象。但是其中有一些植株,是一种“假活”,是树内所贮存的水分和养分供应而发芽。一旦气温升高,水分亏损,这种“假活”植株就会出现萎蔫,若不及时救护,就会在高温干旱期间死亡。因此,新栽树木是否成活至少要经过第一年高温干旱的考验以后才能确定。

2. 新栽树木生长不良或死亡的原因

一是苗木质量问题:起苗时没按规程操作,伤根太多,带的须根太少,枝叶过多,造成树冠水分代谢不平衡;起苗后没有立即栽植或假植,根系裸露时间过长,根系干死。

二是栽植技术问题:种植穴太小,造成根系不舒展,有窝根现象;栽植时埋土过深或过浅,填充土壤没有踩实。

三是养护管理问题:栽植后没有及时灌水,种植地积水,栽植穴踩压等机械性损伤。

四是栽植时间问题:栽植时间过晚,如在北方的晚秋栽植不耐寒的树木。

五是苗木适应性问题:新栽植树木不适应当地的气候条件,如南树北移,树木没有很好地进行抗寒锻炼,因而生长不良或死亡。

五、任务实施

(一)扶正培土

树盘整体下沉或局部下陷,应及时在空缺处覆土填平,防止雨后积水烂根;铲除耙平树盘堆积过高的土壤;对于倾斜的树木应采取措施扶正。

1. 扶正时间

如果树木刚栽不久发生歪斜,应立即扶正;对错过最佳扶正时期的,落叶树种应在休眠期间扶正,常绿树种在秋末扶正。

2. 扶正的技术措施

树木扶正时不能强拉硬顶,以免损伤根系。先检查根颈入土的深度,如果栽植较深,应在树木倒向一侧根盘以外挖沟至根系以下，向内掏土至根颈下方，用锹或木板伸入根团以下向上撬起，向根底塞土压实，即可扶正；如果栽植较浅，在树木倒向的反侧掏土稍微超过树干轴线以下，将掏土一侧的根系下压，回土踩实。对没立支架的大树，在扶正培土以后还应设立支架。

(二)水分管理

1. 灌水与排水

树木栽后一定要及时灌三遍水，然后封堰。在干旱季节降雨少时，发现树木缺水，要立即围土堰进行灌水，以保证地上与地下水分代谢适当的均衡，才有利于成活。一般情况下，栽后第一年应灌水5~6次(根据具体情况决定)，特别在高温干旱时尤其要注意浇水，要保持土壤最大持水量60%以上。

在多雨季节要排水，特别是在南方，将产生积水的树木在树干的基部适当培土，使树盘的土面适当高于地面，以使树木不被水淹。

2. 树冠喷水

对已经萌芽树木的树冠喷水，时间在上午10时以前，下午4时以后，向树冠喷水，以降低树冠水分的蒸腾；移栽珍贵的枝叶较多的大树可以安装高喷装置，每隔1~2小时喷一次。喷水要细而均匀，树干和树冠各部位及其周围空间都要喷到，喷水时可以用高压喷水枪，要细雾喷洒，次多量少，以免滞留在土壤中，造成根部积水。

3. 使用抗蒸腾剂或架遮阴网

使用抗蒸腾剂或架遮阴网，可减少水分蒸发及防止强烈日晒。

(三)修剪

在不影响树形的情况下，再剪去一部分枝叶，或者可以去顶或截干，以减少蒸发量，缓解根部暂时吸收的水分不够消耗的现象，促进其成活。同时，还应修整以往留芽位置不当或剪口芽不合适，造成枯桩或发芽太弱的树木，剪去枯枝或弱枝，而以强壮的新枝做延长枝。进一步进行造型修剪，对一切扰乱树形的枝条进行调整与剪除。

(四)抹芽除萌

对于萌蘖枝，除长势较好、位置合适的外，其余应尽早抹除。

(五)松土除草

在新栽树木成活期间，松土不要太深，避免伤及新根。通常除草与松土同时进行，并把除下来的杂草覆盖在树盘上。有的地方为了防止土壤水分蒸发太快，还在树盘上覆盖树叶、树皮或碎木片及栽植地被植物等。

(六)施肥

在新栽树木新根没有形成或吸收能力较弱时，不要追肥，如施肥可在第一个生长季结束后进行，为了促进树木的生长，可施用尿素或有机液肥，追肥时浓度宁淡勿浓。

(七)成活的调查与补植

1. 栽后树木成活的调查

调查一般分两个阶段进行，一是栽后1个月左右，调查栽植成活的情况；二是在秋末，调查栽植成活率。

新栽树木成活调查方法，如果栽植量大，可以分地段对不同树种进行抽样调查；如果数量少可全部进行调查。已成活的植株应测定新梢生长量,确定生长势的等级,最后分级归纳出树木成活的具体情况,做表上报或存档。

2. 补植

每次调查后,对无挽救希望或挽救无效而死亡的树木,都应及时进行补植。如果由于季节、树种习性与条件的限制,生长季补植无成功的把握,则可在适宜栽植的季节补植。补植的树木规格应与该地同种树木大小一致。选用的补植苗木质量与养护管理水平都应高于一般树木的。

六、评分标准

序号	考核项目	考核内容	考核标准	考核方法	得分
1	新栽植树木成活期的养护	新栽植树木成活期的养护,成活率的调查(100分)	能对新栽植的树木正确浇水、培土扶正、松土除草及补植,准确调查新栽树木的成活率	个人考核 小组考核	

七、思考与练习

新栽树木成活期的主要养护管理措施有哪些?

八、知识拓展

(一)大树移植保护剂——抗蒸腾剂(antitranspirant)

抗蒸腾剂指在保证植物正常生长、进行光合作用的前提下,能够降低植物蒸腾速率的物质。

1. 分类

抗蒸腾剂一般分为薄膜型抗蒸腾剂、代谢型抗蒸腾剂和反向型抗蒸腾剂。

2. 作用机制

抗蒸腾防护剂能在植物的枝干、叶面及花卉、草坪的表层形成防护膜,有效减缓植物蒸腾和风蚀造成的水分流失与枝叶损伤,起到提高枝叶的再生力和景观质量的效果,并能抑制有害菌群的繁殖。

3. 大树移植使用的保护剂类型

此种保护剂是针对大树反季节移植和安全越冬研制的新型植物保护剂,分为以下两种类型:

(1)绿化型:抗蒸腾剂喷施后,通过在植物表面形成一层可以进行气体交换而减少水分通过的膜和调节气孔开张度来降低蒸腾速率,提高植物反季节移植的成活率。

(2)冬季型:抗蒸腾剂通过提高细胞膜稳定性,降低细胞液冰点来增强植物抗寒性,在表面形成的薄膜可以抵御大风对植物的侵害,减少植物抽条。

4. 使用方法

冬季型稀释8~10倍,绿化型稀释10~20倍后,均匀喷施于植物表面,以滴水为宜。

(二)促进移栽树木成活的技术

1. 根系蘸浆法

对于小苗木,挖出后无论裸根或带土球立即蘸泥浆,可以提高成活率;或者先将表土填入树坑适量,倒水搅成泥浆,再将土球放入使之充分与泥浆黏合,可以避免根部悬空,提高栽植成活率。

2. 浅栽高培土法

浅栽后实行高培土,相当于深栽,有利于保活;当树木成活后将高培的土壤除去,树木根系呼吸良好。

3. 改进浇水方法

用传统方法浇水,一般均为从上往下浇,从外往里浇。第一次容易浇透,但如果土壤过黏则易板结,第二次浇水就很难浇透,导致深层土壤依旧干燥,这是部分树木死亡的另外一个重要原因。采取"从下往上浇,从里往外浇"。即在塑料水管头部接长约1 m的水管喷枪,向下插入土层深处浇水,在浇水时间没有延长的情况下能彻底浇透。

4. 伤口涂抹剂的使用

在树木栽植前,其主干、主枝被截除后伤口过大,需要对伤口进行保护,目前常用的是伤口涂抹剂,既能防止伤口感染,又能防止水分过量蒸发。

伤口涂抹剂是凡士林与消毒剂、渗透剂、表面活性剂等混合制成的膏剂;还有白漆、红漆、蜡封、泥封(掺杀菌剂如百菌清、多菌灵等)。

5. 树体输液

选择根上或根颈部位输液,愈合能力最强,伤口愈合快,由于孔口位置低,便于堆土保护,夏季保墒、防日灼,冬季防冻,还可防病虫侵入注孔。同一输液孔使用时间不超过15天,输液时间过长,钻注的伤口产生愈伤组织堵塞孔口影响液流。还有些树木不耐水渍,孔口容易腐烂,造成难以愈合的伤口,因此若需连续补液,要及时更换插孔。并对使用后的插孔立即进行消毒促进愈合处理,输液完成之后的袋子要及时取下,防液体回流。对树体输入的主要是树木生长所必需的氮、磷、钾等肥料及铁、锌、铜等微量元素。

6. 保水剂的使用

保水剂多是树脂类物质,吸水强度极为惊人。国内同类产品的吸水比率多在200~400倍,完全能够满足生产的需要。该类产品吸收水分后,急剧膨胀,所含水分很难蒸发,但却能够被植物的根毛有效吸收,水分释放期一般在40~60天。保水剂在土壤中的降解期一般为1~2年,此期间可以反复利用。一般情况下,使用一次就能基本解决保水问题。保水剂适用在干旱严重或浇水较为困难的区域(如高速公路、荒山等)使用,在种植前拌种或大树移栽时和回填土掺匀填入树坑,以抗干旱。

任务三　园林植物树体管理

一、教学目标

(1)了解园林植物树体管理的内容。

(2)掌握造成树木受损的非感染和传播性因素。

(3)会进行树干的伤口处理。

(4)能对树洞进行修补、吊枝和顶枝及树木涂白。

二、任务提出

园林绿地中许许多多的成年大树,它们不仅改善了城市生态环境,为居民提供户外游憩的乐趣,同时也是城市所拥有的财产。这些树木由于受到自然或人为活动的影响而处于衰退的状态,有的出现严重的损伤,使树木不能发挥正常的功能,还直接造成居民或财产的损害,如有的树木出现腐烂、树洞、树枝下垂等,严重影响树木的生长发育和景观效果,对上述出现问题的树木树体进行修补和管理,以使其发挥正常的观赏效果。

三、任务分析

对树体出现的严重损伤,要根据其受伤的程度和树洞的大小,对树干伤口采取相应的治疗,对出现的树洞根据情况确定修补技术,同时在树木将要到休眠期时对其进行涂白,以防止树体受到病虫危害及防止日灼。

四、相关知识

(一)树体的保护和修补原则

树木的树干和骨干枝上,往往因病虫害、冻害、日灼及机械损伤等造成伤口,这些伤口如不及时保护、治疗、修补,经过长期雨水侵蚀和病菌寄生,易使内部腐烂形成树洞。另外,树木经常受到人为的有意无意的破坏,如树盘内的土壤被长期践踏变得很坚实,在树干上刻字或拉枝折枝等。如果树木的树皮受到大面积损伤而没有及时处理,就可能为病虫害的发生创造了条件。以上所有这些对树木的生长都有很大影响,因此对树体的保护和修补是非常重要的养护措施。

树体保护首先应贯彻"防重于治"的原则,做好各方面的预防工作,尽量防止各种灾害的发生,同时还要做好宣传教育工作。对树体上已经造成的伤口,应该及早治疗,防止扩大。

(二)造成树木受损的非感染和传播性因素

1. 树冠结构

乔木树种的树冠构成基本为两种类型:一类具有明显的主干,顶端生长优势显著;另一类无明显的主干。

1)有主干型

有主干型树木如果在中央主干发生虫蛀、损伤、腐朽,则其上部的树冠就会受影响;如果中央主干折断或严重损伤,有可能形成一个或几个新的主干,而其基部的分枝处的连接强度较弱;有的树木具有双主干,两主干在生长过程中逐渐相接,在相连处夹嵌树皮,而其木质部的年轮组织只有一部分相连,结果在两端形成突起使树干成为椭圆状、橄榄状,随着直径生长,这两个主干交叉的外侧树皮出现褶皱,然后交叉的连接处产生劈裂,这类情况危险性极大,必须采取修补措施来加固。

2)无主干型

此类树木通常由多个直径和长度相近的侧枝构成树冠,由于排列的不合理,会造成树木潜在危险,即几个一级侧枝的直径与主干直径相似;几个直径相近的一级侧枝几乎着生在树干的同一位置;古树、老树树冠继续有较旺盛的生长。

2. 分枝角度

侧枝在分枝部位曾因外力而劈裂但未折断,一般在裂口处可形成新的组织而愈合,但该处易发生病菌感染而腐烂。如果发现有肿突、锯齿状的裂口,应特别注意检查。对于有上述情况的侧枝应适当剪短减轻其重,否则侧枝前端下沉可能造成基部劈裂,如果侧枝较重会撕裂其下部的树皮,而造成该侧根系因没有营养来源而死亡。

3. 树冠偏冠

树冠一侧的枝叶多于其他方向,树冠不平衡,因受风的影响树干成扭曲状,如果长期在这种情况下生长,木质部纤维呈螺旋状方向排列来适应外界的应力条件,在树干外部可看到螺旋状的扭曲纹。树干扭曲的树木当受到相反方向的作用力时,如出现与主风方向相反的暴风等,树干易沿螺旋扭曲纹产生裂口,这类伤口如果处理不及时,就会成为真菌感染的入口。

4. 树干内部裂纹

当树干横断面出现裂纹,在裂纹两侧尖端的树干外侧形成肋状隆起的脊,如果该树干裂口在树干断面及纵向延伸,肋脊在树干表面不断外突,并纵向延长则形成类似板状根的树干外突;树干内断面裂纹如果被今后生长的年轮包围、封闭,则树干外突程度小而近圆形。因此,从树干的外形饱圆度可以初步诊断内部的情况,但必须注意有些树种树干形状的特点,不能一概而论。树干外部发现条状肋脊,表明树干本身的修复能力较强,一般不会发生问题。但如果树干内部发生裂纹而又未能及时修复形成条肋,而在树干外部出现纵向的条状裂口,则最终树干可能纵向劈成两半,构成危险。

5. 分枝强度

侧枝特别是主侧枝与主干连接的强度要比分枝角度重要,侧枝的分枝角度对侧枝基部连接强度的直接影响不大,但分枝角度小的侧枝生长旺盛,而且与主干的关系要比那些水平的侧枝强。

6. 夏季树枝折断和垂落

有时树木在夏季炎热无风的下午,会发生树枝折断垂落的现象。一般情况,垂落的树枝大多位于树冠边缘,呈水平状态,且远离分枝的基部。断枝的木质部一般完好,但可能在髓心部位能看到色斑或腐朽,这些树枝可能在以前受到过外力的损伤但未表现症状,因此难以预测和预防。

7. 树干倾斜

树干严重向一侧倾斜的树木最具潜在的危险性,如位于重点监控的地方,应采取必要的措施或伐除。

8. 树木根系问题

1)根系暴露

如在大树树干基部附近挖掘、取土,导致树木大侧根暴露于土表,甚至被切断,此类树木在城市中是不安全的因素，它的影响程度还取决于树体高度、树冠枝叶浓密程度、土壤厚度和质地、风向、风速等。

2）根系固着力差

在一些立地条件下，例如土层很浅、土壤含水量过高，树木根系的固着力差，不能抵抗大风等异常天气条件，甚至不能承受树冠的重负。特别是在严重水土流失的立地环境，常见主侧根裸露在地表，因此在土层较浅的立地环境下不宜栽植大乔木，或必须通过修剪来控制树木的高度和冠幅。

3）根系缠绕

在树木栽植时由于栽植穴过小，人为地把侧根围绕在树干周围，或由于根系周围的土壤问题侧根无法伸展，造成侧根围绕主根生长，危害性最大，此类情况经常在苗圃中就已经形成，所以在苗木栽植前要认真选择苗木。

4）根系分布不均匀

树木根系的分布一般与树冠范围相应，有时由于长期受来自一个方向的强风作用，在迎风一侧的根系要长些，密度也高。如果这类树木在迎风一侧的根系受到损伤，可能造成较大的危害。另外，在一些建筑工地，因筑路、取土、护坡等工程，会经常破坏树木的根系，甚至有的树木几乎一半根系被切断或暴露在外，常常造成树木倾倒。

5）根及根颈的感病

造成树木根系及根颈的感病与腐朽的病菌很多，根系问题通常导致树木发生严重的健康问题及最严重的缺陷，而更为重要的是在树木出现症状之前，可能根系的问题已经存在。一些树木当主根系因病害受损时长出不定根，这些新的根系能很快生长以支持树木的水分和营养，而原来的主根可能不断地损失最终完全丧失支持树木的能力，这类问题通常发生在树干的基部被填埋、雨水过多、灌溉过度、根部覆盖物过厚，或者地被植物覆盖过多的情况下。

五、任务实施

（一）树干伤口的治疗

1. 清理伤口

对于枝干上因病、虫、冻、日灼或修剪等造成的伤口，先用锋利的刀刮净削平四周，使皮层边缘呈弧形。

2. 消毒

用2%~5%的硫酸铜溶液、0.1%的升汞溶液、石硫合剂原液对处理好的伤口进行消毒。

3. 涂抹保护剂

对在进行修剪时造成的伤口，要将伤口削平后涂以保护剂，选用的保护剂要容易涂抹且黏着性好。受热不融化，不透雨水，不腐蚀树体组织，同时又有防腐消毒的作用，如铅油、接蜡等均可。大量应用时也可用黏土加少量的石硫合剂混合物作为涂抹剂，如用激素涂剂对伤口的愈合更有利，用含有0.01%~0.1%的a-萘乙酸膏涂在伤口表面，可促进伤口愈合。受雷击的树木枝干，应将烧伤部位锯除并涂保护剂。

4. 加固保护

风折使树木枝折裂，要立即用绳索捆缚加固，然后对伤口处消毒涂抹保护剂。根据现场情况还可以用两个半弧圈的铁箍加固，为了防止摩擦树皮要在铁箍与树干之间垫软物，再用螺栓连接，随着干径的增粗逐渐放松螺栓的松紧度。还可以用带螺纹的铁棒或螺栓旋入树干，起到连接和夹紧的作用。

（二）树皮修补

在春季及初夏形成层活动期树皮极易受损与木质部分离，出现上述情况时，可采取适当的处理使树皮恢复原状。即采取措施保持木质部及树皮的形成层湿度，小心地从伤口处去除已经被撕裂的树皮碎片，重新把树皮覆盖在伤口上用钉子或强力防水胶带固定，另外用潮湿的布带、苔藓、泥炭等包裹伤口避免太阳直射。

一般在形成层旺盛生长愈合，处理后1~2周可打开覆盖物检查树皮是否生存、愈合，如果已在树皮周围产生愈伤组织则可去除覆盖，但要继续遮光。

（三）移植树皮

有时在树干上捆绑铁丝，造成了树木的环状损伤，可以补植一块树皮使上下已断开的树皮重新连接恢复传导功能，或嫁接一个短枝来连接恢复功能。

（1）清理伤口，在伤口上下部位铲除一条树皮形成新的伤口带，宽约2 cm，长为6 cm。

（2）在树干的适当部位切取一块树皮，宽度与清理的伤口带一致，长度较伤口带稍短。

（3）把新取下的树皮覆盖在清理完的伤口上，用涂有防锈清漆的小钉固定在伤口上。

（4）按上述操作过程，将整个树干的伤口全部用树皮覆盖，在植皮操作时一定要保持伤口湿度，全部接完后用湿布等包扎物将移植的树皮伤口上下15 mm范围内包扎好，在其上用强力防水胶带再次包扎，包扎范围上下超过里层的材料各25 mm。经过1~2周后移植的树皮即可愈合，形成层与木质部重新连接。

（四）桥接和根接

1. 桥接

一些庭园大树树体受到病虫、冻伤、机械损伤后，树皮会形成大面积损伤，形成树洞，树木生长势受到阻碍，影响树液流通，致使树木严重衰弱，可采取桥接技术恢复树势。

桥接是用几条长枝连接受损处，使上下连通以恢复树势。将树体的坏死树皮切削掉，选树干上树皮完好处，利用树木的一年生枝条作接穗，根据皮层切断部位的长短确定所需枝接接穗，在树干连接处（可视为砧木）切开和接穗宽度一致的上下接口，接穗稍长一点，将上下削成同样削面插入，固定在树皮的上下接口内，使二者形成层吻合贴切，用塑料绳及小钉加以固定，在接合处再涂保护剂封口，促进伤口愈合。

2. 根接

根颈及根部受伤害，使树体丧失吸收养分和水分的能力，破坏了植株地上与地下部分的平衡。采用根接的方法，在春季萌发新梢时或秋季休眠前，将地下已经损伤或衰弱的侧根更换为粗壮健康的新根。

（五）吊枝和顶枝

用单根或多股绞集的金属线、钢丝绳，在树枝之间或树枝与树干间连接起来，用以减少树枝的移动、下垂，降低树枝基部的承重；也可以把原来由树枝承受的重量通过悬吊的缆索转移到树干的其他部分或另外增设的构架之上。

顶枝的作用与吊枝基本相同。采用金属、木桩、钢筋混凝土材料做支柱，将支竿从下方、侧方承重来减少树枝或树干的压力。支柱应有坚固的基础，上端与树干连接处要有适当形状的托杆和托碗，并加软垫，以免损伤树皮。立支柱的同时还要考虑到美观，并与周围环境要协调一致。也可以将几个主枝用铁索连结起来，这种加固技术对树体更有效。

(六)涂白

在日照强烈、温度变化剧烈的大陆性气候地区，利用涂白能减弱树木地上部分吸收太阳辐射热延迟芽的萌动期。树干涂白后能反射阳光，减少枝干温度的局部增高，可以有效地预防日灼危害。同时杨柳树栽完后马上涂白，还可防蛀干害虫。

六、评分标准

序号	考核项目	考核内容	考核标准	考核方法	得分
1	树干伤口的治疗	清理伤口、消毒处理(30分)	伤口清理彻底、伤口周围呈弧形；伤口消毒彻底、保护剂涂抹均匀	个人考核 小组考核	
2	树皮修补	伤口处理、包扎(30分)	伤口处的碎皮清理干净、包扎准确	个人考核 小组考核	
3	树干涂白	涂白剂的配制、涂白剂的涂刷(40分)	涂白剂配制准确、涂白剂涂刷均匀	个人考核 小组考核	

七、思考与练习

(1)调查你所在地区树木树体管理状况。

(2)你所去过的哪个地方的树木管理状况好？

(3)树木根系存在的问题会对树木的生长产生哪些影响？

八、知识拓展

(一)树木培育与养护过程中导致树木受损的因素

1. 苗圃阶段

由于在我国大部分苗圃中的小树一般不用树干支撑，所以树干弯曲、树干折断后由萌生枝代替原来的主枝现象很多，会在成年后产生安全隐患。

2. 树木栽植方法不当

由于栽植方法不正确，造成根系环绕，并且不易发现，但却是树木风倒的主要原因。

3. 截干栽植

一些规格大的苗木或大树移植时，经常采用截去树冠的方法进行栽植，使截口下萌发许多侧枝，形成新的树冠，但这些侧枝距离非常接近，呈轮生状态，其与主干的连接不牢固，如果树冠修剪不合理，则易发生劈裂。

4. 修剪不当

如果过度修剪会造成不必要的伤口，或修剪技术不合理导致剪口愈合困难，而这些伤口不能很好地愈合，就会增加伤口感染的机会，从而导致树木腐烂。

5. 灌溉不当

如对耐干旱的树木灌水过多，就容易使根系透气性差，从而造成根系感染病虫害及腐烂。

6. 预防不及时

没有及时预防病虫害，致使树木生长衰退、腐朽真菌侵入树干造成树干腐朽。

(二)树洞形成的原因

由于各种原因造成的树木伤口长时间不愈合，长期外露的木质部受雨水浸渍，逐渐腐烂，形成树洞，严重时树干内部中空，树皮破裂，称为“破肚子”。由于树干的木质部及髓部腐烂，输导组织受到破坏，影响了树体内水分和养分的运输及贮存，严重削弱树势，降低了枝干的坚固性和负载能力，缩短了树木寿命。对树洞的处理，要根据树种、树木的重要性、年龄、生长情况以及树洞的大小、位置来决定。

一般具有历史和景观价值的重要树木、古树、名木，树干上的巨大树洞也可能是其价值的一个方面，对此树洞的处理应成为养护的主要内容；有的树木树洞会严重地影响其本身和周围建筑及人员的安全，而树木本身的价值不大，应该首先考虑其安全性。

任务四　各种灾害的防除与管理

一、教学目标

(1)了解园林植物生产中常见的自然灾害的类型及发生原因，危害症状特点及预防措施。

(2)重点掌握低温危害、日灼、旱害的预防技能。

(3)会采取正确的预防措施，预防冻害、霜害、风害、日灼等对树木的伤害。

二、任务提出

园林绿地上生长的树木，有时会由于一些自然灾害的发生而受到伤害。应关注当地气象预报，提早做好预防措施；对已经产生冻害、日灼、风害及霜害的树种进行检查，制定防治措施，以充分发挥园林植物的观赏效果。

三、任务分析

要预防和救治自然灾害对树木的伤害，就要了解当地可能发生哪些自然灾害，应该采取哪些措施来预防；掌握各种自然灾害对树木产生伤害的部位及原因，才能有的放矢地对有价值的树木进行救治。

四、相关知识

(一)冻害

冻害是指园林植物在越冬期间遇到0 ℃以下低温或剧烈变温或较长期处于0 ℃以下

低温中,造成园林植物冰冻受害现象。冻害在我国发生较普遍,对园林植物生长发育威胁很大,严重时常导致数十年生大枝或大树冻伤或冻死。园林植物局部受冻以后常常引起溃疡性寄生菌寄生的病害,使树势大大减弱。有些树种虽然抗寒力较强,但花期甚至幼果期遇低温则容易受冻害,影响观赏效果。因此,为充分发挥园林植物的功能效益,要切实做好冻害的防治。

1.冻害的表现

1)芽的冻害

花芽是抗冻能力较弱的器官,并且其分化越完善,抗冻能力越弱。腋花芽较顶花芽的抗冻能力强。花芽受冻后,内部变褐,初期从表面上只看到芽鳞松散,不易鉴别,到后期会出现芽不萌发,干缩枯死。花芽冻害多发生在春季气候回暖时,叶芽比花芽抗冻能力强。

2)枝条的冻害

在冬季休眠期,成熟的枝条其形成层抗寒性最强,皮层次之,木质部和髓部抗寒性最差。当园林植物轻微受冻时只表现髓部变色,中等冻害时木质部变色,严重冻害时才冻伤韧皮部,待形成层变色时则枝条失去恢复能力。生长期形成层抗寒性最差。

幼树生长停止较晚,枝条常不成熟,营养积累差,易加重冻害。轻微冻害时只表现髓部变色;较重时枝条脱水干缩;严重时自外向内各级枝条都可能冻死。

多年生枝冻害,通常表现为树皮局部冻伤。受冻部分,起初微变色下陷,皮内部变褐,并逐渐干枯死亡,皮部裂开和脱落。受冻枝干易感染腐烂病、干腐病。

3)枝杈和基角

树木的枝杈或主枝基角部分进入休眠较晚,且位置较隐蔽,输导组织发育不良,通过抗寒锻炼较迟,当遇到低温或昼夜温差变化较大时,易受冻害。受冻后皮层和形成层出现褐变,而后干枯凹陷;树皮呈块状冻坏,或顺主干垂直冻裂形成劈枝。主枝与树干的夹角愈小,冻害愈严重。

4)主干

在气温低且变化剧烈的冬季,园林树木受冻后有的形成纵裂,称为“冻裂”现象。冻裂后树皮常沿裂缝与木质部脱离,严重时向外翻卷,裂缝也可沿半径方向扩展到树木中心(见图4-1)。一般生长过旺的幼树,主干易受冻害,而伤口较易导致腐烂病的发生。

冻裂的产生是由于气温急剧降到0 ℃以下,树皮迅速冷却收缩,致使主干组织内外张力不均,由外向内开裂,或树皮脱离木质部。树干“冻裂”多发生在夜间,随着温度下降,裂缝可能增大,但随着白天温度的升高,树干吸收较多的水分后又能闭合。开裂的心材不会完全闭合,是因为形成的愈伤组织被封在树体内部。

“冻裂”一般不会直接引起园林植物的死亡,但由于树皮开裂,木质部失去保护,容易招致病虫害,不但严重削弱园林植物的生长势,而且造成木材腐朽成洞,所以树干冻裂后应及时进行处理,以免随着冬季低温的到来又会重新开裂。

园林植物的不同方向发生冻裂的可能性不一样,由于树干向阳面昼夜温差较大,因而冻裂发生的概率较大。一般落叶园林植物的“冻裂”比常绿园林植物严重,如悬铃木属、柳属、杨属、七叶树属等的某些种类受害重;孤植树和稀疏的林木比群植树和密植的林木冻裂现象严重;幼龄树比老龄树严重;生长在排水不良的土壤上的园林植物也易受害。

图4-1　主干冻裂

5）根颈

在温度骤降时，易引起根颈的冻害。根颈受冻后，树皮先变色后干枯，或呈环状病灶，常引起树势衰弱或整株死亡。

6）根系

根系无休眠期，所以较地上部分耐寒力差，但由于根系在越冬时活动能力明显变弱，同时受到土壤的保护，所以在冬季的耐寒力较生长期略强。

根系受冻后会发生褐变，皮部与木质部易发生分离。一般细根较粗根易受冻；近地面的根系较下层的根系易受冻；新栽的园林植物及幼树因根系小而浅，易受冻害，而大树则抗寒性强。根系发生冻害后，因只靠树体贮藏的营养物质、水分发芽和生长，故常表现出发芽晚、生长不良，只有当新根长出后才能恢复正常生长。

在含水量大、质地黏重的土壤上幼树容易发生“冻拔”现象，主要危害园林植物根系扎根，使园林植物倒地死亡。

2. 影响冻害的因素

1）树种和品种

不同树种或同一树种不同品种其抗冻能力不同，如分布在东北地区的小苹果比分布在华北地区的苹果抗冻，樟子松比油松抗冻，而油松又比南方的马尾松抗冻。

2）树势及枝条的成熟度

秋季降温前没有充分木质化的植物，枝条成熟度较差，抗冻力弱，枝条愈成熟其抗冻力愈强。枝条充分成熟的主要标志是：木质化程度高，含水量减少，细胞液浓度增加，淀粉积累多，形成层活动能力减弱等。

3）枝条休眠和抗寒锻炼

一般处在休眠状态的植物，抗寒能力强，植物休眠愈深，抗寒力愈强。园林植物抗寒性的获得是在秋天和初冬期间逐渐发展起来的,这个过程称为抗寒锻炼。一般的园林植物通过抗寒锻炼才能逐步获得抗寒性。到了春季气候转暖,枝芽开始生长,其抗寒能力又逐渐消失,这一消失过程称为锻炼解除。

4)低温条件

低温是园林植物受冻的直接原因。秋季气温骤降过早,变化幅度过大;冬季低温持续时间过长和日变化剧烈均可使园林植物的抗寒力下降而易遭冻害。春夏季干旱,园林植物生长不良,或降水过多而枝条徒长,均可降低抗寒力。降水较多、排水不良而长期积水,特别是雪后结霜可加重冻害,但越冬前土壤过分干燥也常常引起冻害,危害更为严重。

5)栽植时期及养护水平

不耐寒的树种如在秋天栽植,且栽植技术又不过关,冬季很容易遭受冻害,在北方应该春季栽植,冬季还应做好防寒工作,合理施肥和灌水等,以减轻冻害。

(二)霜害

由于气温急剧下降至 0 ℃或 0 ℃以下,空气中的饱和水汽凝结成冰晶而使园林植物的幼嫩组织或器官受害的现象称为霜害,也称霜冻,多发生在生长期内。

1. 霜冻的类型

根据霜冻发生的时间与特点不同分为以下几种。

(1)辐射霜冻:由于地面或植物夜间辐射冷却而形成的,其延续时间短,通常只是清晨几个小时,温度一般为-1～-2 ℃,较易预防。

(2)平流霜冻:是北方寒流侵袭的结果,涉及范围大,延续时间长,降温剧烈,可降至-3 ℃以下,甚至达-10 ℃,一般防霜措施效果不大。

(3)混合霜冻:平流霜冻和辐射霜冻同时发生,其危害程度更大。

2. 霜冻的危害

根据霜冻发生的时间不同,通常将秋季开始发生的霜冻称为早霜(或秋霜),春末发生的霜冻称为晚霜。观果类园林植物常遭晚霜危害,特别是萌芽开花较早的桃、杏等容易受害。

当萌动的芽受霜冻后,外观变褐色或黑色,鳞片松散,不能萌发,而后干枯脱落。花蕾期和花期受霜冻,由于雌蕊最不耐寒,轻霜冻就可将雌蕊花托冻坏,而花朵照常开放;稍重的霜冻可将雄蕊冻死;严重霜冻时花瓣受冻变色脱落。幼叶受害,叶缘变色,叶片发软甚至干枯。

南方树种引种到北方后,在秋季不能及时停止生长,或枝条停止生长晚,其组织生长不充实,易受到早霜的威胁;北方树种引种到南方,由于南方气候转暖早,树木开始萌动早,在气温多变的地区易遭晚霜危害。生产中应特别注意后期的施肥与灌水养护,避免树木枝条贪青徒长,使其适时停止生长进入休眠。特别是对从南方地区引进的园林植物品种,应及早进行越冬防寒。

3. 霜冻发生的条件

(1)天气晴朗、无风和低温条件下容易出现辐射霜冻。

(2)地势低洼、冷空气不易排出,丘陵、山地冷空气积聚谷地,均易发生霜冻。"V"形谷地较"U"形谷地受害轻。

(3)霜冻是冷空气集聚的结果,因此在冷空气易于积聚的地方霜冻重,而在空气流通处霜冻轻。如不透风林带之间易积聚冷空气,形成霜穴,使霜冻加重。由于气温逆转现象,越近地面气温越低,所以下部受害较上部重。

(4)干燥而疏松的土壤,白天土壤蓄热和夜晚深层升热少,易出现霜冻。沙土较壤土、黏土霜冻多而重。

(5)植被密度较大,霜冻多出现在茂密枝叶处。在同一霜冻过程中,草地比裸地霜冻重。

(三)风害

1. 大风对园林植物的危害

在多风地区,大风使树木偏冠、偏心或出现风折、风倒及树杈劈裂的现象,称为风害。风害主要由台风、雷雨大风(飑风)和龙卷风等所造成。大风(瞬时风速达到或超过8级)对园林植物生长造成以下危害。

(1)机械损伤:大风可使园林植物倒伏、折干、断枝、破叶、落叶、落果和降低果实品质等。

(2)生理危害:大风可加速水分蒸腾,造成叶片气孔关闭,光合强度降低,进而导致旱害、寒害和冬季冻害,造成树势衰弱,代谢机能紊乱。

(3)土壤质地:沙地栽植的园林植物受大风危害可以造成移沙埋干、露根和撕破叶片,影响花期传粉媒介活动,柱头粘沙或干枯,降低坐果率。

2. 影响风害的因素

(1)树木品种:风害的发生与树种、品种的抗风力有关。刺槐、悬铃木、加杨等树种,因树高、冠大、叶密、根浅,抗风力较弱;垂柳、乌桕等树种,因树矮、冠小、根深、枝叶稀疏等,抗风力较强。

(2)环境条件:风害的发生也与环境条件有关。如果风向与街道的走向(行道树)平行,风力汇集,风压迅速增强,风害也随之加大,如园林植物被夹在狭小的建筑过道内,刮风时形成狭管效应,园林植物常因风太大而倒折。局部绿地因地势低洼排水不畅,雨后积水,土壤松软,如遇大风极易刮倒。

(3)栽培措施:苗木栽植时,特别是大树移植时,如果根盘起得小,则因树身大且重而易遭风害,所以大树移植时必须按规定要求挖掘,栽后要立支柱。在多大风的地区栽植较大的苗木也应立支柱,以免被风吹歪。如果栽植密度过大、栽植穴过小,都会造成根系生长不良,抗风能力差。此外,不合理的修剪也会加重风害,如仅在树体的下半部修剪,而对树冠中上部的枝叶不进行修剪,结果增强了园林植物的顶端优势,使园林植物的高度、冠幅与根系分布不相适应,头重脚轻,很容易遭受风害。

(四)日灼(日烧)

日灼主要是指园林植物在生长发育期间,由于强烈日光辐射增温所引起的园林植物器官和组织灼伤,又称日烧或灼伤。

1. 冬季日灼

冬季由于白天阳光直射使树木主干和大枝的向阳面温度上升,使冻结的组织细胞解冻,夜间温度又急剧下降,使组织冻结,冻融交替使皮层细胞受破坏而造成日灼。因此,冬季日灼实际也是一种冻害，多发生在树皮薄的树干和主枝的向阳面。开始受害的大多是枝条的阳面，树皮变色横裂成斑块状，最后局部干枯；严重时，韧皮部与木质部脱离；急剧受害时，树皮凹陷，日灼部位逐渐干枯、裂开或脱落，枝条死亡。如苹果、梨、桃、杨梅等树种都易发生日灼。

2. 夏季日灼

夏季日灼是在干旱缺水的情况下，阳光直射产生高温造成局部灼伤。由于温度高、树体水分不足、蒸腾作用减弱，致使树体温度难以调节，造成枝干皮层或果实的表面局部温度过高而灼伤，严重的引起局部组织死亡。一般瘦弱而枝少的园林植物容易发生，除枝干、果实和叶片外，土层浅的沙地根系有时也发生日灼。苹果果实受害时，阳光直射部分先出现桃红色斑，稍重时，斑的中间呈现白色，严重时变为黄色和焦黄色。柑橘果实受日灼后，受害部分凹陷（见图 4-2）。

图 4-2　柑橘受日灼

五、任务实施

（一）冻害的防治技术

1. 冻害的防治

1）选择抗寒的树种和品种

在树木种植设计时要适地适树，通常选择乡土树种，尽可能栽植抗寒力强的树种和品种。新引进的树种，一定要经过试种，确实证明其有较强的适应能力和抗寒性后才能推广应用。

2）提高树体抗寒性

加强园林植物综合管理，提高树体内营养物质积累水平，在生长前期加强肥水管理，合理施肥，促使新梢生长及叶片增大，提高光合效能，增加有机物的积累，保证树体健壮生长；生长后期控制灌水，注意观果类园林植物克服过量结果和大小年结果现象，避免后期施用氮肥和灌水过量，保证树体正常进入休眠，以增强抗寒力。

3）加强树体越冬保护

（1）灌水：晚秋园林植物进入休眠期至土壤封冻前，灌一次冻水，到了冬季封冻以后，树根周围就会形成冻层，维持根部恒温，不受外界气温骤然变化的影响。同时，由于土壤温度增加，也可防止园林植物灼条。在早春土壤解冻时及时灌水，经常保持土壤湿润，以供给园林植物足够的水分，对防止春风吹袭使园林植物干旱、灼条也有很大作用。

（2）覆土、培土：在秋末冬初，土壤封冻前，将枝干柔软、树体较矮的灌木或藤本植物压倒覆土，或先盖一层干树叶，再覆 40～50 cm 的细土，轻轻拍实，既能防冻，也能保持枝干温度，防止灼条。

对冬季土壤冻结、早春干燥多风的大陆性气候地区，有些树种虽耐寒，但易受冻旱的危害而出现枯梢，可于土壤封冻前，在树干北面，培一向南弯曲、高 40～50 cm 的月牙形土堆，具体高度可依园林植物高度而定。早春可挡风、反射和积累热量，使穴土提早化冻，根系也能提早吸水和生长，即可避免冻害的发生。

(3)树干涂白：对树干涂白、喷白，可以减弱温度骤变的危害，还可以杀死一些越冬病虫。

(4)缠干：新栽园林植物、冬季湿冷地不耐寒的园林植物，可用草绳紧接地面卷干或用稻草包住主干和部分主枝防寒，也可用塑料薄膜缠干来防寒。

(5)设风障。

2. 受冻树木的养护技术

1)合理施肥

受冻后恢复生长的树木生长势较弱，前期要保证水肥供应，以恢复树势。

2)合理修剪

对受害部位晚剪或轻剪，给枝条恢复生长的时间；对枯死的部分要及时剪除，以利于伤口愈合；对无法判断的，可在春天发芽后依受冻部分情况再作处理。

3)加强病虫害防治

树木受冻后树势较弱，极易受病虫害的侵袭，要及时做好病虫害防治工作。对根颈受冻的树木要及时用桥接或根接来恢复树势；对受冻后成块脱离的树皮，要用钉子钉住或桥接补救。

(二)霜害的防治技术

1. 推迟萌芽

1)春季灌水或喷水

春季多次灌水或喷水能降低土温和树体温度，即在萌芽后至开花前灌 2～3 次水，延迟树木发芽。

2)涂白

春季主干和主枝涂白可以减少对太阳热能的吸收，可延迟发芽与开花。如早春用 7%～10% 石灰液喷布树冠，可使花期延迟 3～5 天。

3)利用腋花芽结果

腋花芽较顶花芽萌发和开花都晚，有利于避开晚霜。

4)使用化学药剂

利用药剂或激素使园林植物萌动推迟，延长园林植物休眠期。如青鲜素、B_9、乙烯利、萘乙酸钾盐(250～500 mg/kg)溶液在萌芽前或秋末喷洒于树上，可以抑制园林植物萌动。

2. 改善小气候

1)人工降雨、喷水

降霜前利用人工降雨或喷雾设备向树体喷水，水遇冷凝结放出潜热，可增加温度，减轻霜冻。

2）加热法

加热防霜是现代防霜较先进而有效的方法。在林地中每隔一定距离放置一加热器，在将发生霜冻前点火加温，下层空气上升，上层原来温度较高的空气下降，在园林植物周围形成一个暖气层。此法在果园中用得较多。

3）吹风法

霜害是在空气静止的情况下发生的，因此可利用大型吹风机增加空气流动，将冷空气吹散，能起到防霜效果。

4）熏烟法

熏烟法简单易行，效果明显。应注意天气预报，事先在园内每隔一定距离设置发烟堆，材料用易燃的干草、秸秆等，与潮湿的落叶、草等分层交互堆起，外覆一层土，中间插上木棒，高度一般不超过 1 m，上风方向烟堆可密一些。在有霜冻危险的夜晚，当温度降至 5 ℃左右时即可点火发烟。但多风或降温至-3 ℃以下时，效果不理想。

3. 综合管理

加强综合栽培管理技术，增强树势，可以提高抗霜害的能力。

（三）冷害的防治技术

除参考防止霜冻害措施外，还可选择种植避免冷害的树种、品种，选育抵抗或适应当地寒冷环境的新品种。

（四）抽条的防治技术

（1）加强肥水管理，促进枝条前期生长，防止后期徒长，充实枝条组织，增强其抗性。

（2）注意病虫害防治。在日常管理中应加强病虫害的防治。注意秋季防治浮尘子和蝉在树皮上产卵，减少水分蒸腾量。

（3）秋季新定植的不耐寒园林植物尤其是幼龄园林植物，为了预防抽条，一般多采用埋土防寒，即把苗木地上部向北卧倒培土防寒，既可保温、减少蒸腾，又可防止干梢。植株大不易卧倒的，可在树干北侧培 60 cm 高的半月形土埂，有利于根部吸水，及时补充枝条失去的水分。如在树干周围撒布马粪、树叶等有机物可保持土温，提早解冻，或于早春灌水，增加土壤水分。秋季对幼树枝干缠纸、塑料薄膜或涂胶膜、喷白等，均有利于防止或减轻抽条。

（五）风害的防治技术

1. 风害的预防技术

1）选择抗风树种

在易遭风害的地方如风口、风道，应选择深根性、耐湿、抗风力强的树种，如香樟、枫杨、悬铃木等。

2）保证栽植质量

移栽苗木，特别是移植大树，必须按规定起苗，绝不能使根盘小于规定尺寸，否则，根盘起得小，会因上重下轻易遭风害。设计时要注意园林植物的株行距不宜过小。在多风地区，种植穴应适当加大，保证园林植物根系舒展，生长发育良好，定植后要立即立支柱；对结果多的树及早吊枝或顶枝，减少落果。在易受风害的地方，特别是台风和强热带风暴来临前，在园林植物的背风面用竹竿、水泥柱等支撑物进行支撑，用铁丝、绳索扎绑固定。

3）合理修剪

在园林植物的整形修剪过程中，要合理疏枝，控制树形，做到树形、树冠不偏斜，冠幅体量不过大。

2. 受风害的园林植物养护技术

对于遭受大风危害，折枝、损坏树冠或被风刮倒的园林植物（见图4-3），应根据受害情况，及时维护。

图4-3　受风害的树木

（1）对被风刮倒的园林植物及时顺势扶正，对折断的根加以修剪，填土压实，通常培土为馒头形，修去部分或大部分枝条，并立支柱。

（2）对裂枝要顶起或吊起，捆紧基部伤面，涂药膏促其愈合，并加强肥水管理，促进树势的恢复。

（3）对难以补救的园林植物应加以淘汰，重新栽植新株。

（六）日灼的预防技术措施

1. 防止树温上升

遮蔽阳光直射是防止树体温度增高最有效的方法。树干涂白能反射向阳面阳光辐射，缓和树皮温度剧变，对预防冬季日灼效果很好，同时，修剪时要合理留枝，不使枝干裸露，特别是已经秃裸的枝，若萌生小枝应加以保护，以预防夏季日灼。

2. 合理灌水，防止干旱

合理灌水是预防夏季日灼的有效方法。遭受日灼的部位蒸腾作用强烈，失水也多，引起生理干旱。由于缺水和高温的综合作用，使日灼加重，所以适时合理灌水，防止干旱，对防止日灼有重大作用。另外，对较大的锯口和伤口应涂抹接蜡，防止水分蒸发。

3. 防止果实日灼

可在疏果时适当多留内膛果，少留西南面和外围果，因为这些部位易发生日灼。做到叶里藏果，防止阳光直接照射，必要时应进行套袋。

（七）旱害的预防技术措施

1. 树种的选择

选择适宜的耐旱树种、品种和砧木。

2. 良好的养护管理

（1）土壤深耕是防止土壤水分大量蒸发的有效措施，并可深蓄降水，增加土壤含水量。

（2）树盘内盖20 cm厚杂草，可有效减少地面蒸腾，稳定各层土壤的温度和湿度，增加保蓄水分能力；树下覆膜可减少蒸腾，提高根际土壤含水量，盆状覆盖薄膜还具有蓄水作用。

(3)于树冠外围挖深40~60 cm、直径30 cm的穴,穴内填草并施适量化肥,上口用碎草或细土盖严,树盘覆膜,穴口上方覆膜处开口,引导径流入穴。杂草腐烂成肥,增加局部土壤水分,增强了根系功能。

3. 抗蒸腾剂应用

利用抗蒸腾剂提高园林植物的抗旱能力。据报道,以黄腐酸为抗蒸腾剂在园林植物上应用,可降低蒸腾59%,提高叶片水势0.2~0.4 hPa,有效期达18天。此外,还有高脂膜和抑蒸保湿剂等,可选择应用。

(八)涝害的预防技术措施

为了避免和减轻园林植物涝害,除设置好排水系统外,还应注意选择树种和品种,不同的园林植物对水分过多的抵抗能力有较大差异。一般情况下,常绿阔叶树种的耐淹力低于落叶阔叶树种,落叶阔叶树种中浅根性树种的耐淹力较强。耐淹力较弱的树种有刺槐、榆树、合欢、臭椿、杨树、梧桐、银杏、桂花、女贞等;耐淹力中等的树种有国槐、乌桕、水杉、枫香、悬铃木、苦楝、小叶女贞等;耐淹力较强的树种有旱柳、垂柳、枫杨、白蜡等。

此外,对遭受水淹的园林植物,要及早排出积水,并翻土晾墒以促进须根生长。越冬前进行树干涂白,保护皮层,防止冻裂和日灼。

六、评分标准

序号	考核项目	考核内容	考核标准	考核方法	得分
1	园林植物冻害的防治技术	土壤封冻前对易受冻害树木灌水、培土、树干涂白、缠干(60分)	正确灌水、培土高度及方向准确、涂白均匀、缠干位置合适	个人考核 小组考核	
2	园林植物霜害的防治技术	春季在易发生霜害的时间里,对易受霜害的树木灌水、喷水或熏烟,防止植物受害(40分)	灌水不跑水、对树体喷水均匀、采取熏烟法时能准确布点	个人考核 小组考核	

七、思考与练习

(1)调查你所在地区的园林树木有哪些常见的自然灾害,并说明是如何进行防治的。

(2)哪些新技术可预防园林植物的自然灾害?

八、知识拓展

我国位于欧亚大陆东南部,地域辽阔,山脉纵横,丘陵起伏,地形复杂,气候多样。在气候方面,由于季风的影响常使广大地区的水、热等条件在时空分布上发生较大的波动和变化，频繁出现旱、涝、冻、风、雹、热害及冷害等农业气象灾害。

园林植物经常遭受的自然灾害有冷害、冻害、旱害、风害、雹害、热害、日灼等，因此必须掌握各种自然灾害的规律，积极地进行防治，以确保园林植物的正常生长。

（一）冻害产生的原因

（1）由于低温细胞膜活性降低，膜相由液晶态变为凝胶态，使细胞膜破损。

（2）细胞内水分结冰，使细胞膜破坏，造成细胞死亡。

（3）细胞间隙结冰，引起细胞内水分不断外渗，造成细胞水分胁迫，导致生理失调而引起伤害。

（二）干旱对园林植物的影响

干旱是指长期降水偏少造成空气干燥、土壤缺水，导致树体内水分亏缺，影响树体正常生理代谢和生长发育的一种气象灾害。

（1）缺水可引起气孔保卫细胞膨压降低，气孔变小，CO_2 进入叶片的阻力增大，光合作用减弱。

（2）在干旱胁迫下，萎蔫初期叶中淀粉和蔗糖水解为单糖，作为呼吸基质被消耗。蛋白质合成受阻，分解过程加强，使有机物质合成和分解的正常代谢过程遭到破坏。

（3）由于光合作用减弱和呼吸作用加大，体内有机营养积累减少，生长衰弱，花芽分化不良，产量降低。

（4）严重缺水，使细胞壁和原生质发生脱水收缩，甚至发生原生质破裂而死亡。园林植物具有强大的根系和较强的抗干旱能力，但因为本身需水量和蒸腾量大，在长期供水不足和干旱的胁迫下，也会造成叶片萎蔫、变黄和早期落叶，部分枝条干枯甚至全树干死。

不同园林植物的抗旱能力差别较大。凡根系分布深、根量大，叶片多毛茸或角质和蜡质厚的树种抗旱力强。同一品种不同砧木有所差别。

（三）雪害、涝害和雹害

1. 雪害

雪害是指树冠积雪过多，压断枝条或树干的现象。通常情况下，常绿树种比落叶树种更易遭受雪害；落叶树如果在叶片尚未落完突遭大雪，也易遭受雪害。雪害的程度受树形和修剪方法的影响。一般而言，当园林植物扎根深，侧枝分布均匀，树冠紧凑时，雪害轻；不合理的修剪会加剧雪害。

生产上可通过多种措施减轻雪害。首先，要加强肥水管理，促进根系生长，增强园林植物的承载力。其次，修剪时应注意侧枝的着力点要均匀地分布在树干上，不要过分追求造型而忽视园林植物的安全。再次，栽植时应注意乔木与灌木、高与矮、常绿与落叶之间的合理搭配，使园林植物之间能互相依托，增强园林植物群体的抗性。另外，对易遭受雪害的园林植物进行必要的支撑，降大雪后要及时摇落园林植物上的积雪。

2. 涝害

涝害多发生在地势低洼、地下水位高或排水不良的地段。园林植物受害后，轻的出现早期落叶、落果、生长不良，重者整株死亡。

涝害的发生，从根系开始，大多数是细根受害，皮色变暗褐色，皮层与木质部容易分离，皮层易剥离，以后木质部变为褐色而死亡，此时地上部叶片变黄而开始脱落。涝害的进一步发展是侧根和主根相继死亡。死根的皮孔变大，木质部变为棕褐色，最后全部腐朽，变为灰色或暗褐色。在水涝情况严重时，须根与主根同时死亡，这时地上部也迅速死去，死树枝干木质部也变为褐色。

涝害的实质是土壤中水分过多，氧气缺乏，使根系窒息而死。但在窒息开始时，园林植物根系可进行短时期的缺氧呼吸来维持生命。缺氧呼吸的主要过程是把糖变成酒精和二氧化碳，因此园林植物受涝害后，即使不死，也要消耗树体内大量糖分而使园林植物正常生长受到严重影响。

3. 雹害

1）冰雹对园林植物的危害

雹害是园林植物被冰雹袭击后所造成的危害。冰雹对园林植物的危害主要是雹块对园林植物的机械伤害和短时大风的破坏作用。轻者撕破叶片、砸伤枝干树皮、打断小枝和击落幼果，重者折断大枝、打烂树皮、打掉全部叶片和果实。阵性大风还可刮倒树体，将树连根拔出。

冰雹危害的程度取决于雹块大小、降雹强度和雹块下降速度，也与园林植物所处物候期有关。特别是观果类园林植物在果实膨大和成熟前，遇到严重冰雹袭击，造成全园毁于一旦，难以挽救，并且容易引起病害发生，影响第二年的生长和结果。危害较轻的雹害，也可使叶片受损，优质果率降低，果实不耐贮藏。

2）园林防雹和雹灾后的管理

（1）根据当地降雹规律，避免在多雹区和“雹线”区内发展园林和栽植园林植物。降雹前根据天气预报，采用人工防雹措施。观果类园林植物采用尼龙网罩树，保护枝、叶、果实，防止和减少在降雹和暴风中折枝、断干、落叶和落果。

（2）雹灾发生后，应根据具体情况及时做好补救和管理工作：①应清理园中的残枝、落叶和落果，铲除园中尚未化冻的冰雹。②疏、截砸断和砸伤的各种受伤枝，尽量保留叶片。③全树喷布50%退菌特800倍液。为防止某些园林植物流胶，于破皮部位涂以桐油、松香合剂（比例1.2∶1，加酒精少许），以利于伤口愈合。④追施速效氮肥和磷肥，增加树体营养，促进树势恢复。⑤冬季修剪移至春季进行，并宜轻剪。

（四）冷害

冷害是指在0 ℃以上的低温条件下，对喜温园林植物所造成的伤害。热带和亚热带园林植物常遭冷害，温带园林植物有时也发生。冷害在0 ℃以上低温时出现，因此受害组织无结冰表现，短期内不易直观察觉受害症状，又称低温冷害。

冷害主要发生在园林植物生长期间，能引起园林植物生长发育延缓、生殖生理机能受损、生理代谢阻滞、观果园林植物产量降低、果实品质变劣。

1. 冷害的类型

1）延迟型冷害

延迟型冷害，是指在营养生长期内遇到低温，园林植物所需热量和积温不足，导致物候期延迟，枝梢不能正常停止生长和成熟，秋季不能正常落叶，果实不能正常成熟，着色不良，品质降低。

2)障碍型冷害

障碍型冷害,是指在园林植物生殖器官分化期遭低温冷害,直接影响生殖器官发育和分化。它可使花芽分化受阻、花粉停止生长或胚珠中途败育,授粉、受精不良,生理落果增加,果实含糖量降低。

3)混合型冷害

在同一生长季中同时出现或相继出现上述两种冷害,其比单一冷害危害更为严重。

2. 低温冷害对园林植物的不利影响

1)对光合作用的影响

由于低温,光合速率明显下降,主要表现在:

(1)低温对叶绿体、类囊膜的影响,引起叶绿体膜系统结构和功能受损。

(2)低温限制叶绿素合成,导致叶绿素总量降低。

(3)低温影响酶活性和光合作用的暗反应速度。

(4)低温导致光合产物运输受阻。

(5)低温引起植物体内水分亏缺。

2)对呼吸作用的影响

(1)随温度降低,呼吸强度逐渐下降。

(2)显著改变呼吸代谢各条途径间的比例关系,新陈代谢失调。

3)对矿质营养吸收的影响

低温降低根的呼吸作用强度,导致根系减少吸收氮、磷、钾等矿质元素。

4)对生殖生长的影响

观果类园林植物在花芽分化、开花、授粉、受精、幼果发育等阶段,对低温最敏感,也是障碍型冷害主要发生时期。主要表现在:

(1)造成花粉部分或全部败育。

(2)阻碍授粉和受精正常进行,胚囊受损而导致落果。

3. 对生物膜的影响

冷害发生时,使膜相由液晶态变为凝胶态,ATP 酶等失去活性,代谢紊乱。

(五)抽条(冻旱)的认识与防治

1. 抽条的表现

幼树在冬春之际,枝干失水皱皮和干枯的现象,称为“抽条”。其主要发生在我国东北、华北北部、西北等地区。1~5 年生幼龄园林植物尤为严重,受害程度随树龄增大而减轻,是当前北方干旱地区园林植物生产中存在的重要问题。

轻度抽条造成枝条外皮皱缩,但可随气温的升高而恢复。严重抽条主要发生在气温回升、干燥多风、地温尚低的 2 月至 3 月,受害较重者枝干抽干,恢复困难。

2. 抽条的原因

1)树种及品种

不同树种、品种的园林植物抗冻旱能力有所差异。凡枝条皮孔小、皮孔总面积小、角质层和木栓层等保护组织发达,可溶性糖含量高、束缚水多、呼吸强度低的树种和品种,受冻旱危害少而轻。

2)枝条成熟度

抽条与枝条的成熟度有关,枝条生长充实的抗性强,反之则易抽条。

3)气象因素

冬季直到早春气温低,尤以土温过低或土壤水分冻结,根系不能或极少吸收水分,而地上部则因早春温度较高且干燥多风,蒸腾作用加大,因而枝条逐渐失水,表皮皱缩,严重时最后干枯。

4)病虫为害

园林植物深秋遭受大绿浮尘子危害,刺破表皮产卵,造成很多伤口,大量失水而加剧抽条死亡。

(六)树种抗寒性分级

以北京为例,有关专家以北京市园林绿地中最常见的乡土树种、近年来引种推广的树种为测试对象,将北京地区园林树种的抗寒性分为四级,见表4-3。

表4-3 北京市常见园林植物抗寒性分级

抗寒性	常绿植物	落叶植物
强	油松、圆柏、侧柏、云杉、华山松、矮紫杉、小叶黄杨	榆树、刺槐、馒头柳、毛白杨、加杨、银杏、绦柳、臭椿、元宝枫、柿树、槐树、栾树、紫丁香、珍珠梅、中国地锦
较强	白皮松	西府海棠、金银木、榆叶梅、美国地锦、碧桃、红帽子月季、迎春、连翘、木槿、红王子锦带
中等	铺地柏、雪松、大叶黄杨	猬实、锦带花、紫叶矮樱、四季丁香、紫叶小檗、紫薇、梅花、金叶女贞、黄刺玫、扶芳藤、紫藤
较弱	京8号常春藤、大叶女贞、粗榧	合欢、玉兰、杂交马褂木、紫荆、木瓜、蜡梅、牡丹、月季

任务五 特殊环境下园林植物的养护管理

一、教学目标

(1)了解园林植物生长的特殊环境(地面铺装、干旱地、盐碱地、屋顶花园)的特点、植物选择及养护技术。

(2)会对铺装地面的园林植物进行养护管理。

(3)会对干旱地、盐碱地、屋顶花园中的园林植物进行养护管理。

二、任务提出

在城市建设中,通常要对地面进行铺装,并在未铺装的地面上栽植不同的绿化树种;有时要在干旱、盐碱土等地上栽植树种;同时由于绿化空间越来越少而将立体绿化引入到建筑空间等。针对以上特殊环境下栽培的园林植物,提出切实可行的方案,对这些树种进行养护管理。

三、任务分析

要使生长在以上特殊环境下的树木能健康生长,首先就要知道这些特殊的环境会对栽植地上的树木产生哪些不良影响,对不同环境下的园林树木采取相应的养护管理技术,来保证树木的正常生长。

四、相关知识

(一)铺装地面树木的生长环境

1. 树盘土壤面积小

在有铺装的地面进行园林植物栽植,大多数情况下种植穴的表面积都比较小,土壤与外界的交流受到制约。如城市行道树栽植时容留的树盘土壤表面积一般仅 1~2 m^2,有时覆盖材料甚至一直铺到树干基部,树盘范围内的土壤表面积极小。

2. 生长环境条件恶劣

栽植在铺装地面上的园林植物,除根际土壤被压实、透气性差,导致土壤水分、营养物质与外界的交换受阻外,还会受到强烈的地面热量辐射和水分蒸发的影响,其生境比一般立地条件下要恶劣得多。在一些城市中,夏季中午的铺装地表温度可高达 50 ℃以上,不但土壤微生物被致死,树干基部也可能受到高温的伤害。而近年来我国许多城市建设的各类大型城市广场,常采用大理石作大面积铺装,更加重了地表高温对园林植物生长带来的危害。

3. 易受机械伤害

由于铺装地面大多为人群活动密集的区域,园林植物生长容易受到人为的干扰和难以避免的损伤,如刻伤树皮、钉挂杂物,在树干基部堆放有害、有碍物质,以及市政施工时对树体造成各类机械性伤害等。

(二)干旱地的环境特点

1. 干旱地的气候特点

干旱地的形成是温度、降雨和蒸发状况相互影响的结果,是降水量、土壤含水量及地面的水量同径流、蒸发和植物蒸腾消耗的水量之间不能平衡所致。我国西部的一些城市位于干旱气候地区,而其他城市中的一些干旱立地环境,可能不是由大气候条件所致,而是因城市下垫面结构的特殊性使降水不能渗入土壤,大多以地表径流的形式流失,即使位于湿润区域也同样出现干旱的特点。

1）干旱带来高温

干旱对园林植物的影响主要是高温和太阳辐射所带来的植物生理上的热逆境，与高蒸发、蒸腾带来的水分逆境，造成园林植物不适应而死亡。

2）干旱地带降水少而且没有规律

干旱地区的降水量一般很少超过 500 mm，而且常常集中在一年中的某段时间，乡土植物对这种极不稳定的水分条件有较强的适应性，但多数园林植物则需要全年灌溉。

3）干旱地区常常有大风与强风

大风增强蒸腾与蒸发作用，并破坏土壤结构。

2. 干旱地的土壤特点

由于蒸发量大大超过降雨量，一般地面水很少能通过土壤渗漏，缺水抑制了化学性侵蚀，其表现的特点主要如下。

1）土壤次生盐渍化

当土壤水分蒸发量大于降水量时，不断丧失的水分使得表层土壤干燥，地下水通过毛细管的上升运动到达土表，在不断补充因蒸发而损失的水分的同时，盐碱伴随着毛管水上升，并在地表积聚，盐分含量在地表或土层某一特定部位的增高，导致土壤次生盐渍化发生。

2）土壤贫瘠

由于迅速的氧化作用使土壤有机质的含量严重下降。

3）土壤生物减少

干旱条件导致土壤生物种类（细菌、线虫、蚁类、蚯蚓等）数量的减少，生物酶的分泌也随之减少，土壤有机质的分解受阻，影响树体对养分的吸收。

4）土壤温度升高

干旱造成土壤热容量减小，温差变幅加大；同时，因土壤的潜热交换减少，土壤温度升高，这些都不利于园林植物根系的生长。

（三）盐碱地的环境特点及对植物的影响

1. 盐碱地的环境特点

盐碱土是地球上分布广泛的一种土壤类型，约占陆地总面积的 25%。我国从滨海到内陆、从低地到高原都有分布。盐碱土是盐土与碱土的合称，盐土分为滨海盐土、草甸盐土、沼泽盐土，主要含氯化物、硫酸盐；碱土分为草甸碱土、草原碱土、龟裂碱土，主要含碳酸钠、碳酸氢钠。

在雨季，降水大于蒸发，土壤呈现淋溶脱盐特征，盐分顺着雨水由地表向土壤深层转移，也有部分盐分被地表径流带走；而在旱季，降水小于蒸发，底层土壤的盐分随毛细管移至地表，表现为积盐过程。在荒裸的土地上，土壤表面水分蒸发量大，土壤盐分剖面变化幅度大，土壤积盐速度快，因此要尽量防止土壤的裸露，尤其在干旱季节，土壤覆盖有助于防止盐化发生。

2. 盐碱地对园林植物的影响

1）引发生理干旱

由于盐碱土中积盐过多，导致园林植物根系吸收养分、水分非常困难，甚至会出现水分从根细胞外渗的情况，破坏了树体内正常的水分代谢，造成生理干旱，树体萎蔫、生长停止甚至全株死亡。一般情况下，土壤表层含盐量超过0.6%时，大多数树种已不能正常生长；土壤中可溶性含盐量超过1.0%时，只有一些特殊耐盐树种才能生长。

2）危害树体组织

树体内积聚的过多盐分，使蛋白质合成受到严重阻碍，从而导致含氮的中间代谢产物积累，造成树体组织的细胞中毒；另外盐碱的腐蚀作用也能使园林植物组织直接受到破坏。

3）滞缓营养吸收

过多的盐分使土壤物理性状恶化、肥力减低，树体需要的营养元素摄入减慢，利用转化率也减弱。而钠的大量存在使树体对钾、磷和其他营养元素（主要是微量元素）的吸收减少，磷的转移受抑，严重影响树体的营养状况。

4）影响气孔开闭

在高浓度盐分作用下，叶片气孔保卫细胞内的淀粉形成受阻，气孔不能关闭，园林植物容易因水分过度蒸腾而干枯死亡。

（四）屋顶花园环境特点

1．屋顶花园的作用

屋顶花园是在完全人工化的环境中栽植园林植物，采用客土、人工灌溉系统为园林植物提供必要的生长条件，是营造在建筑物顶层的绿化形式，主要是为了充分利用空间，尽量在“水泥森林”中增加绿色与绿量。在我国，许多现代化城市，特别是大城市，屋顶花园的营造已十分普遍，所发挥的景观与生态作用都十分显著。

1）改善城市生态环境

充分利用空间，增加城市绿量，改善城市生态环境。屋顶花园绿化几乎以等面积绿化了建筑物所占面积，还改变了城市绿化的立体层次，增加城市绿地覆盖率。由于屋面比地面空气流通好，易与周围大气进行热量交换，所以夏季屋面的最高温度明显高于地面，冬季最低气温又明显低于地面。而绿色屋顶由于植物的蒸腾作用和潮湿下垫面的蒸发作用所消耗的潜热比未绿化的屋面大，从而使绿色屋顶的贮热量及地气的热交换量大大减少，屋顶空气获得的热量少，热效应降低，减弱了城市的“热岛”效应。

2）丰富城市景观

屋顶花园的存在柔化了生硬的建筑物外形轮廓，植物的季相美更赋予建筑物动态的时空变化，并丰富了城市风貌。

3）改善建筑物顶层的物理性能

屋顶花园构成屋面的隔离层，夏天可使屋面免受阳光直接暴晒烘烤，显著降低其温度；冬季可发挥较好的隔热层作用，降低屋面热量的散失。由此节省顶层室内降温与采暖的能源消耗。

4）心理释放功能

能给高层上居住的人们提供绿色的园林美景，使人们避开喧嚷的城市或劳累的工作环境，在宁静安逸的气氛中得到休息和调整，能促进和保证人们的身体健康。

2. 屋顶花园的环境特点

在屋顶营造花园，由于受到载荷的限制，不可能有很深的土壤，因此屋顶花园的环境特点主要表现在土层薄、营养物质少、缺少水分；同时屋顶风大，阳光直射强烈，夏季温度较高，冬季寒冷，昼夜温差变化大。

五、任务实施

（一）铺装地面的园林植物养护技术

1. 树种选择

由于铺装地面立地的特殊环境，应选择根系发达，具有耐干旱、耐贫瘠，根系发达，树体能耐高温与阳光暴晒且不易发生灼伤的树种。

2. 土壤处理

适当更换栽植穴的土壤，改善土壤的通透性和土壤肥力，更换土壤的深度为50~100 cm，并在栽植后加强水肥管理。

3. 树盘处理

树盘处理应保证栽植在铺装地面的园林植物有一定的根系土壤体积。据美国波士顿的调查资料，在有铺装地面栽植的园林植物，根系至少应有3 m^3 的土壤，且增加园林植物基部的土壤表面积要比增加栽植土壤的深度更为有利。铺装地面切忌一直延伸到树干基部，否则随着园林植物的加粗生长，地面铺装物会嵌入树干体内，园林植物根系的生长也会抬升地面，造成地面破裂不平。

树盘地面可栽植花草，覆盖树皮、木片、碎石等，一方面提升景观效果，另一方面起到保墒、减少扬尘的作用；也可采用两半的铁盖、水泥板覆盖，但其表面必须有通气孔，盖板最好不直接接触土表。如是水泥、沥青等表面没有缝隙的整体铺装表面，应在树盘内设置通气管道以改善土壤的通气性。通气管道一般采用PVC管，直径10~12 cm，管长60~100 cm，管壁钻孔，通常安置在种植穴的四角。

人行道的园林植物往往缺乏水分，因此栽植时要注意种植穴、园林植物的规格与人行道坡度之间的关系，应使园林植物树冠的落水线落入种植穴内的土壤中，或从铺装断开的接头处渗入，而在持续降水时多余的水分可以越过土壤表面流走。

（二）干旱地的园林植物养护技术

1. 选择耐旱树种

耐旱树种具有发达的根系，叶片较小，叶片表面常有保护蒸发的角质、蜡质层。如旱柳、毛白杨、夹竹桃、华盛顿棕榈、合欢、胡枝子、锦鸡儿、紫穗槐、胡颓子、白栎、石楠、构树、小檗、火棘、黄连木、胡杨、绣线菊、木半夏、臭椿、木芙蓉、雪松、枫香等。

2. 选择合适的栽植时间

以春季为主，一般在3月中旬至4月下旬，此期土壤比较湿润，土壤的水分蒸发和树体的蒸腾作用也比较低，园林植物根系再生能力旺盛，愈合发根快，种植后有利于园林植物的成活生长。但在春旱严重的地区，以在雨季栽植为宜。

3. 提高栽植技术

1)泥浆堆土

将表土回填树穴后,浇水搅拌成泥浆;再挖坑种植,并使根系舒展;然后用泥浆培稳园林植物,以树干为中心培出半径为50 cm、高50 cm的土堆。因泥浆能增强水和土的亲和力,减少重力水的损失,可较长时间保持根系的土壤水分。堆土还可减少树穴土壤水分的蒸发,减少树干在空气中的暴露面积,降低树干的水分蒸腾。

2)使用保水剂

将保水剂埋于园林植物根部,能较持久地释放所吸收的水分供园林植物生长。将其与土壤按一定比例混合拌匀使用;也可将其与水配成凝胶后,灌入土壤使用,有助于提高土壤保水能力。

3)开集水沟

旱地栽植园林植物,可在地面挖集水沟蓄积雨水,有助于缓解旱情。

4)容器隔离

采用塑料袋容器(10~300 L)将树体与干旱的立地环境隔离,创造适合园林植物生长的小环境。袋中填入腐殖土、肥料、珍珠岩,再加上能大量吸收和保存水分的聚合物,与水搅拌后成冻胶状,可供根系吸收3~5个月。若能使用可降解塑料制品,则对园林植物生长更为有利。

(三)盐碱地园林植物的养护管理技术

1. 施用土壤改良剂

施用土壤改良剂可达到直接在盐碱土栽植园林植物的目的,如施用石膏可中和土壤中的碱,适用于小面积盐碱地改良,施用量为3~4 t/hm^2。

2. 防盐碱隔离层

对盐碱度高的土壤,可采用防盐碱隔离层来控制地下水位上升,阻止地表土壤返盐,在栽植区形成相对的局部少盐或无盐环境。具体方法为:在地表挖1.2 m左右的坑,将坑的四周用塑料薄膜封闭,底部铺20 cm石渣或炉渣,在石渣上铺10 cm草肥,形成隔离盐碱层,适合园林植物生长的小环境。

3. 埋设渗水管

埋设渗水管可控制高矿化度的地下水位上升,防止土壤急剧返盐。如天津园林绿化研究所采用渣石、水泥制成内径20 cm、长100 cm的渗水管,埋设在距树体30~100 cm处,设有一定坡降并高于排水沟;距树体5~10 m处建一收水井,集中收水外排,第一年可使土壤脱盐48.5%。采用此法栽植白蜡、垂柳、国槐、合欢等,树体生长良好。

4. 暗管排水

暗管排水的深度和间距可以不受土地利用率的制约,有效排水深度稳定,适用于重盐碱地区。单层暗管埋深2 m,间距50 cm;双层暗管第一层埋深0.6 m,第二层埋深1.5 m,上下两层在空间上形成交错布置,在上层与下层交会处垂直插入管道。使上层的积水由下层排出,下管排水流入集水管。

5. 抬高地面

天津园林绿化研究所在含盐量为0.62%的地段,采用换土并抬高地面20 cm栽种油松、侧柏、龙爪槐、合欢、碧桃、红叶李等树种,成活率达到72%~88%。

6. 避开盐碱栽植

土壤中的盐碱成分因季节而变化,春季干旱、风大,土壤返盐重;秋季土壤经夏季雨淋盐分下移,部分盐分被排出土体,定植后,园林植物经秋、冬缓苗易成活,所以是盐碱地园林植物栽植的最适季节。

7. 生物技术改土

主要指通过合理的换茬种植,减少土壤的含盐量。如对盐渍土可采用种稻洗盐、种耐盐绿肥翻压改土的措施,仅用1~2年的时间,降低土壤含盐量40%~50%。

8. 施用盐碱改良肥

盐碱改良肥内含钠离子吸附剂、多种酸化物及有机酸,是一种有机—无机型特种园艺肥料,pH值5.0,利用酸碱中和、盐类转化、置换吸附原理,既能降低土壤pH值,又能改良土壤结构,提高土壤肥力,可有效用于各类盐碱土改良。

(四)屋顶花园园林植物养护管理技术

1. 屋顶花园种植施工

1)底面处理

排水系统设在防水层上,可与屋顶雨水管道相结合。将过多的水分排出以减少防水层的负担。

(1)架空式种植床。在离屋面10 cm处设混凝土板承载种植土层。混凝土板需有排水孔,排水可充分利用原来的排水层,顺着屋面坡度排出,绿化效果欠佳。

(2)直铺式种植。在屋顶面板上直接铺设排水层和种植土层,排水层可由碎石、粗砂、陶粒组成,其厚度应能形成足够的水位差,使土层中过多的水流向屋面排水口。花坛设有独立的排水孔,并与整个排水系统相连。日常养护时,注意及时清除杂物、落叶,特别要防止总落水管被堵塞。

2)防水处理

屋顶绿化后应绝对避免出现渗漏现象,一旦出现问题,将使房屋的使用者产生排斥心理,直接影响屋顶绿化的推广,最好设计成复合防水层。

(1)刚性防水层:在钢筋混凝土结构层上用普通硅酸盐水泥砂浆掺5%防水剂抹面,造价低,但怕震动,耐水、耐热性差,暴晒后易开裂。

(2)柔性防水层:用油、毡等防水材料分层粘贴而成,通常为三油二毡或二油一毡,使用寿命短,耐热性差。

(3)涂膜防水层:用聚氨酯等油性化工涂料涂刷成一定厚度的防水膜,高温下易老化。

3)防腐处理

为防止灌溉水肥对防水层可能产生的腐蚀作用,需要作技术处理,提高屋面的防水性能。主要的方法步骤如下:

(1)先铺一层防水层,由二层玻璃布和五层氯丁防水胶(二布五胶)组成;然后在上面铺设4 cm厚的细石混凝土,内配钢筋。

(2)在原防水层上加抹一层厚2 cm的火山灰硅酸盐水泥砂浆。

(3)用水泥砂浆平整修补屋面,再敷设硅橡胶防水涂膜。

这种方法适用于大面积屋顶防水处理,如图 4-4 所示。

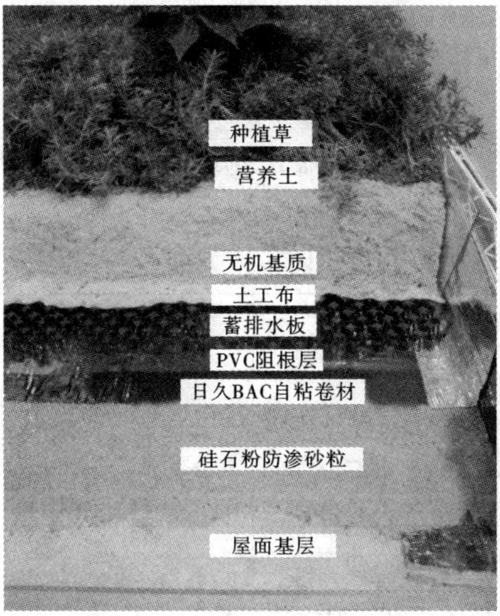

图 4-4　屋顶绿化层面图

4)灌溉系统设置

如采用水管灌溉,一般 100 m^2 设一个。但最好采用喷灌或滴灌形式来补充水分,安全而便捷。

5)基质要求

屋顶花园园林植物栽植的基质除要满足提供水分、养分的一般要求外,应尽量采用轻质材料,以减少屋面载荷。常用基质有田园土、泥炭、草炭、木屑等。轻质人工土壤的自重轻,多采用土壤改良剂以促进形成团粒结构,保水性及通气性良好,且易排水。

2. 屋顶花园绿化植物养护管理技术

1)浇水、除草

屋顶上的土壤因干燥、高温、光照强、风大、植物的蒸腾量大、失水多等,在夏季日光较强时易受日灼、枝叶焦边及干枯的危害,要经常浇水或喷水,形成较高的空气湿度。一般在上午 9 点以前、下午 4 点以后各浇水一次,或使用喷灌进行灌溉。及时除掉杂草。

2)施肥、修剪

由于在屋顶上的多年生植物是生长在较浅的土层中,缺乏养分,要及时施肥,同时要注意周围的环境卫生。对植物的枯枝、徒长枝等及时修剪,以保持树体的优美外形,减少养分消耗,有利于根系的生长。

3)补充人造种植土

由于经常浇水和雨水的冲淋,使人造土流失,导致种植土层厚度不足,要及时添加种植土,同时注意调节其 pH 值。

4)防寒、防风

屋顶上冬季风大、气温低,会使一些在地面上能安全越冬的植物,在屋顶可能受冻害。

因此,在冬季要用包扎物对树体进行包裹,盆栽植物可以搬入温室越冬。同时,为了防止屋顶上的大风吹倒植物,要对大规格的乔灌木进行加固处理,即可在树木根部堆放石体,起到压固根系的作用;或在树木根部土层下增设塑料网,以扩大根系的固土力;也可将树干组合在一起,绑扎支撑。

5)检查、维修

要经常检查屋顶植物的生长情况、排水设施的工作状况,定期疏通与维修。

六、评分标准

序号	考核项目	考核内容	考核标准	考核方法	得分
1	铺装地面园林植物养护管理技术	土壤处理、树盘处理(60分)	能正确对铺装地面的树木进行松土、透气处理,对树盘栽植地被植物和覆盖	个人考核 小组考核	
2	屋顶绿化园林植物养护管理技术	屋顶绿化园林植物土肥水及其他养护管理(40分)	会对屋顶绿化植物进行正确的养护管理	个人考核 小组考核	

七、思考与练习

(1)目前屋顶绿化在我国的发展现状如何?

(2)你所在城市的屋顶绿化的植物有哪些?你认为其生长如何?

(3)如何对城市中处于铺装地面的树木进行正确的养护管理?

八、知识拓展

(一)常见的主要耐盐树种

一般园林植物的耐盐力为0.1%~0.2%,耐盐力较强的树种为0.4%~0.5%,耐盐力强的树种可达0.6%~1.0%。可用于滨海盐碱地栽植的树种如下:

黑松:能抗含盐海风和海雾,是唯一能在盐碱地用做园林绿化的松类树种,尤其适于丘陵地栽植。

北美圆柏:可在含盐0.3%~0.5%的土壤上生长,为代替桧柏等在盐碱地栽培的优良柏类树种。

胡杨:能在含盐量1%的盐碱地上生长。

新疆杨:在含盐量0.3%的盐土上生长良好,是荒漠盐土上的主要绿化树种。

柽柳:能在含盐量0.5%的盐碱地上生长,叶可分泌盐分,有降低土壤含盐量的效能,为重盐碱地园林绿化骨干树种。

火炬树:原产北美,为林缘生长的灌木或小乔木,浅根且萌根力强,是盐碱地栽植的主要园林树种。

紫穗槐：适应性广，能抗严寒、耐干旱，在含盐量1%的盐碱地上也能生长，根部有固氮根瘤菌，落叶中含有大量的酸性物质能中和土壤的碱性，改善土壤的理化性质，也可增加土壤腐殖质，为盐碱地绿化的先锋树种。

沙枣：具根瘤，对风沙、盐碱、低温、干旱、瘠薄等有抗性。对硫酸盐的抗性强，在盐量1.5%以上时尚能生长；对氯化物的抗性较弱，盐量0.6%以下时才适于生长；而在硫酸盐、氯化物盐土上，则盐量超过0.4%就不适于生长。

沙棘：可在pH值9.0的重碱性土以及含盐量达1.1%的盐碱地上生长。

枸杞：特别耐盐碱，为内陆重盐碱地的优良绿化材料。

白蜡：根系发达，萌蘖性强，在含盐量0.2%～0.3%的盐土上生长良好，耐水湿能力强，是极好的滩涂盐碱地栽植树种。

另外，如国槐、垂柳、刺槐、侧柏、龙柏等都具有一定的耐盐能力，单叶蔓荆、小叶女贞、石榴、月季、木槿等均是盐碱土栽植的优良树种。

（二）屋顶花园栽植的树种选择

1. 树种的选择

由于屋顶花园的特殊环境对树种的选择有严格的限制，一般要求树体有抵抗极端气候的能力；能忍受干燥、潮湿积水；适应土层浅薄、少肥的土壤；栽植容易，耐修剪，生长缓慢。根系生长快、钻透性强的树种不宜选用，生长快、树体高大的乔木慎用。距离地面越高的屋顶，树种选择受限制越多。

常用的乔木有罗汉松、龙爪槐、紫薇、女贞等；灌木有红叶李、桂花、山茶、紫荆、含笑等；藤木有紫藤、蔷薇、地锦、常春藤、络石等；地被有菲白竹、箬竹、黄馨、铺地柏等。

2. 屋顶花园的栽植类型

1）地毯式

地毯式适宜于承受力比较小的屋顶，以地被、草坪或其他低矮灌木为主进行造园，构成垫状结构。土壤厚度15～20 cm，选用抗旱、抗寒力强的攀缘或低矮植物，如地锦、常春藤、紫藤、凌霄、金银花、红叶小檗、蔷薇、狭叶十大功劳、迎春、黄馨等。

2）群落式

群落式适宜于承载力较高（一般不小于400 kg/m^2）的屋顶，土壤厚度要求30～50 cm。可选用生长缓慢或耐修剪的小乔木、灌木、地被等搭配构成立体栽植的群落，如罗汉松、红枫、紫荆、石榴、箬竹、桃叶珊瑚、杜鹃等。

3）庭园式

庭园式适宜于承载力大于500 kg/m^{2}的屋顶，可仿建露地庭园式绿地，除立体植物群落配置外，还可配置浅水池、假山、小品等建筑景观，但应注意承重力点的察看，一般多沿周边设置，安全性较好。

在树种栽植时要注意搭配，特别是群落式屋顶花园，由于屋顶载荷的限制，乔木特别是大乔木数量不能太多；小乔木和灌木树种的选择范围较大，搭配时注意园林植物的色彩、姿态和季相变化；藤本类以观花、观果、常绿树种为主。

任务六　古树名木的保护与管理

一、教学目标

(1)了解古树名木的概念及保护古树名木的意义。

(2)掌握古树名木衰老的原因及防止衰老的方法。

(3)会进行古树名木日常养护及挽救濒临衰亡的古树。

二、任务提出

某城市有许多古树,这些古树已有几百年甚至上千年的历史,为使其更好地发挥观赏价值和研究价值,要对这些古树进行调查,分析其生长特性及衰老的原因,为下一步的养护管理及更新复壮提供第一手资料。

三、任务分析

加强古树名木的养护与复壮,对加速生态建设、维护生态安全有十分重要的意义。古树名木是自然与人类历史文化的宝贵遗产,是中华民族悠久历史和灿烂文化的佐证,它们几经沧桑,展现着古朴典雅的身姿,具有很高的观赏和研究价值。我国幅员辽阔、地理地形复杂、气候条件多样、历史悠久,古树名木的资源极其丰富,如闻名中外的黄山“迎客松”、泰山“卧龙松”、北京市中山公园的“槐柏合抱”等,都是国宝级的文物。随着人类文明的不断发展,古树名木越来越受到社会各界的关注和重视,而要做好古树名木的保护与养护,必须了解古树名木的生长发育规律和生长习性,掌握导致古树名木衰老的因素,并找出其原因,做好古树名木的养护管理及复壮工作。

四、相关知识

(一)古树名木的概念

古树名木在不同部门有不同的概念。

1.国家建设部的定义

1982 年 3 月国家建设部的文件规定,古树一般指树龄在 100 年以上的大树;名木是指树种稀有、名贵或具有历史价值和纪念意义的树木。2000 年 9 月国家建设部重新颁布了《城市古树名木保护管理办法》,将古树定义为树龄在 100 年以上的树木;把名木定义为国内外稀有的、具有历史价值和纪念意义以及重要科研价值的树木;凡树龄在 100 年以上,或者特别珍贵稀有,具有重要历史价值和纪念意义,重要科研价值的古树名木,为一级古树名木;其余为二级古树名木。

2.《中国农业百科全书》的定义

《中国农业百科全书》对古树名木的内涵界定为:“树龄在百年以上的大树,具有历史、文化、科学或社会意义的木本植物。”

3. 国家环保局的定义

国家环保局的定义：一般树龄在百年以上的大树即为古树；而那些树种稀有、名贵或具有历史价值、纪念意义的树木则可称为名木，并相应作出了更为明确的说明。如距地面1.2 m胸径在60 cm以上的柏树类、白皮松、七叶树，胸径在70 cm以上的油松，胸径在100 cm以上的银杏、国槐、楸树、榆树等古树，且树龄在300年以上的，定为一级古树；若胸径在30 cm以上的柏树类、白皮松、七叶树，胸径在40 cm以上的油松，胸径在50 cm以上的银杏、楸树、榆树等，树龄在100年以上300年以下的，定为二级古树；稀有名贵树木指树龄在20年以上、胸径在25 cm以上的各类珍稀引进树木；外国朋友赠送的礼品树、友谊树，有纪念意义和具有科研价值的树木，不限规格一律保护。其中，各国家元首亲自种植的定为一级保护，其他定为二级保护。

（二）古树名木保护的意义

我国现存的古树名木种类之多，树龄之长，数量之大，分布之广，声名之显赫，影响之深远，均为世界罕见。对古树、名木这类有生命的国宝，应大力保护，深入研究，发扬优势，使之成为中华民族观赏园艺的一大特色。

我国现存的古树，已有千年历史的不在少数。它们历尽沧桑，饱经风霜，经历过历代战争的洗礼和世事变迁的漫长岁月，依然老态龙钟，生机盎然，为祖国古老灿烂的文化和壮丽山河增添不少光彩。保护和研究古树，不仅因为它是一种独特的自然和历史景观，而且它是人类社会历史发展的佐证者。它对研究古植物、古地理、古水文和古历史文化等都有重要的科学价值。

1. 古树名木是历史的见证

我国的古树名木不仅在横向上分布广阔，而且在纵向上跨越数朝历代，具有较高的树龄。例如我国传说中的周柏、秦松、汉槐、隋梅、唐杏（银杏）、唐樟等，均可作为历史的见证。山东茗县浮莱山“银杏王”已有3 000年以上高龄；山西太原晋祠“周柏”也有3 000余年的历史；陕西省长安县温国寺和北京戒台寺两株古白皮松（九龙松），均已1 300多年，堪称中国和世界白皮松树龄之最。

2. 古树对研究树木生理具有特殊意义

树木的生长周期很长，对其生长、发育、衰老、死亡的规律我们无法用跟踪的方法加以研究，古树的存在就把树木生长、发育在时间上的顺序展现为空间上的排列，使我们能以处于不同年龄阶段的树木作为研究对象，从中发现该树种从生到死的总规律。

3. 古树名木为文化艺术增添光彩

不少古树名木曾使历代文人、学士为之倾倒，吟咏抒怀，它在文化史上有独特的作用。例如嵩阳书院的“将军柏”，就有明、清文人赋诗三十余首之多；另如苏州拙政园文征明手植的明紫藤，其胸径22 cm，枝蔓盘曲蜿蜒逾5 m，旁立光绪三十年江苏巡抚端方题写的“文征明先生手植紫藤”青石碑，名园、名木、名碑，被朱德的老师李根源先生誉为“苏州三绝”，具极高的人文旅游价值。此类为古树而作的诗画，为数极多，都是我国文化艺术宝库中的珍品。

4. 古树名木是名胜古迹的最佳景点

古树名木和山水、建筑一样具有景观价值，是重要的风景旅游资源。它苍劲挺拔、风姿多彩，镶嵌在名山峻岭和古刹胜迹之中，与山川、古建筑、园林融为一体，或独成一景成为景观主体，或伴一山石、建筑，成为该景的重要组成部分，吸引着众多游客前往游览观赏，留连忘返。如黄山以"迎客松"为首的十大名松，泰山的"卧龙松"等均是自然风景中的珍品；而北京天坛公园的"九龙柏"、北海公园团城上的"遮荫侯"、苏州光福的"清、奇、古、怪"4株古圆柏更是人文景观中的瑰宝，吸引着人们去游览观赏。

5. 古树对树种规划有较大的参考价值

古树多属乡土树种，保存至今的古树，是久经沧桑的活文物，可就地证明其对当地气候和土壤条件有很高的适应性，因此古树是树种规划的最好依据。所以，调查本地栽培及郊区野生树种，尤其是古树、名木，可作为制订城镇园林绿化树种规划的可靠参考，从而在规划树种时作出科学、合理的选择，而不致因盲目引种造成无法弥补的损失。

6. 古树名木具有较高的经济价值

古树名木饱经沧桑，是历史的见证、活的文物，它既有生物学价值，也具有较高的历史文化价值，同时也为当地带来间接或直接的经济价值。前者体现在以古树名木为旅游资源的开发，为发展旅游提供了难得的条件；而对于一些古老的经济树木来说，它们依然具有生产潜力。

（三）古树衰老的原因

任何树木都要经过生长、发育、衰老、死亡等过程。通过探讨古树衰老的原因，可以通过人为措施使衰老以至死亡的阶段延迟到来，延长树木的生命，使树木最大限度地为人类造福。

树木一生一般都要经过种子萌芽—幼年—性成熟开花—衰老—死亡的生命周期过程。古树就处在衰老—死亡的生命阶段。树木由衰老到死亡不是简单的时间推移过程，而是复杂的生理、生态、生命与环境相互影响的一个变化过程，受树种遗传因素及环境因素的共同制约。古树衰老的原因归纳起来一是树木自身内部因素，二是环境条件的影响和人为因素的综合结果。

1. 树木自身因素

树木在其一生中都要经过由种子萌发经幼苗、幼树逐渐发育到开花结果，最后衰老死亡的整个生命过程。树木自幼年阶段一般需经数年生长发育，才能开花结实，进入成熟阶段，之后其生理功能逐步减弱，逐渐进入老化过程，这是树木生长发育的自然规律。但是，由于树种自身遗传因素的影响，树种不同，其寿命长短、由幼年阶段进入衰老阶段所需时间、树木对外界不利环境条件影响的抗性以及对外界环境因素引起伤害的修复能力等，都有所不同。

2. 人为因素

1）土壤条件

（1）土壤密实度过高。古树名木大多生长在城市公园、宫、苑、寺庙或是宅院内、农田旁等，一般土壤深厚、土质疏松、排水良好、小气候适宜，比较适宜古树名木的生长。但是，随着经济的发展，人民生活水平的提高，旅游已成为人们生活中不可缺少的一部分。特别是有些古树姿态奇特，或是具有神奇的传说，常招来大量的游客，使得地面受到大量频繁的践踏，密实度增高，导致土壤板结，土壤团粒结构遭到破坏，通透气性能及自然含水量降低,树木根系呼吸困难,须根减少且无法伸展;水分遇板结土壤层渗透能力降低,大部分随地表流失,树木得不到充足的水分和养分,致使树木生长受阻。

(2)树干周围铺装地面过大。在公园、名胜古迹点,由于游人增多,为了方便观赏,在树木周围用水泥砖或其他硬质材料铺装,仅留下比树干粗度略大的树池。铺装地面平整、夯实,加大了地面抗压强度,人为地造成了土层透气通水性能下降,树木根系呼吸受阻且无法伸展,产生根不深、叶不茂现象。同时,由于树池较小,还不便于对古树进行施肥、浇水,使古树根系处于透气、营养与水分极差的环境中。

(3)根部营养不足。许多古树栽植在殿基之上,虽然植树时在树坑中换了好土,但树木长大后,根系很难向四周(或向下)坚土中生长。此外,古树长期固定生长在某一地点,持续不断地吸收消耗土壤中的各种营养元素,导致土壤中营养元素缺乏,并且由于根系活动范围受到限制,加速了古树的衰老。

2)环境污染

(1)土壤理化性质恶化。随着旅游业的发展,近些年来,有不少人在公园古树林中搭帐篷开各种展销会、演出会或是开辟场地供周围居民(游客)进行锻炼。这不仅使该地土壤密实度增高,同时这些人在古树林中还乱倒各种污水,以及有些地方还增设临时厕所,从而造成土壤的含盐量增加,土壤理化性质遭到严重破坏,对古树的生长极为有害。

(2)空气污染。随着城市化进程的不断推进,各种有害气体如二氧化硫、氟化氢、氯化物、二氧化氮、烟尘等造成了大气污染,有生命的古树不同程度地承受着有害气体、烟尘等的侵害与污染,过早地表现出衰老症状。

3)人为的损害

对于古树人为直接的损害,主要有:在树下摆摊设点、乱堆东西(如建筑材料:水泥、石灰、沙子等),特别是石灰,堆放不久树体就会受害死亡;有的还在树上乱画、乱刻、乱钉钉子;地下埋设各种管线,尤其是煤气管道的渗漏,暖气管道的放热等,均对古树的正常生长产生了较严重的影响。

3.病虫为害

古树由于年代久远,在其漫长的生长过程中,难免会遭受一些人为和自然的破坏形成各种伤残,例如主干中空、破皮、树洞、主枝死亡等现象,导致树冠失衡、树体倾斜,树势衰弱而诱发病虫害。但从对众多现存古树生长现状的调查情况来看,古树的病虫害相对普通树木来说要少,而且致命的病虫更少。不过,多数古树已经过了其生长发育的旺盛时期,步入了衰老至死亡的生命阶段,加之日常养护管理不善,人为和自然因素对古树造成损伤时有发生,古树树势衰弱已属必然,为病虫的侵入提供了条件。对已遭到病虫危害的古树,如得不到及时和有效的防治,其树势衰弱的速度将会进一步加快,衰弱的程度也会因此而进一步增强。

4.自然灾害

古树的衰老除受树木自身因素和人为因素影响外,还常遭受自然因素的影响,如大风、雷电、干旱、地震等,这些自然因素对古树的影响往往带有一定的偶然性和突发性,其危害的程度有时是巨大的,甚至是毁灭性的。

1）大风

七级以上的大风，主要是台风、龙卷风和另外一些短时风暴，春夏之交至初秋尤甚。它们吹折枝干或撕裂大枝，严重者可将树木拦腰折断。而不少古树因蛀干害虫的危害，枝干中空、腐朽或有树洞，更容易受到风折的危害，枝干的折断直接造成叶面积减少，枝断者还易引发病虫害，使本来生长势弱的树木更加衰弱，严重时导致古树死亡。

2）雷电

目前古树多数未设避雷针，其古木高耸且电荷量大，易遭雷电袭击。有的古树遭雷电袭击后，干皮开裂，树头枯焦，树势明显衰弱。

3）干旱

持久的干旱，使得古树发芽迟，枝叶生长量少，枝的节间变短，叶子卷曲，严重者可使古树落叶，小枝枯死，树势因此而衰退，易遭病虫侵袭。

4）地震

古树多朽木、空洞、开裂，遭强震袭击，往往造成树木倾倒或干皮进一步开裂。

5）雪压、雨淞（冰挂）、冰雹

树冠雪压是造成古树名木折枝毁冠的主要自然灾害之一，特别是在大雪发生时，若不及时进行清除，常会导致毁树事件的发生。如黄山风景管理处，每年在大雪时节都要安排及时清雪，以免大雪压毁树木。雨淞（冰挂）、冰雹是空气中的水蒸气遇冷凝结成冰的自然现象，一般发生在4~7月，这种灾害虽然发生概率较低，但灾害发生时大量的冰凌、冰雹压断或砸断小枝、大枝，对树体也会造成不同程度的损伤，削弱树势。

五、任务实施

（一）对古树名木调查、登记、存档

1. 调查、登记

由专人进行细致、系统调查，调查内容主要包括树种、树龄、树高、冠幅、胸径、生长势、病虫害、生境以及对观赏与研究的作用、养护措施等。同时，还应收集有关古树的历史及其他资料，如有关古树的诗、画、图片及神话传说等。

2. 分级、存档

我国通常将古树按树龄分为四级。一级：树龄1 000年以上的古树，或具很高的科学、历史、文物价值，姿态奇特可观的名木；二级：树龄600~1 000年的古树，或具重要价值的名木；三级：树龄300~599年的古树，或具一定价值的名木；四级：树龄100~299年的古树，或具保存价值的名木。

对于各级古树名木，均应设永久性标牌，编号在册，并采取加栏、加强保护管理等措施。一级古树名木要列入专门档案，组织专人加强养护，定期上报。对于生长一般、观赏及研究价值不大的，可视具体条件实施一般的养护管理。

（二）古树名木的一般性养护管理技术

1. 支撑、加固

古树由于年代久远，主干或有中空，主枝常有死亡，造成树冠失去均衡，树体容易倾斜；又因树体衰老，枝条容易下垂，因而需用他物支撑。如北京故宫御花园的龙爪槐、皇极

门内的古松均用钢管呈棚架式支撑,钢管下端用混凝土基加固,干裂的树干用扁钢箍起,收效良好。

2. 树干伤口的治疗

对于枝干上因病、虫、冻、日灼或修剪等造成的伤口进行疗伤,方法见项目四任务三。

3. 树洞修补

1)古树树洞的类型

树洞多是由于古树的木质部或韧皮部受到人为创伤后未及时进行防腐处理,再受到雨水的侵蚀,引起真菌类危害,久而久之就形成了。如不及时处理,树洞会越变越大,导致古树名木倾倒、死亡。根据树洞的着生位置及程度,可将树洞分为以下五类:

(1)朝天洞:洞口朝上或洞口与主干的夹角大于120°,修补面必须低于周边树皮,中间略高,注意修补面不能积水。

(2)通干洞或对穿洞:有两个以上洞口,洞内木质部腐烂相通,只剩韧皮部及少量木质部,只作防腐处理,尽可能处理得彻底,树洞内有不定根时,应切实保护好不定根,并及时设置排水管。

(3)侧洞:洞口面与地面基本垂直,多见于主干上,只作防腐处理,对有腐烂的侧洞要进行清腐处理。

(4)夹缝洞:树洞的位置处于主干或分枝的分杈点,通常会出现引流不畅,必须修补。

(5)落地洞:树洞靠近地面近根部,落地洞的修补要根据实际情况,落地洞分为对穿与非对穿两种形式,通常非对穿形式的落地洞要补,对穿的一般不修补,只作防腐处理;对于落地洞的修补以不伤根系为原则。

总之,在对树洞处理前,要分析树洞产生的原因(是病虫害造成的还是外力碰伤所致),及时处理,以防危害扩大,导致树势衰弱。

2)树洞的处理技术

(1)树洞内的清腐:用铁刷、铲刀、刮刀、凿子等刮除洞内朽木,要尽可能地将树洞内的所有腐烂物和已变色的木质部全部清除,至硬木即可,注意不要伤及健康的木质部。

(2)灭虫、消毒处理:杀灭树洞内的害虫要用广谱、内吸性的药剂如毒枪,可采用200倍稀释液进行涂刷或以800~1 000倍液喷施;待药液晾干后,再用树洞专用杀菌剂处理,对树洞内的真菌、细菌等病菌进行杀灭。过一天后,用愈伤涂膜剂对伤口全面涂抹,防止病虫的侵入和促进愈伤组织的再生。

(3)填充补洞:树洞填充的关键是填充材料的选择。所选的填充材料除绿色环保外,还要具备pH值最好为中性、材料的收缩性与木材的大致相同、与木质部的亲和力要强等特点。所以,填充材料要用木炭或同类树种的木屑、玻璃纤维、聚氨酯发泡剂或尿醛树脂发泡剂以及铁丝网和无纺布,封口材料为玻璃钢(玻璃纤维和酚醛树脂),仿真材料为地板黄、色料。

(4)刮削洞口树皮:待树洞填完后,用刮刀将树洞周围一圈的老皮和腐烂的皮刮掉,至显出新生组织为止,然后,将愈伤涂膜剂直接涂抹于伤口上,促进新皮的产生。

(5)树洞外表修饰及仿真处理:为提高古树的观赏价值,按照随坡就势、因树做形的原则,可采用粘树皮或局部造型等方法,对修补完的树洞进行修饰处理,恢复原有风貌。

在修饰外表时要根据不同树洞的形状,注意防洞口边缘积水和有利于新生皮的包裹。然而,在具体处理不同形状的树洞时还得按照各自特点,做针对性的处理方案。

3)树洞的修补

(1)开放法:树洞不深或树洞过大都可以采用此法,如伤孔不深无填充的必要时可按前述的伤口治疗方法处理。如果树洞很大,给人以奇树之感,欲留做观赏时可采用此法。方法是:将洞内腐烂木质部彻底清除,刮去洞口边缘的死组织,直至露出新的组织为止,用药剂消毒,并涂防护剂,同时改变洞形,以利排水;也可在树洞最下端插入排水管。以后需经常检查防水层和排水情况,以免堵塞。防护剂每隔半年左右重涂一次。

(2)封闭法:对较窄树洞,即在洞口表面贴以金属薄片,待其愈合后嵌入树体。也可将树洞经处理消毒后,在洞口表面钉上板条,以油灰和麻刀灰封闭(油灰是用生石灰和熟桐油以1:0.35混合而成)(也可以直接用安装玻璃用的油灰俗称"腻子"),再涂以白灰乳胶,颜料粉面,以增加美观,还可以在上面压树皮状纹或钉上一层真树皮。

(3)填充法:填充物最好是水泥和小石砾的混合物,也可就地取材(见图4-5)。填充材料必须压实,为加强填料与木质部连接,洞内可钉若干电镀铁钉,并在洞口内两侧挖一道深约4 cm的凹槽。填充物从底部开始,每20~25 cm为一层用油毡隔开,每层表面都向外略倾斜,以利排水,填充物边缘应不超过木质部,使形成层能在它上面形成愈伤组织。外层用石灰、乳胶、颜色粉涂抹,为了增加美观,并富有真实感,最后可在最外面钉一层真树皮。

图4-5 树洞修补敷料

4)设避雷针

据调查,千年古银杏大部分曾遭过雷击,受伤的树木生长受到严重影响,树势衰退,如不及时采取补救措施甚至可能很快死亡。所以,高大的古树如果遭受雷击应立即将伤口刮平,涂上保护剂并堵好树洞。雷电不但可能会致人死亡,而且也会对树木造成致命伤害。因此,对于易遭受雷击的名木古树应安装上避雷装置,如生长在空旷地的高大古树、周围无建筑物遮挡的古树,都必须安装避雷装置。

5）灌水、松土、施肥

春、夏干旱季节灌水防旱，秋、冬季浇水防冻，灌水后应松土，一方面保墒，另一方面也增加土壤的通透性。古树施肥要慎重，一般在树冠投影部分开沟（深0.3 m、宽0.7 m、长2 m或深0.7 m、宽1 m、长2 m），沟内施有机肥，或适量施化肥等增加土壤的肥力，但要严格控制肥料的用量，绝不能造成古树生长过旺，特别是原来树势衰弱的树木，如果在短时间内生长过盛会加重根系的负担，造成树冠与树干及根系的平衡失调，结果适得其反。

6）树体喷水

由于城市空气浮尘污染，古树的树体截留灰尘极多，特别是在枝叶部位，不仅影响观赏效果，更减少叶片对光照的吸收而影响光合作用。可采用喷水方法加以清洗，此项措施因费工费水，一般只在重点区域采用。

7）整形修剪

古树名木的整形修剪必须慎重处置，一般情况下，以基本保持原有树形为原则，尽量减少修剪量，避免增加伤口数。对病虫枝、枯弱枝、交叉重叠枝进行修剪时，应注意修剪手法，以疏剪为主，以利于通风透光，减少病虫害滋生。必须进行更新、复壮修剪时，可适当短截，促发新枝。

8）防治病虫害

古树衰老，容易招虫致病，加速死亡。应更加注意对病虫害的防治，如黄山迎客松有专人看护监视红蜘蛛的发生情况，一旦发现即作处理；北京天坛公园针对古柏的主要害虫天牛，从天牛的生活史着手，抓住每年3月中旬左右天牛要从树内到树皮上产卵的时机，往古柏上打“二二三”乳剂，称之为“封树”。5月易发生蚜虫、红蜘蛛，要及时喷药加以控制。7月注意树干害虫危害。

9）设围栏、堆土、筑台

在人为活动频繁的立地环境中的古树，要设围栏进行保护。围栏一般要距树干3~4 m，或在树冠的投影范围之外，在人流密度大、树木根系延伸较长者，对围栏外的地面也要作透气性的铺装处理；在古树干基堆土或筑台可起保护作用，也有防涝效果，砌台比堆土效果好，应在台边留孔排水，切忌围栏造成根部积水。

10）立标志牌、设宣传栏

安装标志牌，标明树种、树龄、等级、编号，明确养护管理负责单位，设立宣传栏，介绍古树名木的重大意义与现状，可起到宣传教育和保护古树名木的作用。

（三）古树名木复壮养护管理措施

古树名木的共同特点是树龄较高、树势衰老，生理机能下降，根系吸收水分、养分的能力和新根再生的能力下降，树冠枝叶的生长速率也较缓慢，如遇外部环境的不适或剧烈变化，极易导致树体生长衰弱或死亡。所谓更新复壮，是指运用科学合理的养护管理技术，使原本衰弱的树体重新恢复正常生长，延缓其生命的衰老进程。古树名木更新复壮技术的运用是有前提的，它只对那些虽年老体衰，但仍在其生命极限之内的树体有效。采取的复壮措施主要如下。

1.埋条促根

在古树根系范围内，填埋适量的树枝、熟土等有机材料，以改善土壤的通气性以及肥力条件,主要有放射沟埋条法和长沟埋条法。前者的具体做法是在树冠投影外侧挖放射状沟4~12条,每条沟长120 cm左右,宽为40~70 cm,深80 cm。沟内先垫放10 cm厚的松土,再把截成长40 cm枝段的苹果、海棠、紫穗槐等树枝缚成捆,平铺一层,每捆直径20 cm左右,上撒少量松土,每沟施麻酱渣1 kg,尿素50 g,为了补充磷肥可放少量动物骨头和贝壳等,覆土10 cm后放第二层树枝捆,最后覆土踏平。

如果树体间相距较远,可采用长沟埋条,沟宽70~80 cm、深80 cm、长200 cm左右,然后分层埋树条施肥,覆盖踏平。

2. 地面处理

地面处理一般采用根基土壤铺梯形砖、带孔石板或种植地被的方法,目的是改变土壤表面受人为践踏的情况,使土壤能与外界保持正常的水气交换。在铺梯形砖时,下层用沙衬垫,砖与砖之间不勾缝,留足透气通道。许多风景区采用带孔或有空花条纹的水泥砖或铺铁筛盖,如黄山玉屏楼景点,用此法处理"陪客松"的土壤表面,效果很好。采用栽植地被植物措施,对其下层土壤可作与上述埋条法相同的处理,并设围栏禁止游人践踏。

3. 换土

在古树名木的生长位置受到地形、生长空间等立地条件的限制,而无法实施上述的复壮措施时,可考虑更新土壤的办法。如北京市故宫园林科,从1962年起开始用换土的方法抢救古树,使老树复壮。典型的范例有:皇极门内宁寿门外的1株古松,当时幼芽萎缩,叶片枯黄,好似被火烧焦一般。职工们在树冠投影范围内,对主根部位的土壤进行换土,挖土深0.5 m(随时将暴露出来的根用浸湿的草袋盖上),以原来的旧土与沙土、腐叶土、锯末、粪肥、少量化肥混合均匀之后填埋其中,换土半年之后,这株古松重新长出新梢,地下部分长出2~3 cm的须根,复壮成功。

4. 挖复壮沟

复壮沟深一般80~100 cm,宽80~100 cm,长度和形状因地形而定。可以是直沟,也可以是半圆形或"U"字形。沟内放有:复壮基质、各种树枝及增补的营养元素等。

复壮基质采用松、栎、槲的自然落叶,取60%腐熟加40%半腐熟的落叶混合,再加少量氮、磷、铁、锰等元素配制而成。这种基质含有丰富的多种矿质元素,pH值在7.1~7.8,富含胡敏素、胡敏酸和黄腐酸,可以促进古树根系生长。同时有机物逐年分解与土粒胶合成团粒结构,从而改善了土壤的物理性状,促进微生物活动,将土壤中固定的多种元素逐年释放出来。施后3~5年内土壤有效孔隙度可保持在12%~15%。

埋入各种树木枝条使树与土壤形成大空隙。增施肥料,改善营养。以铁元素为主,施入少量氮、磷元素。硫酸亚铁($FeSO_4$)使用剂量按长1 m、宽0.8 m复壮沟,施入0.1~0.2 t。为了提高肥效,一般掺施少量的麻酱渣或马掌而形成全肥,以更好地满足古树的需要。

复壮沟施工位置在古树树冠投影外侧,从地表往下纵向分层。表层为10 cm素土,第二层为20 cm的复壮基质,第三层为树木枝条10 cm,第四层又是20 cm的复壮基质,第五层是10 cm的树条,第六层为粗沙和陶粒厚20 cm。

5. 病虫害防治

病虫害是造成古树衰弱甚至死亡的主要因素之一。北京市园林科学研究所在防治古松柏、古槐等主要病虫害时，主要采用了浇灌法、埋施法及打针法，收到了良好效果。

1）浇灌法

浇灌法利用内吸剂通过根系吸收、经过输导组织至全树而达到杀虫、杀螨等作用，解决古树病虫害防治经常遇到的树木分散、高大、立地条件复杂等情况而造成的喷药难及喷药次数、杀伤天数、污染空气等问题。

方法：在树冠垂直投影边缘的根系分布区内挖3~5个深20 cm、宽50 cm、长60 cm的弧形沟，然后将药剂浇入沟内，待药液渗完后封土。

2）埋施法

埋施法利用固体的内吸杀虫、杀螨剂埋施根部，以达到杀虫、杀螨和长时间保持药效的目的。

方法：与浇灌法类似，将固体颗粒均匀撒在沟内，然后覆土、浇足水。

3）打针法

对于周围环境复杂、障碍物较多，而且吸收根区很难寻找的古树，利用其他方法很难解决防治问题的，可以通过打针法解决。此方法是通过向树体内注射内吸杀虫、杀螨药剂，经过树木的输导组织至树木全身，达到较长时间的杀虫、杀螨目的。

方法：用手摇钻（或电钻）在树干基部各个方向钻不同数量的孔，孔径0.6 cm、深0.6 cm，与树干成35°，然后注入药剂，注完后用湿泥封死孔口。

6.化学药剂疏花疏果

当植物在缺乏营养，或生长衰退时出现多花多果现象，这是植物在生长过程中的自我调节现象，但结果却能造成古树营养的进一步失调，后果严重。采用疏花疏果可以降低古树的生殖生长，扩大营养生长，增加树势而达到复壮的目的。疏花疏果关键是疏花，可以喷施化学试剂来达到目的，一般喷施的时间以秋末、冬季或早春为好。

7.喷施或灌施生物混合制剂

据雷增普（1995年）等报道，用生物混合剂（"5406"，细胞分裂素、农抗120、农丰菌、生物固氮肥相混合），于1991~1992年进行了古圆柏、古侧柏的叶面喷施和灌根处理，明显促进了古柏枝、叶与根系的生长，增加了枝叶中叶绿素量及磷含量，也增加了耐旱力。

六、评分标准

序号	考核项目	考核内容	考核标准	考核方法	得分
1	古树名木生长调查	古树名木的数量、生长状况调查（60分）	能正确识别树种，根据相关资料查阅古树树龄，测量树高、冠幅、胸径等	个人考核 小组考核	
2	古树的养护管理技术	古树名木的土肥水和病虫害的管理（40分）	与园林部门共同正确处理古树生长发育中的病虫害防治、整形修剪、灌水、松土、施肥、树体加固	个人考核 小组考核	

七、思考与练习

(1)什么是古树名木？有何生物学特点？

(2)说明古树名木的旅游价值。

(3)怎样进行古树名木的一般养护管理？

(4)如何对古树进行复壮管理？

八、知识拓展

北京市园林局古柏移植及复壮技术

1995 年 11 月,北京市园林局古树规划处对 19981 号古柏进行移植复壮研究。专家的现场诊断为:“生长衰弱,环境恶化,树体细高冠小,生长量很低,为濒弱树。土壤为黄沙壤,土质瘠薄,周围还有其他树木,根系交叉,且分布较远,需于第二年冬休眠期进行移植,一般在移前进行断根,缓养 2~3 年,发出新根后进行;但因工程紧迫,需马上移植,这给保证成活造成了极大困难,需多方采取措施,进行实验研究。”

1. 移植过程及采取的措施

(1)挖坨:11 月 17 日,采取木箱包装法进行挖掘。箱体用 5 cm 厚木板,上口 2.5 m×2.5 m,下口 2.4 m×2.4 m,高 1.7 m,立面为四扇组合木板,加底加盖,全封闭包装;立面四个拐角及底面、上盖均使用铁腰进行连接固定,最后拦腰用紧线器紧固,以确保土球万无一失。箱体四周及下部挖空后,在底部用直径 30 cm 的木墩垫起,尽量保护根系,并有利于起吊。

(2)根系保护:按照专家意见,进行寻根,没有盲目切根,以尽量保持根系完整。木箱容积虽已够大,但根本无法容纳全部根系,因此对木箱进行特殊处理,打洞留缝,将 2 m 多长的主根系留在箱外,并用生根剂 IAA 1 000 mg/L+1 ml Azone(透皮剂)均匀涂抹在裸根上,再用保湿剂处理,加裹麻袋片,以充分保护根系水分不致很快散失。

(3)吊装栽植:用 45 t 吊车垂直起吊,用大型平板车转运至 30 m 外的移植坑中,坑底最低点设置一处渗水井。种植时用树叶腐殖质肥料,一层杨树枝条一层酱渣,交叉叠放。在坑底四角及边缘垂直安置 6 根直径为 8~10 cm 的通风管,移植完成后用直径 8 cm 的长铁管,支撑固定高约 15 m 的古柏。

2. 移植后的养护

(1)树体修剪:移植前后进行部分修剪,以减少水分蒸腾散失。

(2)水分管理:定植后按常规连灌三遍水,因时值冬日,相当于灌防冻水。1996 年春季至 7 月中旬,在正常灌水时沿通风管施用尿素;同期,每周用高压泵进行叶面喷水二次。1997 年 4 月中旬至 6 月底,每周叶面喷水三次;同期,用高压泵进行叶面施肥五次。

(3)肥分管理:1997 年 4 月 9 日上午,喷洒中山大学高新技术开发公司产“绿帝”牌高效叶面肥(含 N 28%,P_2O_5 7%,K_2O 13%,并含 Mg、Mn、B、Zn、Cu、Mo 等中、微量元素),稀释浓度 300 倍;4 月 9 日下午,施用园林专家提供的稀土元素加尿素,进行叶面稀释喷施,以提高光合作用,促进树体生长。1997 年 5 月 13 日上午,继续施用稀土元素加尿素叶面喷施。1997 年 6 月 15 日,喷洒“绿帝”牌高效叶面肥,稀释浓度 300 倍。

3. 叶绿素监测

为监测古柏移植后的生长情况，采用分光光度法，连续 3 年测试叶绿素 a+b 含量（μg/ml）：移植前，1995 年 11 月 17 日测试值为 9.46 μg/ml；移植后，1996 年 11 月 3 日测试值为 6.14 μg/ml，1997 年 11 月 24 日测试值为 10.83 μg/ml。

叶绿素监测结果表明，在移植后的第一年指标值有所下降，是移植前的 65%；在移植后的第二年，加大了科学养护力度，监测指标迅速上升，达到移植前的 114%。古柏移植后，从外观看，生长情况良好，并于 1998 年 1 月 23 日通过专家组的鉴定："19981 号古柏目前长势良好，移植过程中所采用的方法和措施科学、恰当、可行，特别是用分光光度法测叶绿素含量作为量化监测指标，简易可行，值得进一步试验、总结、推广。"

任务七　市政工程对树木危害的防治与管理

一、教学目标

（1）了解市政工程、建筑、污水对树木产生的危害。
（2）掌握地面铺装对树木生长发育的影响及危害。
（3）会对市政工程中受危害的树木进行正确的防治。

二、任务提出

由于在新城区的建设中，一些树木要保留，但修路时道路标高或升高或降低，使一些树木受到填方、挖方、地面铺装等影响，其危害会在以后的生长中逐渐显露出来。试根据市政工程及建筑对树木的危害程度，采取相应措施进行防治和管理。

三、任务分析

树木长期生长在一定的立地条件下，已经适应了所处的生态环境，特别是根系与土壤已经形成稳定而协调的关系；但由于在园林绿化工程建设中，在树木生长地填挖方或铺装，导致树木生长不良，甚至造成树木的死亡。在树木养护管理中，根据市政工程对园林树木的危害程度，通过施肥、修剪、浇水及安装通气设备等，使树木健康生长，发挥园林景观效果。

四、相关知识

（一）填方对树木生长的危害

1. 填方的危害及原因

由于市政工程的需要，在树木的生长地培土，使土层加厚，对原来生长的树木造成危害，使根系与土壤基本物质的平衡受到明显的干扰，造成根系死亡，地上部分的症状也变得明显。这些症状可能在一个月内出现，也可能几年之后还不十分明显。

当树木出现了人们无法解释的病态，如生长量减少、一些枝条死亡、树冠变稀、各种病虫害发生等现象时，就可能是填土过深造成的。填方过深的其他明显症状是树势衰弱、叶小发黄，沿主干和主枝发出无数萌条，许多小枝死亡等。

2. 影响填方危害的因素

填方对树木危害的程度与树种、年龄、生长发育状况、填土质地、填土深度等因素有关。如槭树、山毛榉、栎类、鹅掌楸、松树、云杉、毛白杨、响杨等树种填土达10 cm深时，树木的生长量就会下降，并无法恢复生长；桦木、山核桃和铁杉等受害较轻；榆树、柳树、二球悬铃木、刺槐等能发出不定根，受填方影响较小。一般幼树比老树、生长势强的树木比生长势弱的树木受害轻；填充物为疏松土壤或土方中含有石砾时树木受害小，通气性差的黏土危害最严重，甚至填方只达3~5 cm就能造成树木的严重损害甚至死亡；填方越深越紧，对树木的根系干扰越明显，危害越大；树木周围长时间堆放大量的建筑用沙或土壤也对树木生长产生不利影响。

（二）挖方对树木生长的危害

挖方是由于市政工程需要将树木周围的部分土壤去掉，也就是去掉了含有大量营养物质和微生物的表土层，使大量吸收根群裸露和干枯，表层根系也易受夏季高温和冬季低温的伤害。在挖掘时根系的切伤与折断以及地下水位的降低，会破坏根系与土壤之间的平衡，降低了树木的稳定性。挖方的危害对浅根性树种影响更大，甚至会造成树木的死亡。如果挖掉的土层较薄，一般在几厘米至十几厘米时，多数树木都能适应去掉表土层的变化，不会受到明显的伤害。但如果挖掉的土层较厚，则会对树木产生危害，应采取补救措施，最大限度地减少挖方对树木根系的伤害。

（三）地面铺装对树木的危害

在市政工程中，用水泥、沥青和砖石等材料铺装地面是施工中经常进行的工程（见图4-6）。但有时人们在铺装中只注重美观和整体性，而不注重对树木产生的影响，如在树干周围的地面浇筑水泥、沥青和铺装砖石，不给树木留树池或留的树池很小等。不正确的地面铺装会造成树木生长发育不良，严重的还会造成铺砌物的破坏，从而增加养护和维修的费用。地面铺装对树木的危害不是突然死亡，而是在数年间树木的生长势缓慢，直至最后死亡。

图4-6　水泥砌树池

1. 铺装有碍水分和气体的交换

铺装能阻碍土壤与空气中的水、气的交换，使雨水流失，减少了根系对水分和养分的吸收，不但使根系代谢失常、功能减弱，而且还会改变土壤微生物系，影响土壤微生物的活动，破坏了树木地上与地下的代谢平衡，降低了树木的生长势，严重时根系会因缺氧窒息而死亡。

2. 地面铺装改变了下垫面的性质

铺装会明显加大地表及近地层的温度变幅，在夏季，铺装地面的温度有时可达50~60 ℃。表层根系，尤其是根颈附近的形成层，更易受到极端高温与低温的伤害。经调查，在空旷的铺装地栽植的去头树木，其主干西面和南面的日灼现象明显高于一般未铺装的裸露地。铺装材料越密实比热越小，颜色越浅导热率越高，危害越严重，甚至导致树木死亡。

3. 干基损伤

铺装材料虽有一定的透气性和透水性，在铺装时没有留出足够的树池，随着树木的生长，根颈不断增粗，干基越来越接近铺装地面。当铺装材料薄而脆弱，就会由于干基与浅层骨干根的加粗而使铺装范围内的材料破碎、错位或隆起，破坏路面，同时也导致树木生长受影响；如铺装材料厚且结实，随着树木的生长，干基或根颈的韧皮部和形成层受到铺装物的挤压或环割，造成树木生长势下降，最后因韧皮部输导组织和形成层的彻底破坏而死亡。

五、任务实施

（一）填方危害的防治技术

（1）在设计之初要根据实际情况，采取不同的处理方法，对必须在树木栽植地进行填方的，如果填土较薄，可以在填方前，在尽量不伤根或少伤根的情况下，对树穴范围进行松土、施肥、浇水，或使用沙砾、沙子或沙壤土进行填充或安装通气设施。如果填土厚，则应将该树木移走。对填方地珍贵树种、有研究价值或观赏价值极高的古树或大树不能移栽，更不能填方，要改变设计。

（2）对新填方的地段，在填平后，不要随便栽树，应根据填方土的质地，可以放置一年或二年，先在其上种植绿肥作物，改良土壤结构，增加土壤通气性和肥力，或换土栽植。

（二）挖方危害的防治技术

1. 移栽

如果树体较小，条件许可，最好移植到合适的地方。

2. 根系保湿

挖方暴露出来的和切断的根系要立即消毒涂漆，并用泥炭藓或其他保湿材料覆盖，防止根系干枯。

3. 施肥

在保留的土壤中施入腐叶土、泥炭藓或腐熟的农家肥等，改良土壤的结构，提高其保水能力。

4. 修剪

当大根被切断或损伤较严重时，应当对地上部分进行合理、适度的修剪，以保持根系吸收与枝叶蒸腾水分的相对平衡。

5. 做土台

对古树和较珍贵的树木，在挖方时，应在干基周围留一定大小的土台，土台不能太小，如果太小，特别是在取土较深时，不但伤根太多，而且会限制根系生长发育。由于根系分布规律是近树浅、远树深，所以留的土台最好是内高外低或阶梯式的。在其周围用石头砌的墙挡住，可以增加观赏性。

(三)地面铺装危害的防治

对于树木周围,能不铺装绝不铺装,减少因铺装给树木造成的伤害;必须铺装的,在不影响树木的前提下,合理进行铺装设计,留下足够大小的树池,同时要优先用透气性好的材料做铺装材料。

1. 尽量减少硬化铺装或不铺装

铺装时要尽量避免整体浇筑,并在铺装前按一定距离,在根系生长区预留若干个直径15 cm的通气孔,洞内安装直径15 cm侧壁带孔、带盖的陶管、塑料管等,管内放入木炭、粗沙、锯末、石砾等的混合物,可有利于渗水、透气,同时还可以作为施肥、灌水的通道。

对已经铺装的根区,采取以树干为中心,在水泥地面上开几条辐射沟至树冠投影以外,去掉水泥后,用沙石铺垫,增强局部通气透水性。或在树冠投影边缘附近,隔一定距离挖孔深达表层根系的洞并下管。

2. 组合式透气铺装

尽可能选择环保、渗水透气的新型材料。使用混合石料或块料,如各类型灰砖、倒梯形砖、彩色异型砖、图案式铸铁砖、带孔的水泥预制砖等,拼接成半开放式的面层,下面用1∶1∶0.5的锯末、白灰、细沙混合物做垫层,面层上各种空隙可以用粗砾石填充(见图4-7)。

图4-7　透气铺装

3. 架空式透气铺装

根据水泥预制格栅的大小,在树木根区建立高5~20 cm占地面积小而平稳的墙体或基桩,将格栅放在其上而架空,使面层下形成5~20 cm的通气空间。

六、思考与练习

(1)调查你所在地区填挖方对树木造成的危害情况,并说明有哪些相应的措施。

(2)调查地面铺装对树木的影响,并说明哪些方法既不影响城市美观,又不对树木的生长造成太大影响。

七、知识拓展

融雪剂对树木危害的防治

1. 融雪剂对树木的影响

在我国北方,冬季大雪会给车辆和行人出行带来麻烦和不安全,常在雪后用融雪剂来促进冰雪融化。使用最多的成分是氯化钠、氯化镁、氯化钙等物质,也就是盐。高浓度的氯盐融雪剂经过融化进入土壤中后,土壤就会发生碱化,而碱化的土壤不但会降低树木的吸水性,还会导致树木不发芽等现象。同时,对道路、车辆、建筑物混凝土造成的危害较大。

融雪剂对树木的影响可达到离喷洒处9 m多的地方,并且受害的树木要经过8~15

年才能完全恢复生长势。

2. 防治措施

(1)隔离措施。及时将带融雪剂的冰雪运走，远离树木，减少对树木的伤害；在树池周围筑高出地面的围堰，避免融雪剂流入树穴；严格控制融雪剂的使用量，一般 15～25 g/m^2，不能超越行车道的范围。

(2)使用新型环保融雪剂。目前，在我国一些重要交通区域，如飞机场等开始使用新型环保融雪剂，新型融雪剂主要成分为氯化钙，与雪结合以后发生反应，使雪融化掉，并且防止结冰。新型氯化钙融雪剂对路面和植物产生损害较小，对人及动物也无明显毒性作用。它对沥青道路、水泥路、桥梁等不会造成腐蚀，对植物、树木生长的影响也降至最低。

(3)选择耐盐树种。

项目五　各类园林植物的养护管理

任务一　木本植物的养护管理

一、教学目标

（1）了解园林植物常见病虫害。

（2）能对园林植物进行土壤、肥料、水分等的管理。

（3）能识别常见的园林植物病虫害，并能采取相应措施进行防治。

二、任务提出

木本园林植物栽植在园林绿地后，在其生长发育过程中，会逐渐由于土壤贫瘠、自然灾害、树形树体等的影响，使树木的绿化美化效果降低。在园林植物栽植后和长期的生长发育过程中，根据木本园林植物的类型及生长发育规律，对其采取合理养护措施，保证栽植树木的成活，实现绿化美化效果。

三、任务分析

木本植物的养护管理应根据其在园林中的不同配植，采用不同的管理方法，才能充分体现园林设计的思想和景观要求。其要点是：注意乔木、灌木之间的差异，常绿树种、落叶树种要区别对待。同时要根据不同树种的主要观赏部位和时期进行不同的管理。观花树木要促进多开花、开好花，尽可能延长花期；观叶树木要使其叶色正、叶量适当；观果树木要果实丰满，色泽鲜艳，着果时间长；观赏树形姿态要随时注意保持树形不受损害。

四、相关知识

（一）园林植物土壤常见类型

不同园林植物对土壤的要求不同，在园林植物栽植地上的土壤类型及条件又十分复杂，会对树木的生长发育产生很大的影响。栽植地上的土壤有下面几种类型。

1. 工程施工后的土壤

在城市建设中，市政工程施工后的场地如地铁、人防工程、城市规划等处，由于施工将未熟化、肥力低的心土翻到表层，使土壤肥力降低；由于机械施工、碾压、行人踩踏等，造成土壤坚硬、土壤密度增加、通气性不良，形成坚实土壤，对园林植物生长发育非常不利；施工后遗留的各类建筑垃圾、灰槽、沙石、砖瓦块、碎木等堆积而成的土壤；在生活居住区，由于生活活动而产生的废物等，形成的生活垃圾堆积土。

2. 人工培育的土壤

以人工修造的代替天然地基的构筑物为基础进行的客土栽植，主要是针对城市建筑过密，人工扩大土地利用面积的一种方法。常见的像建筑物上的屋顶花园、地下停车场、地下铁道、地下贮水槽等上面种植园林植物的土壤，人工培育的土壤一般多为客土栽植，土层较薄，受外界气温的变化和下部构筑物传来的热量变化影响较大，土壤温度变化较快，幅度较大，园林植物的根系生长发育受到气温变化的影响也较大。因此，人工培育土壤的栽植环境不是园林植物栽植的理想条件，在栽植时应选择适宜的园林植物。

3. 其他类型土壤

一种是城市扩建中占用的耕地，是最适合园林植物生长发育的土壤，在栽培中只需适当补充施肥、合理栽植即可；另一种是荒山荒地的土壤，未熟化、结构差、肥力低，要改良后才能使用。

（二）施肥

1. 园林树木施肥的意义和特点

第一，园林树木生长地的土壤条件非常复杂，很多情况下表现为土壤结构不良、肥力不足，而树木生长需从土壤中吸收大量的营养物质，树木只有在生长健壮、枝叶繁茂时才能发挥最大的生态效益，而施肥能促进树木根、茎、叶全面发展，使树木达到最大的绿量，需要肥料的种类、用量、施肥比例与方法差别大；第二，木本园林植物为多年生且长期生长在同一地点，人们希望其能生长数十年、数百年甚至上千年，在这漫长的岁月里，营养物质的循环经常失调，枯枝落叶归还给土壤的数量很少，土壤贫瘠，要进行施肥；第三，园林树木附近有建筑物，有的地面有硬质铺装等，施肥难度大，施肥次数少，以有机肥和迟效肥为主，适当施用化肥；第四，为了城市的美观和卫生，不能施用污染环境、有恶臭、影响人们正常生活的肥料，应适当深施并及时覆盖。

2. 施肥的原则

1）根据树木种类及需肥特性施肥

树木在不同生长发育阶段对营养元素的需求不同，在水分充足时，新梢的生长很大程度上取决于氮的供应，其需氮量是从生长初期到生长盛期逐渐提高的，随着新梢生长的结束，树木的需氮量中有很大程度的降低，但仍有少量的吸收。所以，树木的整个生长期都需要氮肥，但需要量的多少是不同的。在新梢缓慢生长期，除需要氮、磷外，还需要一定数量的钾肥，钾肥充足有利于维持树木叶片较高的光合能力，提高树木的抗寒性。在氮、钾供应充足的情况下，多施磷肥有利于花芽的形成。在开花、坐果和果实发育时期，钾肥的作用更重要，有利于促进树木的生长和花芽分化。

树木在春季和夏初需肥多，而此期由于土壤微生物的活动能力较弱，土壤内可供吸收的养分较少，所以需要施肥解决养分供求矛盾。树木生长后期，对氮和水分的需要一般很少，但此时土壤可供吸收的氮及水分却很高，因此应控制施肥和灌水。另外，不同树种各生育时期对氮磷钾的吸收情况各有不同，施用三要素肥的时期也要因树种而异。

2）根据气候条件施肥

气候条件与施肥措施有关。确定施肥措施时，主要考虑温度和降水量两个因素。如不考虑树木的越冬情况，盲目增加施肥量和追肥次数，会因后期树木贪青徒长而易造成冻害。温度高，树木吸收养分多，反之则少。此外，夏季在大雨过后，土壤中硝态氮大量淋失，这时追施速效氮效果较雨前好。

3）根据土壤条件施肥

土壤的物理性质、酸碱度等均对树木的施肥有很大影响。如沙土施肥宜少量多次，黏土施肥可减少次数而加大每次施肥量。土壤在酸性反应的条件下，有利于硝态氮的吸收；而在中性或微碱性反应下，则有利于铵态氮的吸收。因此，在施肥时应考虑以上问题。

4）根据肥料性质施肥

一些易流失挥发的速效肥，要在树木需肥期稍前施入；迟效性的有机肥，需腐熟分解后才能被树木吸收利用，所以应提前施入。氮肥在土壤中移动性强，可浅施；磷肥移动性差，宜深施。肥料的施用量应本着宜淡不宜浓的原则，否则易烧伤根系。

（三）园林植物常见病虫害

园林木本植物在生长发育过程中，会经常遭受各种病虫害，轻则造成生长不良，失去观赏价值，重则植株死亡。因此，防治病虫害是园林树木养护管理中的一项十分重要的工作。

1. 园林木本植物的病害

园林木本植物病害按其性质可分为传染性病害和非传染性病害。传染性病害是由生物性病原如真菌、细菌、病毒、线虫等引起的病害，它借风、雨、流水、昆虫、种苗、土壤、病株残体及人们活动等传播，不断地再侵染健康的植株。非传染性病害是由于营养物质的缺乏或过剩，水分供应失调，温度过高或过低，光照不足，土壤中有害盐类过高，空气中存在有毒气体，以及药害、肥害所引起的病害，它不具有传染性，也称生理病害。

观赏树木种类繁多，一般分散交错种植，侵染源广泛、零星分散，其病害更为繁杂。特别是随着交通旅游事业的日益发达，其病害也随之扩散，除当地原有的病害外，还会增加许多新的不熟悉的病害，因此预防更为重要。

1）白粉病

白粉病是月季的一种常见病害，能为害蔷薇属多种植物。病害发生在叶片、嫩梢、花梗和花蕾上，主要特征是在感病部位的表面均布满白粉。发病严重时，病叶皱缩不平，叶片向叶背卷曲，嫩梢向下弯曲或枯死，花蕾不能正常展开，但不会造成全株死亡。

2）锈病

锈病是一类特征很明显的病害。锈病因多数病菌孢子能形成红褐色或黄褐色、颜色深浅不同的铁锈状孢子堆而得名。主要为害蔷薇属花木，如贴梗海棠、西府海棠，也可为害桧柏、龙柏、杜鹃、八仙花等。

3）炭疽病

炭疽病是黑盘孢目真菌所致病害的总称，是园林木本植物上最常见的一种病害。这类真菌病原在温暖湿润的条件下，在植物的叶片、茎、花和叶柄上引起炭疽症状，产生界线分明、稍微下陷的圆斑或沿主脉纵向扩展的条斑，还可在细嫩的枝条上引起小型的疮痂或溃疡。许多园林树木都可以罹患此病，如扶桑、桃叶珊瑚、女贞、夹竹桃、佛手、蜡梅、广玉兰、山茶、月季、石楠等。

4）枝干溃疡病

按症状类型来划分，枝干溃疡病也是一类斑点病，既发生在枝干上，也发生在叶上、果实上。此病分布很广，可在许多园林树木上发生，如苹果腐烂病，寄主有樱花、花楸、杨、柳、梅、木槿、紫藤、槭、柘树等，这类病害都是一些弱寄生物所引起的。

2. 园林木本植物的虫害

园林木本植物在生长发育过程中，根、茎、叶、花、果实、种子都可能受到害虫为害，害虫严重时，会使园林木本植物受到巨大损失。根据害虫食性及为害部位，可分为枝梢害虫、食叶害虫、蛀干害虫、种子害虫、地下害虫。枝梢害虫多为蛾类和甲虫，它们钻蛀、啃食植株的枝梢，直接影响植株生长；另外还有蚜虫和介壳虫，用刺吸式口器吸取枝梢汁液，消耗营养，影响生长，有时还传播病毒，引起病害。食叶害虫是以树木的叶片为食物，种类颇多，如枯叶蛾、毒蛾、刺蛾等，蛀干害虫有天牛、吉丁虫、象甲类，以天牛为害最重，在植株的木质部、韧皮部钻蛀取食，影响树木养分和水分的输送，削弱树势，严重时可造成树木整株死亡乃至成片死亡。种子、果实害虫多为螟蛾、卷蛾、象甲、花蝇、小蜂类害虫，它们以树木种子、果实为食。地下害虫有地老虎、蛴螬、金针虫、种蝇、蝼蛄等，一般对园林木本植物为害不大。

1）螨类

螨类主要为害树木的叶片、花蕾、果实等，为害时将口针刺破树叶表皮细胞，吸取细胞内含物，使受害细胞萎缩，叶片首先表现为褪绿，继之由黄变红，最后凋落。有些螨类刺吸时分泌某些化学物质，使被害部分细胞增生，形成虫瘿，后期变褐色而坏死。常见的螨类有：棉叶螨，为害月季、木芙蓉、牡丹、白玉兰、常春藤、石榴、蜡梅、丝棉木等；山楂叶螨，为害苹果、梨、山楂、樱花、杜鹃、碧桃、榆叶梅、槭叶枫等；柑橘全爪螨，除为害芸香科树木外，还为害桂花、木瓜、玉兰、南天竹等。

2）蚧类

蚧类是园林木本植物最常见的害虫之一，尤其是在长江流域及其以南地区，据记载，山茶上已知有蚧虫23种，芸香科植物上有80种以上。常见的蚧类有：吹棉蚧，为害牡丹、玫瑰、桂花、含笑、山茶、米兰、扶桑等；紫薇蚧除为害紫薇外，还为害女贞、石榴、三角枫等；草履蚧，寄主植物非常广泛，如广玉兰、罗汉松、悬铃木、枫杨、冬青、紫薇、十大功劳、绣球等；糠片盾蚧，是阔叶果树和行道树的重要害虫。此外，还有红蜡蚧、日本龟蜡蚧、褐软蚧、梨圆蚧、桑白盾蚧、考氏白盾蚧等。蚧类害虫不同于其他害虫，它形体小，营固着生活，比较隐蔽。

3）刺蛾类

刺蛾类主要有黄刺蛾、桑褐刺蛾、褐边缘刺蛾、扁刺蛾等。许多园林树木、行道树备受其害。刺蛾幼虫身上生有枝刺和毒毛，触及人体皮肤痛辣异常，使之红肿，蜕皮之后的毒毛还可随风吹散到人体上，亦会有刺痒不适感觉，在园林中切忌此虫为害。

4）钻蛀害虫

钻蛀害虫是园林木本植物的主要害虫，为害都是幼虫时期，在树的主干、主枝、侧枝蛀食成孔洞、隧道，轻则养分、水分输送受阻，重则树干被蛀食成千疮百孔，以致枯萎死亡，由于树干被蛀食一空，极易被大风吹折，树形不整，丧失了观赏价值。钻蛀害虫主要有两类：

鞘翅目的天牛类和吉丁虫类,鳞翅目的木蠹、透翅蛾和螟蛾。此外,尚有一些膜翅目的茎蜂和树蜂等。

五、任务实施

(一)园林树木生长地土壤管理

通过各种措施改良土壤的理化性质,改善土壤结构,提高土壤肥力,促进树木根系的生长和吸收能力的增强,为树木的生长发育打下良好的基础。土壤管理的技术措施是松土、除草、地面覆盖、土壤改良等。

1. 松土

疏松木本植物根茎周围的表土层,切断土壤表层的毛细管,减少土壤水分的蒸发,防止土壤盐碱化;同时也改善了土壤的通气状况,促进土壤微生物活动,加快有机质的分解和转化,提高土壤肥力,有利于树木生长。一般选在盛夏前和秋末冬初进行,每年4~6次,松土深度一般在3~10 cm,灌木松土稍浅,乔木可深些。

2. 除草

杂草生命力强,生长繁衍速度极快,对水、肥、光、热竞争力强,直接影响园林树木的生长发育和景观的观赏效果。要根据杂草生长情况及时进行除草,一般结合松土进行,可用人工和机械操作。大面积的园林管理常采用除草药剂防治,常用的药剂有农达、草甘膦、敌草胺、扑草净等,一般用药宜选择晴朗无风天气,既可提高药效,增强除草效果,又可防止药剂飘落在树木的枝叶上,造成药害。

3. 地面覆盖

在植株根茎周边表土层上覆盖有机物等材料和种植地被植物,从而防止或减少土壤水分的蒸发,减少地表径流,增加土壤有机质,调节土壤温度,控制杂草生长,为园林树木生长创造良好的环境条件,同时也可为园林景观增色添彩。覆盖材料一般以就地取材、经济方便为原则,如经加工过的树枝、树叶、割取的杂草等,覆盖厚度以3~6 cm为宜,也可种植地被植物进行覆盖。种植的地被植物常见的有麦冬、酢浆草、葱兰、鸢尾类、玉簪类、石竹类、萱草等。

4. 土壤改良

土壤改良可以采用物理方法、化学方法以及生物方法,改善土壤结构和理化性质,提高土壤肥力,为植物根系的生长发育创造良好的条件;同时也可修整地形地貌,提高园林景观效果。土壤改良多采用深翻熟化土壤、增施有机肥、培土、客土以及掺沙等方法。

深翻土壤结合施用有机肥是改良土壤结构和理化性质,促进团粒结构的形成,提高土壤肥力的最好方法。深翻的时间一般在秋末冬初,此时植株地上部分生长趋于缓慢或已停止,而地下的根系仍在活动,根系切断后能够迅速愈合,并在愈合部位产生大量新根,增加根系对营养物质的吸收,有助于植株翌年地上部分的茁壮生长。深翻方式可分为全面深翻和局部深翻。其中局部深翻应用最广,可根据树冠的大小深挖环形地沟或以树干为中心挖辐射状深沟。深翻的深度要因树因地而异,一般为60~100 cm,最好离植株主要根系分布层稍远稍深,以利于促进根系向纵深生长,扩大根系的分布,增加吸收范围。深翻应结合施肥、灌溉进行。挖出的土块经打碎、清除瓦砾,与肥料充分拌和后回填沟中,最好把挖出的心土填在地表,以利于风化熟化。

5. 客土

即在树木种植时或后期管理中,在异地另取植物生长所适宜的土壤填入植株根群的周围,改善植株发新根时的根际局部土壤环境,以提高成活率和改善生长状况。

6. 培土(壅土)

培土是园林树木养护过程中常用的一种土壤管理方法。有增厚土层、保护根系、改良土壤结构、增加土壤营养等作用。培土的厚度要适宜,一般为5~10 cm,过薄起不到应有的作用,过厚会抑制植株根系呼吸,从而影响树木生长发育,造成根腐烂,树势衰弱。

(二)园林植物施肥技术

木本植物的生长需要不断地从土壤中吸收营养元素,而土壤中含有营养元素的数量是有限的,并且逐渐减少,尤其是在一些地区或土壤中某种营养元素特别贫乏,必须不断地向土壤中施肥,以补充营养元素。但不同的植物或同一植物的不同生长发育阶段,对肥料的种类和施肥的方式要求各有不同。一般行道树、庭荫树等以观叶、观形为主的植物,冬季多施用堆肥、厩肥等有机肥料。生长季节多施用以氮为主的有机肥或化肥,促进枝叶旺盛生长,枝繁叶茂,叶色浓绿,但在生长后期,还应适当施用磷、钾肥,停施氮肥,促使植株枝条老化、组织木质化,使其能安全越冬,以利翌年生长。以观花或观果为主的园林树木,冬季多施有机肥,早春及花后多施以氮肥为主的肥料,促进枝叶的生长;在花芽分化期多施磷、钾肥,以利花芽分化,增加花量。微量元素根据植株生长情况和对土壤营养成分分析,缺什么补什么。

施肥方法一般分为土壤施肥和根外施肥两种。土壤施肥方法有环状施肥、放射状施肥、穴施和全面施肥等。环状施肥即在树冠投影的外缘挖宽30~40 cm、深20~25 cm的环状沟,将肥料均匀撒入沟中,然后填土平沟。放射状施肥是以树木主干为中心,向树冠外缘顺着水平根系生长的方向由浅而深挖5~6条均匀分布的条状沟,将肥料撒入沟中,再用土填平。上述两种施肥方法中施肥沟的深度和宽度应根据树木的大小而有所增减。穴施法是在树冠投影圈内,按一定距离挖穴,穴的大小,一般乔木为宽、深各30 cm左右,数量以树冠大小而定,肥料施入穴中后,覆土填平即可。全面施肥法可结合冬季深翻土壤,将肥料撒入土中。上述各种土壤施肥方法一般都在冬季施以有机肥为基肥时使用。生长季节的追肥一般以化肥为主,可挖沟或挖穴施入,也可随灌溉施入。

根外施肥是将肥料配成溶液喷洒在植株的枝叶上,营养元素通过枝孔和气孔进入植株。根外追肥要严格控制溶液的浓度,一般在0.05%~0.1%以内,可结合喷洒农药同时进行。

(三)灌溉与排水

园林木本植物种类多,具有不同的生物学特性,对水分的需求也各不相同。观花、观果树种,特别是花灌木,对水分的需求比一般树种多,需要灌水次数较多;油松、圆柏、侧柏、刺槐等,其灌水的次数、数量较少,甚至不需要灌水,且应注意及时排水;而对于垂柳、水松、水杉等喜湿润土壤的树种,应注意灌水,对排水则要求不高;还有些树种对水分条件适应性较强,如旱柳、乌桕等,既耐干旱,又耐潮湿。

灌溉方法很多,应以节约用水、提高水分利用率和便于作业为原则。沟灌是在树木行间挖沟,引水灌溉。漫灌是在树木群植或片植,株行距不规则,地势较平坦时,采用大水漫灌,此法既浪费水,又易使土壤板结,一般不宜采用。树盘灌溉是在树冠投影圈内,扒开表土做一圈围堰,堰内注水至满,待水分渗入土中后,将土堰扒平覆土保墒,一般用于行道树、庭荫树、孤植树,以及分散栽植的花灌木、藤本植株。滴灌是将水管安装在土壤中或树木根部,将水滴入树木根系层内,土壤中水、气比例合适,是节水、高效的灌溉方法,但缺点是投资较大,一般可用于引种的名贵树木园中。喷灌属机械化作业,省水、省工、省时,适用于大片的灌木丛和经济林。

灌水时期一般依各树种生长期的需水特点,当地气候、土壤内水分变化规律和树木栽植情况而定。新植树木通常在早春或晚秋,各地普遍较为干旱,特别是栽植的大树,常有较多的地上部分,树冠蒸腾量大,根系又因损伤吸收水分能力削弱,植后为了促发新根,保证成活,必须经常灌水,保持土壤湿润状态,必要时还需向树冠喷水保湿。对已经成活的树木,在春旱严重的地区,为确保树木萌芽开花,需灌花前水。多数树木在花谢后半月左右是新梢迅速生长期,适当灌水可促进新梢和叶片生长,扩大树冠,提高坐果率。整个夏季是树木生长旺盛期,需水量大,应尽量做到适时灌水。北方地区冬季严寒多风,入冬前应灌一次冬水,提高树木的越冬能力。

土壤中水分过多形成积水称为涝。在雨水偏多时期,对在低洼处的不耐涝的树木,要及时排水。排水的方法一般可用地表径流和沟管排水。一般在园林设计施工中已解决了排水问题,在特殊情况下需采取应急措施。

(四)病虫害防治

1. 园林木本植物的病害防治

1)月季白粉病

改善栽培条件,注意通风透光,提高植株抗病力。发病初期应及时剪除病叶、病梢。药剂防治可在早春发芽前喷3~4波美度石硫合剂1~2次。发病期可喷70%甲基托布津1 000~1 500倍液,或用25%粉锈宁可湿性粉剂2 000~3 000倍液。

2)锈病

除加强栽培管理、增强树势外,可以在秋冬扫除落叶,早春修剪时剪除病枝、枯枝等。药剂防治可在树木发芽前喷3~5波美度石硫合剂,生长季节在早期及时喷药,一般在发病前两周进行,连续几次。在目前使用的药剂中,粉锈宁具有特效,可用15%粉锈宁可湿性粉剂1 000倍液或25%粉锈宁可湿性粉剂1 500倍液。

3)炭疽病

及时清除病源,如摘除病叶,剪除病枝,刮除枝干病斑,焚烧落叶枯枝等。药剂防治是控制病害大量发生的有效手段,原则上在病害发生前1~2周进行,以后每隔1~2周,根据病情连续喷药,在春雨及梅雨季节,要增加喷药次数,一般为3~4次。目前常用药剂有炭疽福美、退菌特、代森锰锌、百菌清等。如茉莉炭疽病以50%炭疽福美可湿性粉剂500倍液效果最好。

4)枝干溃疡病

培养树势,减少冻伤、虫伤及其他创伤,是防治这类病的基本措施,剪除病枝、刮除病部也是防治这类病害的可行方法。

2. 园林木本植物的虫害防治

1）螨类

必须以预防为主，综合防治。冬季压低螨类越冬基数，可刮除树干的粗皮、翘皮，结合整枝修剪和冬季培土，除去部分越冬害螨。化学防治除冬季喷洒3~5波美度石硫合剂外，生长季节常用的杀螨药剂有50%久效磷乳油2 000倍液、40%氧化乐果乳油2 000~3 000倍液、20%三氯杀螨砜可湿性粉剂800~1 600倍液、20%螨卵酯可湿性粉剂800~1 600倍液、30%克螨特可湿性粉剂1 500~2 000倍液等。在用化学药剂防治时，要注意螨类容易形成抗药性，可交替使用，或两种及两种以上药剂混配使用等。

2）蚧类

蚧类害虫不同于其他害虫，它形体小，营固着生活，比较隐蔽，用通常的防治方法很难奏效，必须根据其特点，多种措施配合使用。冬季常用的药剂有3~5波美度石硫合剂、松酯合剂10~15倍液、蒽油乳液25~35倍液；生长季节常用的药剂有40%氧化乐果乳油1 000 ~1 500倍液、25%亚胺硫磷乳油1 000倍液、50%杀螟松乳油800~1 000倍液、50%二溴磷乳油800~1 500倍液等。

3）刺蛾类

刺蛾类食叶害虫除生物措施、物理措施外，为迅速消除为害，使用药剂防治还是很有必要的，凡是具有胃毒或触杀作用的药剂均可奏效，如50%西维因可湿性粉剂300~500倍液、50%马拉硫磷乳油800~1 000倍液、20%杀灭菊酯乳油1 500~2 000倍液、2.5%溴氰菊酯乳油4 000~5 000倍液等。

4）钻蛀害虫

在越冬期，结合整枝修剪，剪除有虫枝条集中烧毁，刮除树干粗皮、翘皮；在成虫发生前进行树干和主枝涂白（配方是石灰1份，水4份，加盐少许），防止天牛产卵。成虫产卵期可用灯光、糖醋液等诱杀或人工捕杀。幼虫为害期，可用浸蘸80%敌敌畏乳油50倍液的药棉团塞入虫道，或用25%亚胺硫磷乳油200~250倍液，用注射器从虫道口注入，用药后都要用泥团封口，或用薰蒸杀虫剂磷化铝片剂，用镊子塞入虫孔，并立即用泥封口，灭虫率可达100%。根据排粪孔排出的木屑、虫粪的颜色、粗细及湿润程度，确定蛀食部位后，用铁丝插入刺杀或勾出幼卵虫杀死。

六、评分标准

序号	考核项目	考核内容	考核标准	考核方法	得分
1	土壤管理	松土、除草（30分）	能根据绿地现状进行松土、除草	个人考核 小组考核	
2	施肥技术	施肥方法、时期（40分）	能根据园林植物生长发育时期确定施肥种类，正确选择施肥方式、技术、时期	个人考核 小组考核	
3	病虫害防治技术	园林植物常见病害防治、虫害防治（30分）	能正确识别园林植物的病虫害、正确使用药剂进行病虫害的防治	个人考核 小组考核	

七、思考与练习

(1)怎样做好树木的养护管理工作?

(2)如何做好树木的根外追肥?

(3)你所在地区的园林树木常见的病虫害常用的治疗方法有哪些?

八、知识拓展

(一)冰冻害

冰冻害是一种与冻害有密切联系的寒害,包括多种冰冻天气现象——雨凇、雪凇、雾凇等天气所造成的冻害。它对树木的影响,一是加剧了冻害的危害程度,二是由于冰晶体本身的机械作用,损伤、压劈枝干。

南方特别是长江流域柑橘产区,严寒的冬季雨后,有时在树上形成一种冰冻现象——雨凇。它是冰冻害的一种,是导致柑橘冻害的重要原因。

雨凇、雪凇、雾凇在北方地区俗称"树挂",是雨后、雪后或浓雾后树冠枝条上形成的一种冰晶体,晶莹美丽,具有观赏价值(见图5-1)。但是,由于这种冰晶体在融化过程中大量吸热,会加剧树体枝干的冻害程度,另外,冰晶体的机械作用使枝条容易折断、劈裂,造成损伤。其危害既不同于冻害,也不同于雪害。

冰冻害发生时期以秋末冬初和冬末春初较多,南方常绿树木则以深冬季节易受此害。

图5-1　雾凇

(二)窒息伤害

窒息伤害是极罕见的一种寒害现象。因为它既不同于冻害,又与雪害、冰冻害不同,特称为窒息伤害。

窒息伤害是发生于东北北部个别地区的一种寒害。主要表现症状是根颈部位皮层组织中有褐色斑点或形成黑色坏死环,而后腐烂,有酒糟味。它是由于秋季多雨或冬季大雪覆盖期长,使树木干基处的水分达饱和状态,阻碍干基组织与空气中气体的交换,抑制呼吸作用,甚至发生厌氧呼吸,产生过剩的二氧化碳、酒精等,最终破坏细胞组织并消耗贮存的碳水化合物,使之死亡。黑龙江牡丹江地区曾发生过这种窒息伤害。据观察,干基培土愈厚，窒息受害反而愈严重。

（三）雷击伤害

树木遭受雷击以后，木质部可能完全破碎或烧毁，树皮可能被烧伤或剥落；内部组织可能被严重灼伤而无外部症状，部分或全部根系可能致死。常绿树上部枝干可能全部死亡，而较低部分不受影响。在群状配置的树木中，直接遭雷击的周围植株及其附近的禾草类和其他植被也可能死亡。在通常情况下，超过 1 370 ℃的“热闪电”将使整棵树燃起火焰，而“冷闪电”则以 3 200 km/s 的速度冲击树木，使之炸裂。有时两种类型的闪电都不会损害树木的外貌，但数月以后，由于根和内部组织被烧而造成整棵树木的死亡。

任务二　草本植物的养护管理

一、教学目标

（1）掌握草本植物养护管理措施。

（2）能对一、二年生及多年生草本园林植物进行土肥水管理。

（3）能对草本植物进行病虫害识别并防治。

二、任务提出

为了达到绿化、美化、香化的目的，某城市除进行木本园林植物的栽植外，还进行了各种草本植物的栽植，在其生长发育过程中，为使其达到最佳观赏效果，就要及时进行养护管理。

三、任务分析

大多数草本植物的根系浅，所以要针对其生长特点对其进行养护管理。一、二年生草本植物和多年生草本植物对栽培管理条件的要求比较严格，在园林中应占用土壤、灌溉和管理条件最优越的地段。也就是要重点对草本植物进行土肥水管理和病虫害的防治。

四、相关知识

（一）灌溉

由于自然降雨不均匀，远不能满足植物的需要，特别是干旱少雨季节，因此灌溉是草本植物养护管理的重要环节。

1. 灌水次数和灌水量

灌水次数常依季节、土质和植物种类不同而异。一年中春、夏季温度渐高，蒸发量大，北方降雨较少，植物又需要大量水分，灌水要勤；进入秋季，植物已陆续停止生长，如土壤不太干，应逐渐减少至停止灌水。对一、二年生植物和球根植物，灌溉次数应较宿根植物多。每次的灌水量，应以灌透为原则。

2. 灌溉时间

灌溉时间因季节而异。夏季应在清晨和傍晚进行，这时水温和土温相差较小，不致影响根系活动，傍晚更好，可减少蒸发。冬季应在中午前后灌溉。

(二)中耕除草

中耕是在草本植物生育期间对土壤进行的表土耕作。中耕可以减少地表蒸发，改善土壤的透水性及通气性，为大量吸收降水及加强土壤微生物活动创造良好条件，促进土壤有机质分解，增加土壤肥力。中耕还能清除杂草，减少病虫危害。杂草一般出苗早，生长速度快，但同时也是病虫滋生和蔓延的场所，对草本植物生长极为不利，必须及时清除。

(三)病虫害防治

草本植物的病虫害防治应贯彻防重于治的方针，加强种苗和土壤消毒，防止病虫害的大量发生。

1. 主要病害

1)根腐、茎基腐病

这类病害可在苗期发生，也有发生在成株期以至大树的根和根颈部，能迅速使植物皮层腐烂，是一类土传病害。主要有：幼苗猝倒病，可为害万寿菊、凤仙花、彩叶草、马蹄莲、天竺葵等；立枯病，为害翠菊、鸡冠花、大丽菊、瓜叶菊；白绢病，为害君子兰、玉簪、水仙、兰花、香石竹等。此外，还有菌核病、香豌豆根腐病、紫纹羽病等。这类病害一部分是习居菌，一部分以菌核在土中病残组织上越冬，土壤带菌是重要特点。

2)细菌性斑点病和疫病

在园林植物的细菌性病害中，最普遍的是在叶、茎、花和果实上表现各种形状大小不等的斑点病。其中有些发展迅速，引起坏死，众多侵染点相合并，以致形成整株萎蔫的斑点病，称之为疫病。主要有天竺葵细菌性叶斑病、秋海棠细菌性叶斑病、唐菖蒲细菌性叶斑病、香石竹细菌性叶斑病、郁金香溃疡病等。

2. 主要虫害

1)蚜虫

蚜虫的种类繁多，主要有：棉蚜，为害仙客来、瓜叶菊等；桃蚜，除为害桃、李、梅等木本植物外，也为害多数草本植物；菊姬长管蚜，主要为害菊科植物等。

2)蛴螬

蛴螬是金龟子的幼虫，主要在土壤中活动，为害多种园林草本植物的幼苗及根茎，苗圃经常发生，是重要的地下害虫。

五、任务实施

露地栽培的草本植物大致可分为：一、二年生草本植物，多年生草本植物（又称宿根植物），球根植物以及蔓性植物，水生植物等，它们的养护既有共同处，又各有其特殊要求。

(一)灌溉和排水技术

1. 灌溉技术

1)地面灌溉

地面灌溉是传统的灌溉技术。按现代化的要求，用塑料软管，这样不但可以避免水分在途中因渗漏而损失，同时也不影响地面的土壤耕作。无论是在国内还是在国外，目前仍以这种灌溉形式为主，此法大多用于花坛、苗床，以及做畦的小规模栽培。

2）地下灌溉

地下灌溉是将素烧的瓦管（或塑料管）埋在地下，水经过管道时通过细孔渗入土中。但要注意，在土质过于疏松和心土有不透水层时不宜采用。

3）喷灌

喷灌是把灌溉水喷到空中成为细小水滴再落到地面的灌溉方法，有固定式、移动式和半固定式三种。喷灌的优点是节约用水，土地不平也能均匀灌溉，可保持土壤结构，减少田间沟渠，提高土地利用率，省力高效，除供水外还可喷药、施肥、调节小气候等。缺点是设备一次性投资大，风大地区或风大季节不宜采用。

4）滴灌

滴灌是一种直接供给过滤水（和肥料）到园地表层或深层的灌溉方式。它可避免将水洒散或流到垄沟或径流中，可按照要求的方式分布到土壤中供作物根系吸收。滴灌的水是由一个广大的管道网输送到每一棵或几棵作物，所润湿的土壤连成片，即可达到满足需水的要求。滴灌优点：可给根系连续供水，而不破坏土壤结构，土壤水分状况较稳定，更省水、省工，不要求整地，适于各种地势，可连接电脑，实现灌水完全自动化。目前此法广泛用于园林工程中立体造型的各种花卉景观。

2. 排水技术

当地下水位高、土壤潮湿，以及雨季雨量集中，田间有积水时，应及时清沟排水，以减少植株根部病害，防止烂根，改善土壤通气条件，促进植株生长。排水方式有以下几种。

1）明沟排水

明沟排水是国内外传统的排水方法，即在地面挖敞开的沟排水，主要排地表径流。若挖得深，也可兼排过高的地下水。

2）暗管排水

在地下埋暗管或其他材料，形成地下排水系统，将地下水降到要求的高度。井排是近十几年发展起来的，国外许多国家已应用，分为定水量和定水位两种形式。

（二）施肥技术

草本植物在养护管理时，为补充基肥的不足，满足其生长发育时期对营养成分的要求，常需进行追肥。一、二年生花卉在苗期，为促其茎叶生长，氮肥成分可稍多一些，但在以后生长期间，磷、钾肥应逐渐增加，花期长的，追肥次数应较多。多年生植物追肥次数较少，一般3~4次，在春季开始生长后、开花前、开花后各一次，秋季叶枯后再施一次农家肥。可沟施或按株穴施，化肥亦可随灌水施入。

（三）摘心与抹芽技术

为使植株生长整齐、促使其分枝、延迟花期及控制植物的高度等，将万寿菊、波斯菊、三色堇、金鱼草、石竹、金盏菊、千日红、百日草、银边菊等在生长初期摘心，可以矮化植株、延迟花期（见图5-2）。

草花摘心

草花施肥

图 5-2　草花的摘心与施肥

（四）立支柱、绑扎

一、二年生花卉中有些株形高大的，上部枝叶花朵会过于沉重，特别是在遇到大风时易倒伏，还有的藤本植物通过立支柱绑扎后才利于观赏。高大的花卉要在其周围四角立支柱，并用绳索连接在一起。

（五）剪除残花与花莛

对一串红、金鱼草、石竹等连续开花的植株，花后要及时摘除残花、剪掉花莛，不让其结实，加强水肥管理，保持植物健壮生长，达到连续开花且花大色艳，并且延长花期。

（六）中耕除草技术

目前，对草本植物一般采取人工除草和机械除草结合中耕进行。中耕除草一般是在草本植物苗期选晴天土壤湿度不大时进行。植株茎叶已完全覆盖地面后，应停止中耕，以免损伤植物根系。中耕除草次数是根据当地气候、土壤和植物生长情况来定。幼苗阶段杂草最易滋生，土壤也易板结，中耕除草次数宜多；成苗阶段，枝叶生长茂密，中耕除草次数宜少，以免损伤植株。天气干旱，土壤黏重，应多中耕，雨后或灌水后应及时中耕，避免土壤板结。

除草可以保存土壤养分和水分，保证植物的正常生长，除草时要除早除了，即在杂草发生之初，及早除去；杂草开花结实前必须清除干净，否则，一次结实后，需多次甚至数年才能清除；多年生杂草应将地下部全部挖出，才能彻底清除。多年生草本植物亦可配合使用化学药剂除草，但要注意防止发生药害。

（七）病虫害防治技术

草本植物的病虫害防治应贯彻防重于治的方针，加强种苗和土壤消毒，防止病虫害的大量发生。

1. 主要病害防治技术

1）根腐、茎基腐病防治技术

采取轮作、土壤消毒、改善生长条件、培育壮苗、增强树势等技术措施，发病初期也可使用药剂控制病害流行，如50%多菌灵可湿性粉剂500倍液，50%托布津可湿性粉剂500倍液喷雾，一般应连续2～3次，间距10天左右。

2）细菌性斑点病和疫病防治技术

及时清除病叶、病株等控制传染，球根类可用50～100 mg/kg链霉素浸泡30分钟，以及土壤消毒、轮作、加强栽培管理，促使植物健壮等。发病初期可喷洒杀菌剂，如波尔多液，而农用链霉素、土霉素、井岗霉素等抗菌毒效果更好。敌克松对某些水生霉菌、疫霉菌和腐霉菌有较好的防治效果。

2. 主要虫害防治技术

1）蚜虫

防治蚜虫常用的药剂有：40%的氧化乐果乳油1 500～2 000倍液，50%灭蚜松乳油1 000～1 500倍液，30%呋喃丹颗粒剂按每666.7 m^2 1.5～2.5 kg施于土内等。

2）蛴螬

防治的方法，冬季深翻花圃、花坛的土壤，促使越冬虫体死亡。为害期可在土壤中浇施50%马拉松乳剂800～1 000倍液，或马拉硫磷800～1 000倍液，或25%辛硫磷1 000倍液。

3. 种苗消毒

1）温水浸种

用温水浸泡种子，水温控制在40 ℃以下，可以消灭附着在种皮外面的菌丝，并将真菌孢子、虫卵等冲洗掉，被害虫钻入的种子，大多漂浮在水面，可随不饱满的种子一起捞出。这种方法简便，可减少病虫害的发生。

2）石灰乳

将石灰放入90～400倍的水中搅拌，制成石灰浆。一般中粒和大粒种子可放入石灰浆中浸泡半小时，处理球根时应根据外皮的质地和厚薄，分别浸泡0.5小时和3小时，用石灰浆浸泡好的种子和球根，应立即用清水冲洗干净。

3）福尔马林

用甲醛液兑水配成36%～40%的稀释液即是福尔马林，它是常用的消毒剂。使用时配成1%～2%的福尔马林稀液，将种子、球根等放入浸泡20～60分钟，可杀死绝大多数病菌。处理后用清水将种子、球根冲洗干净。

4）代森铵

将已经发病的球根，在0.2%浓度的代森铵稀释液内浸泡10分钟，或放入0.5%的稀释液中浸泡5分钟，可控制病害的扩大和蔓延。

5）赛力散

在100 g的中小型种子内，放入5 g赛力散拌种，可消灭附着在种子上的菌丝和孢子。

4. 土壤消毒

1) 福尔马林

将福尔马林50倍稀释液喷洒在培养土或翻耕后的地块上，然后覆盖湿草帘，2天后将草帘取走，一周后即可使用或播种、栽苗。

2) 硫磺粉

结合土壤的耕耙、松土，按硫黄粉30~40 g/m^{2}的剂量撒入，既可杀死病菌，又可中和土壤中的盐碱，尤其适合栽种喜酸性土壤的植物。

3) 石灰粉

在翻耕后的土地上，按30~40 g/m^{2}的剂量撒石灰粉，既可杀虫灭菌，又能中和土壤的酸性。

4) 敌克松

敌克松对某些水生霉菌、疫霉菌和腐霉菌有较好的防治效果。每平方米苗床撒施20 g 70%敌克松粉，轻耙一次后使用。

5) 硫酸亚铁(黑矾)

一般用粉剂，也可用其水溶液进行消毒。雨天用细干土加入2%~3%的硫酸亚铁制成药土，按每平方米100~200 g撒入土中；或将硫酸亚铁配成2%~3%的溶液，每平方米用9 L。

6) 百菌清

用45%百菌清烟剂每平方米1 g熏棚5小时。

(八)防寒越冬

防寒越冬是对二年生或多年生草本植物采取防寒措施，使其安全越冬，这是露地草本植物养护管理中的一项重要工作，一般采用以下措施。

1. 覆盖法

在霜冻到来之前，用干草、落叶、草帘将苗盖好，对耐寒力较强的小苗，常用塑料薄膜覆盖，效果较好。

2. 培土法

对冬季地上部分休眠的宿根植物，可在其上盖土或埋入土中，对地上部分已枯死，以宿根越冬的植物，亦可少量培土，以保护安全越冬。

3. 灌水法

利用冬灌防寒，由于水的热容量大，可提高土温。同时，灌水可提高附近空气的温度，起到保温和增温的作用。

4. 薰烟法

即在霜冻或寒流到来之前，利用薰烟防止霜冻的一种应急方法。

(九)越夏管理

一部分原产于热带和亚热带高山、雨林地区的草本观赏植物，往往经受不住我国大部分地区的夏季酷热，有的不能正常生长或开花，有的被迫休眠，甚至死亡。如仙客来、马蹄莲、倒挂金钟、天竺葵、龟背竹等；而君子兰、杜鹃、兰花、玉簪等喜阴植物，夏季需遮阴才能生长良好；温室花卉夏季大部分需移出温室，移入有遮阴设施的场所或温室遮阴。所以，安全越夏对一部分园林植物十分重要。

主要方法是设置荫棚。荫棚有永久性和临时性两类,有的需有防雨措施。兰花等各地都有专用荫棚,既遮阴又防雨,并设有空气湿度自动控制装置。当空气相对湿度小于一定标准时可以自动喷雾调节。遮阴材料多采用冷凉纱,遮阴程度因栽培植物种类不同而异。

六、评分标准

序号	考核项目	考核内容	考核标准	考核方法	得分
1	草本植物病虫害防治	常见草本植物病虫害识别、防治(40 分)	能识别常见草本植物病虫害,正确使用药剂进行病虫害防治	个人考核 小组考核	
2	土壤消毒	土壤消毒技术(30 分)	能正确使用土壤消毒药剂进行土壤消毒	个人考核 小组考核	
3	松土、除草及施肥	草本植物施肥、除草及松土时期、方法(30 分)	能根据草本植物生长情况正确进行松土、除草及施肥	个人考核 小组考核	

七、思考与练习

(1)草本植物养护管理技术措施有哪些?

(2)你所在地区常见的草本植物有哪些?易发生哪些病虫害?如何防治?

(3)扼要介绍你了解的花卉园艺新技术。

八、知识拓展

(一)有毒的草本植物

1. 含甙类的植物

(1)洋地黄:亦称紫花毛地黄,草本植物,各地均有栽培。全株覆盖短毛,叶卵形,初夏开花,朝向一侧,其叶有毒。

(2)铃兰:草本植物,东北及北部山林中野生,花为钟状,白色,有香气,全草有毒。

2. 含生物碱类的植物

(1)曼陀罗:草本植物,高 1~2 m,茎直立,叶卵圆形,夏季开花,花筒状,花冠漏斗状,白色,全株有毒,种子毒性最强。

(2)颠茄:多年生草本植物,叶互生,一大一小,夏季开花,钟状,淡紫色,果实为浆果,球形,成熟时黑紫色,其叶和根有毒。

(3)天仙子:草本植物,我国东北、河北、甘肃等地有野生,全株有毛,味臭,夏季开花,漏斗状呈黄色,全株有毒。

(4)乌头:草本植物,分布于我国中部及东部山地丘陵,茎直立,秋季开花,其根有毒。

(5)毒芹:草本植物,分布于东北、华北、西北及内蒙古一带,根状茎肥大,有香气和甜味,秋季茎中空,花为白色,全草有毒。

(6)藏红花:多年生草本,花期 11 月上旬到中旬,毒素为秋水仙碱,中毒症状为恶心、呕吐及腹泻,大量使用可致命。

(7)荷包牡丹:罂粟科多年生草本,株高 30~60 cm,具肉质根状茎。全株有毒,能引起抽搐等神经症状。(所有罂粟花都有毒性)

(8)贝母:多年生草本植物,常作室内植物,全株有毒,含有贝母碱,会引起喉部过敏,大量摄入可引起喉咙肿胀窒息。

(9)蓖麻:大戟科蓖麻属一年生或多年生草本,全株有毒,含有蓖麻碱和蓖麻毒素,可灼伤口喉,引起抽搐并可致死。

(10)水仙:石蒜科多年生草本,为中国著名花卉之一,但却有毒,误食后有呕吐、腹痛、脉搏频微、出冷汗、下痢、呼吸不规律、体温上升、昏睡、虚脱等,严重者发生痉挛、麻痹而死。

(11)飞燕草:毛莨科一、二年生草本植物,株高 50~90 cm,全草有毒,其中以种子的毒性最大,主要含有生物碱,误食后会引起神经系统中毒,中毒后出现呼吸困难,血液循环障碍,肌肉、神经麻痹或痉挛现象。

(12)风信子:风信子科多年生草本植物,球茎有毒性,如果误食,会引起头晕、胃痉挛、拉肚子等症状,严重时可导致瘫痪并可致命。

(13)商陆:多年生草本植物,株高 1~1.5 m。根有毒,可引起消化障碍及中毒反应,但幼株叶在水中煮,晒晾后可削弱毒性。

(二)露地花卉施肥用量

露地花卉施肥用量见表 5-1、表 5-2。

表 5-1　露地花卉追肥施用量　(单位:kg/100 m^2)

花卉类别	硝酸铵	过磷酸钙	氯化钾
一年生花卉	0.9	1.5	0.5
多年生花卉	0.5	0.8	0.3

表 5-2　露地花卉肥料三要素施用量　(单位:kg/100 m^2)

花卉类别	硝酸铵	过磷酸钙	氯化钾
草花类	0.94~2.26	0.75~2.26	0.69~0.75
球根类	1.50~2.26	1.03~2.26	1.88~3.00

任务三　水生植物的养护管理

一、教学目标

(1)了解影响水生植物生长发育的环境因子。
(2)掌握水生植物常见的病虫害。
(3)会进行水生植物的肥水管理。
(4)能正确识别水生植物病虫害,并用正确的方法进行防治。

二、任务提出

在城市的一公园中,有一处人工池塘,栽植了一些水生园林植物,要使其充分发挥水生植物的景观效果,应该进行肥水管理及病虫害防治。

三、任务分析

影响水生植物生长发育的环境因子主要有温度、光照、水质、土壤、肥料等。正确地认识和满足水生植物对环境的要求,是水生植物栽培生长的关键所在。

四、相关知识

水生植物的种类繁多,以其特有的形态美和意境美在历代园林中得到了广泛应用。除观赏作用外,水生植物及其为主要材料的湿地对水体有净化作用和生物多样性高的特点受到了全世界的高度重视。在我国,大中城市中水生植物的引种、驯化与应用,湿地公园建设、城市河道生态修复与景观构建等工作发展迅速,成为城市生态建设的一个重要内容。

(一)水生植物的栽培土壤与水质

水生植物所用土壤是一个极为重要的条件。土壤的作用是:固定植株,使水生植物有所依附,供给水分、养分,供给空气。栽培水生植物要求疏松肥沃、保水力强、透气性好的土壤。

1. 土壤的物理、化学性状

1)物理性状

土壤的物理性状主要指土壤的黏重与疏松程度。一般以选择通气性好,含有大量的腐殖质、疏松、肥沃的土壤为原则。

2)化学性状

土壤的化学性状主要指土壤的酸碱度。简易的测定方法是将土壤加少量的蒸馏水,用 pH 试纸蘸测,试纸蓝色为碱性,红色为酸性。大致上,我国北方沿海平原地区为碱性土壤,南部区域的高山地带多为酸性土壤。北方栽种水生植物的土壤 pH 值为 7.5~8,南方栽种水生植物的土壤 pH 值为 5~7。

2. 栽培水生植物的水质

沉水观赏植物在水下生长发育,需要相对的光照,否则就不能完成整个生育过程。要求水无污染物,清澈见底,pH 值为 5~7。但也有青海湖等盐水湖观赏植物的生长环境,pH 值在 9 左右。喜光、阴生观赏植物对水质的要求不十分严格,pH 值为 5~7.5 都能完成整个生育过程。

(二)水生植物常见病害

水生植物所处的生态环境较为特殊,大都种植在空旷的野外,水源条件充足,空气湿度大,温度高,光照强,旅游观光的景区来往人员多,害虫的天敌少等,诸多因素都是病虫害感染的有利条件。所以,一旦防治不及时,常造成重大损失。因此,水生植物的病虫害防治工作,应贯彻"预防为主,防重于治"的原则,不断提高栽培技术水平,施肥要多样化,有机肥要充分腐熟,及时清除杂草和枯枝落叶,培育壮苗提高抗病虫害的能力。发现病虫害要及时防治,以防蔓延。此外,还要加强引种的检疫工作,避免引入新的病虫害。

水生植物的病害主要有两类:一类为栽培环境的土壤、气候、水质等条件不适应,有害物质感染等引起的非侵染性病害,称为生理性病害,这类病害不传染。另一类是侵染性病害,由病原微生物如真菌、细菌、病毒、线虫等引起,它们的形态各异,繁殖能力极强,具有传染性,其危害大。常见的侵染性病害有以下几种。

1. 腐败病

1)病征

全株发病,严重时可造成整个植株死亡。病的早期叶片失水枯萎而死。病害严重时,地下茎变褐色,腐败(腐烂)。

2)感染途径

病菌以菌丝体及厚垣孢子在病体上越冬。用带菌种的地下茎栽种,长出的幼苗便是病苗。传染的方式是通过地下茎的伤口侵入,菌丝在茎内蔓延,使其茎节及根系变色腐烂,并导致地上部叶片和叶柄枯死。它还可随水迁移传染。从始花期至地下茎成熟期均可发病,当气温在 25~30 ℃时发病最严重。

2. 黑斑病

1)病征

主要感染叶片,有时也发生在叶柄上。最初在叶片上出现淡褐色小斑点(叶背面更明显),以后扩大成 0.5~2 cm 的多角形褐色或暗褐色病斑。病斑上有或无褐色轮纹,并生有黑色的霉状物。严重时病斑再扩大融合,最后全叶枯死。

2)感染途径

病原体冬季在枯死的病株残体上越冬,而不在土壤中越冬。5 月以后开始活动,经雨水和气流传播侵入叶片引起发病。6 月中旬至 7 月上旬和 8 月下旬至 9 月上旬为两个发病高峰期。以蚜虫危害严重的区域,以及高温、多暴雨时发病严重。

3. 叶斑病(麸皮病)

1)病征

发病初期叶外缘有许多圆形病斑,初为暗绿色,后转为深褐色,有时具有轮纹,一般直径 2~4 mm,最大者可达到 10 mm,极易腐烂穿孔。潮湿时病斑上生鼠灰色霉层。病严重时病斑可连成片,使整张叶腐烂。

2)感染途径

病原为卷喙旋孢属真菌。7～9 月发病较多,可传染,对整个植物的生长发育影响较大。

五、任务实施

栽培水生植物,应根据不同植物的需要,选择适宜的种及品种和适应的栽植场地。湖、塘、水田、缸、盆(碗)都可用来栽植水生植物。要求光照充足,水位不能超过每个水生植物的原有生态环境要求,挺水植物的最深水位不超过 1.5 m,水底土质肥沃,有 20 cm 的淤泥层,水位稳定,水流畅通而缓慢。如果人工造园,修挖湖、塘(水生植物观光旅游景点或水生花卉区),也应遵循水生植物的生物学规律,在没有特殊的要求时,应对每个种及品种修筑单一的水下定植池。

根据水生植物喜光、怕风的习性,栽种的场地要求地势平坦、背风向阳。

(一)除草

由于水生植物在幼苗期生长较慢,所以不论是露地、缸盆栽种,都要进行除草。从栽植到植株生长过程中,必须及时除草(特别是水绵)。

(二)追肥

追肥一般在水生植物的生长发育中后期进行。可用浸泡腐熟后的人粪、鸡粪、饼类肥,一般需要 2～3 次。追肥的方法是:露地栽培可直接施入缸、盆中,这样吸收快。因此,在施追肥时,应用可分解的纸做袋装肥施入泥中。

(三)水位调节

水生植物在不同的生长季节(时期)所需的水量也有所不同,调节水位,应掌握由浅入深、再由深到浅的原则。分栽时,保持 5～10 cm 的水位,随着立叶或浮叶的生长,可根据植物的需要,将水位提高(一般 30～80 cm)。如荷花到结藕时,又要将水位调浅到 5 cm 左右,提高泥温和昼夜温差,提高种苗的繁殖数量。

(四)防风防冻

水生植物的木质化程度差,纤维素含量少,抗风能力差,栽植时,以在东南方向选择有防护林等的地方为宜。水生植物在北方种植,冬天要进入室内或灌深水(100 cm)防冻。在长江流域一带,正常年份可以在露地越冬。为了确保安全越冬,可将缸、盆埋于土里或在缸、盆的周围壅土、包草、覆盖草防冻。

(五)遮阴

水生植物中有不少属阴生性,不适应强烈阳光的照射,栽培时需搭设荫棚。根据各种植物的需求,遮光率一般控制在50%～60%,遮阴多采用黑色或绿色的遮阳网。有不同遮光率的产品,具有明显的遮阴、降温效果,使用方便。

(六)水生植物常见病虫害防治技术

1.水生植物常见病害防治技术

1)腐败病防治技术

(1)发病严重的种植区,实行三年一次的轮作,改种其他水生植物,是防治本病的有效方法。

(2)选用抗性较强的和未感染病害的优良品种作种苗。

(3)种植区内施生石灰粉(0.5 kg/m^2)或施撒甲基托布津70%可湿性粉剂、多菌灵50%复方可湿性粉剂(1 200倍)。

2)黑斑病防治技术

(1)实行轮作。

(2)彻底清除种植区内的病株残体。

(3)加强管理,增施磷、钾肥,提高抗病能力。

(4)用甲基托布津、多菌灵1 000倍液进行叶面喷雾2~3次,间隔7~10天喷一次。

3)叶斑病(麸皮病)防治技术

除轮作和不偏施氮肥外,可用甲基托布津(800~1 000倍)、多菌灵(400~500倍)液喷于叶面。此外,对水生植物产生危害的病害还有褐斑病、炭疽病、斑点病、斑叶病。

2.水生植物虫害防治技术

1)莲缢管蚜

莲缢管蚜5月上旬到11月均可发生,以若虫、成虫群集于叶芽、花蕾以及叶背处,吸取汁液为害,每年发生20多代。用40%乐果乳剂1 000~2 000倍液、70%灭蚜松可湿粉剂2 000倍液或3%鱼藤精800~1 000倍液喷杀。少量发生时可用手捏死。

2)斜纹夜蛾

斜纹夜蛾又称莲纹夜蛾。主要是幼虫蚕食叶,虫多时对花也有危害。用90%敌百虫或乙酰甲胺磷结晶1 000~1 500倍液、50%敌敌畏乳剂或马拉硫磷结晶800~1 000倍液、青虫菌剂或杀螟杆菌剂(每克含孢子100亿以上)800~1 000倍液喷杀。

3)稻根叶甲

稻根叶甲又称食根金花虫、水蛆。其幼虫为害茎节,吸吮汁液,致叶发黄枯死。成虫也啃食叶。水旱轮作可杀死土中越冬幼虫。清除杂草,尤其是眼子菜,可以减少成虫产卵机会和食料。结合冬耕或春耕每667 m^2 用50%西维亚可湿性粉剂1.5~2 kg,加细土5 kg,拌匀撒入田后再进行耕田,或每667 m^2 用石灰10~15 kg,撒入田内。

4)黄刺蛾

黄刺蛾是杂食性害虫,以幼虫啃食叶。摘除虫叶,用90%敌百虫1 000~1 500倍液或青虫菌剂800~1 000倍液喷杀。

5)褐边绿刺蛾

褐边绿刺蛾又称梨青刺蛾,为害情况和防治方法与黄刺蛾相似。

6)大蓑蛾

大蓑蛾又名避债蛾,俗称袋子虫,为杂食性害虫。幼虫吐丝做囊,上面粘着碎枝残叶,做成蓑囊,幼虫身居其中,负囊前行时,咬食叶。虫少时可人工摘除,虫多时用90%敌百虫1 500~2 000倍液或青虫菌剂800倍液喷杀。

7)小蓑蛾

小蓑蛾又称茶蓑蛾。为害情况和防治方法与大蓑蛾相似。

8)舞毒蛾

舞毒蛾是杂食性害虫,主要以幼虫蚕食叶。用90%敌百虫1 000倍液或80%敌敌畏乳剂1 000~2 000倍液喷杀。

9)铜绿丽龟子

铜绿丽龟子成虫杂食性,一般夜间飞啃食叶,有趋光性和假死性。夜间人工捕杀或灯光诱杀。也可用90%敌百虫1 500~2 000倍液喷杀。

10)莲潜叶摇蚊

莲潜叶摇蚊以幼虫潜入浮叶为害,吃叶肉,使残叶腐烂。此虫不能离水,对立叶无害。幼苗受此虫危害较大。可摘除虫叶,用40%乐果乳剂1 500~2 000倍液喷杀。

11)椭圆萝卜螺

椭圆萝卜螺属软体动物门腹足纲肺螺亚纲基眼目椎实螺科。主要为害莲苗幼叶。人工诱杀或每667 m^2用5~6 kg茶枯粉制成毒土,撒入田内药杀。

12)蜗牛

蜗牛属软体动物门腹足纲有肺目蜗牛科。主要为害嫩叶。每667 m^2用石灰10~15 kg撒入田内防治。

13)克氏原螯虾

克氏原螯虾主要为害植物的实生苗或幼苗,严重时可吃光植物致死亡。可用甲氰菊酯20%乳油(每667 m^2用20~50 g),由四周向内撒药,以防螯虾转移他处继续为害。

六、评分标准

序号	考核项目	考核内容	考核标准	考核方法	得分
1	水生植物的养护管理	水生植物施肥、除草及越冬管理(50分)	能识别常见的水生植物,能正确进行水生植物的养护管理	个人考核 小组考核	
2	水生植物病虫害防治	水生植物病虫害防治(50分)	能正确识别常见的水生植物病虫害,能采取正确的措施对水生植物进行病虫害防治	个人考核 小组考核	

七、思考与练习

(1)如何进行水生植物的养护管理?

(2)你知道的水生植物有哪些?哪些是适合你们地区栽植的?

(3)如何在水生植物的生长发育过程中调节其水位高低?

(4)水生植物常见的病害有哪些?应该如何防治?

(5)水生植物常见的虫害有哪些?应该如何防治?

八、知识拓展

水生植物夏日巧管理

随着夏日气温逐渐升高,能给人们带来清凉感觉的水生植物成为花卉市场的宠儿。但是,要获得质量上乘的盆栽水生植物,需要精心养护管理。荷花、睡莲等是夏季水生植物中应用最为广泛的植物,在管理上要注意以下几点。第一是施肥。荷花、睡莲在春季种植时就应施足底肥,如果希望它们能提前开花,要早施追肥。肥料以有机肥为佳,如腐熟的麻酱渣、鸡粪等,以促进花蕾形成。若在管理中发现叶色发黄、植株矮小等症状,要注意补施氮肥;花蕾形成期应及时施用磷肥。第二要注意水位。如果水位高,水的温度不易升高,会延迟荷花的开花期。如果水位低,则水温上升快,能促进荷花早开花。第三要注意及时清除杂草和浮萍。荷花在成长过程中,第一片叶叫钱叶,之后会长出浮叶,再后才是立叶。立叶长成后,浮叶被遮住,很容易腐烂,所以要及时摘除。此外,夏季气温较高,花盆内也容易出现浮萍,应尽早清除。第四是花盆内绝对不能缺水,否则就会造成叶片干枯。荷花是强阳性植物,光线照射越强越好,一般白天光照达到十六七个小时的花观赏效果最佳。此外,温度也很重要,荷花的最适生长温度为23~35 ℃,低于23 ℃时就不会开花。

千屈菜也是夏季观赏水生植物常见的一种,其花期可以从6月一直持续到10月。在施肥等管理方面与荷花类似,但盆栽千屈菜要注意疏密有度。根据盆器的大小来决定栽种几株,过疏会影响观赏效果,过密则不易开花,且易发生病虫害。此外,如果千屈菜植株过高,易出现倒伏现象。为了保持株形美观,应及时进行修剪整形。水生鸢尾类植物花期在春季,但在夏季也不能疏于管理。如果不希望其结籽,应及时剪除残花,节省养分,促使其萌蘖,有利于分株。

水生植物的运输也很关键,最重要的是不能失水,因此水生植物的运输成本较高。大多数水生植物株形较高,在运输中要单层摆放,要注意保护枝条,不能被折断。北方很多城市夏季多风,如果是开放式卡车运输,风大时很容易将花茎、枝条折断,因此建议使用密闭式运输车。有些盆栽水生植物要种到池塘或湖中,需脱盆种植,这时注意运到目的地要立即栽培才能保证成活率,否则耽误时间越长成活率越低。栽培时间宜选择早上或者晚上,以温度较低的时段为好。

任务四　垂直绿化植物的养护管理

一、教学目标

(1)了解垂直绿化植物养护管理与其他植物的不同点。
(2)掌握垂直绿化植物的施肥特点和施肥时期。
(3)能对不同类型的垂直绿化植物进行正确的养护管理。

二、任务提出

在对新城区的建设过程中，绿化是必不可少的，要增加城市的绿地面积，单凭水平绿化已远远不够，因此要向立体绿化发展，需要对公路护坡绿化、立交桥绿化和屋顶绿化来增加城市绿量，提高城市的绿化覆盖率，美化城市环境，改善城市的环境质量和防止水土流失。

三、任务分析

立体绿化是为了充分利用土地资源，弥补绿地的不足，协调和改善生态环境，由于特定的空间环境，使其因地制宜，相得益彰，既要考虑建筑结构的荷载，又要考虑垂直绿化植物所在空间内的光照、温度、水分等环境因素。因此，要构造优美的园林环境和景观，就必须注意垂直绿化植物在栽培养护方面与其他植物的不同之处。

四、相关知识

垂直绿化植物养护管理的主要内容包括两个方面：一是对附着藤蔓植物的相关设施、设备（如花架、墙面等）进行必要的保养、维护和修补；二是为了保证藤蔓植物健壮、良好生长而对其进行技术上的养护与管理。垂直绿化植物养护管理的主要内容和技术基本与园林木本植物的养护管理相同，除做好施肥、灌溉、防治病虫害、中耕除草、防除各种自然灾害等工作外，还应结合垂直绿化植物的生长和绿化特点，有针对性地做好养护管理工作。

（一）施肥

1. 施肥特点

垂直绿化植物生长发育的一个最显著特点是生长快，表现在年生长期长、年生长量大或年内有多次生长，根系发达而深广或块根茎贮藏养分多，因此施肥量要求较大，次数多。秋季施肥应以钾肥为主，相应少施氮肥，防止枝梢徒长影响抗寒力。此外，垂直绿化植物类型、种类、品种多样，功能要求不同，各地区又因气候、土壤条件多样，施肥要求亦不同。

2. 施肥时期

1）基肥

北方宜早，南方宜迟。对生长停止晚的宜迟，冬季土壤不冻结地区也可冬施。

2）追肥

一是根据植物物候期确定。二是叶面追肥，简单易行，用肥量少，见效快，可满足植株对养分的急需，并可避免某些肥料所含元素在土壤中发生化学或生物固定的作用，尤其适宜缺水季节和山地风景区采用。但叶面施肥局限性大，特效性短，不能代替根系施肥。

叶面追肥的肥分吸收主要通过叶面的气孔和角质层进入叶片，而后运送到植株全身。一般喷后 15 分钟至 2 小时即可被叶片吸收利用，但吸收强度与叶龄、肥料成分、溶液浓度等有关。一般应先作小型试验，然后再大面积喷施，以免浓度过高引起伤害。此外，植株体内含水状况以及喷施后外界的气温和湿度、风速等，对溶液浓缩的快慢、喷施效果有较大影响。

(二)整形修剪方法

1. 修剪的时期

1)休眠期修剪

休眠期修剪,冬季干冷地区以冬末至萌芽前修剪为宜,以免枯梢;在冬暖地区为使植株伤口在年内愈合,宜于落叶后进行,但伤流旺盛的植物应避开伤流期。常绿类型多于春季萌梢时修剪。

2)生长期修剪

生长期修剪又称夏剪,自开春至秋末进行。其方法包括抹芽、摘心、打杈、除蘖、缚绑、环剥、去蕾、去残花果、摘叶等。

2. 修剪方法

1)短截

可促使剪口下的侧芽多发枝。根据短截程度与枝蔓反应:轻短截后形成中枝、短枝多,萌枝长势较弱,可缓和枝势;中短截在蔓梢饱满芽处短截,形成中枝、长枝较多,萌枝长势强,多用于延长枝修剪,以培养骨干枝蔓;在春梢中下部重短截,剪口下发1~2个旺枝或中枝,发枝少,一般用于培养结果枝组。极重短截是在春梢基部1~2个瘪芽处短截,截后只发1~2个细弱枝,可降低枝位、减缓枝势,对长势中等的垂直绿化植物反应较好,可用于处理竞争枝。

缩剪以壮枝作带头枝,可促发长枝。对已生长多年的竞争枝或并行枝,宜逐年向后缩剪,以免影响所留枝的枝势。

短截时剪口应呈45°斜面,剪口芽在斜背面,距芽约0.5 cm处。空气湿度较大的南方地区,剪口斜面顶端与剪口芽同高;干燥地区可略高。剪口芽方位可决定萌生枝的方向,欲缩小分枝角度,引发枝蔓向上生长应选内芽处短截;欲开张枝蔓角度,留外芽短截;延长枝留芽方位,应与上年呈相反方向,否则会逐年偏向中轴线。

春、夏季摘心可抑制新梢生长,花芽分化前摘心,有利于花芽分化,早期摘心易萌发二次枝蔓,可在萌生数叶后视需要再次摘心。秋季摘心有利于枝蔓木质化形成。剪梢多在新蔓木质化后进行。

2)疏剪

疏除交叉重叠枝、衰老枯病枝,可减少枝叶密度,有利于通风透光。去弱枝可使养分集中,增强枝势。但如果疏枝过多,或疏强留弱,对剪口以上的枝蔓有削弱作用,对剪口以下的枝蔓有增强作用。

生长初期进行抹芽,有利于节省养分消耗。木本垂直绿化植物短截后为选留分布或方向适合的芽,应分次抹芽。

3)诱引与缚蔓

为改善植株光照、增进其观赏性或促使花果生产,除选设相应的支架外,还需诱引与缚扎枝蔓于架面,使枝蔓均匀分布,或曲枝改向以调节枝势。对需下架防寒的植物类型,需每年结合修剪进行。

用做地被栽植时,需进行整枝压蔓作业,以利用土地面积并获得充足光照,促进根系发育,增强植株吸收养分或保持水土的能力。

五、任务实施

(一)施肥的技术措施

1. 施基肥

在早春或晚秋施基肥较好,北方尤宜秋季施用,此时气温开始下降,地上部多趋停长,而土温适合根系生长,正值根系生长小高峰,当年吸收的养分,有利于有机养分积累、提高营养贮存,为翌年生长发育打下基础;而且基肥分解期长,秋施后晚分解的可在翌春被植株吸收利用,具体时间因地区、植物种类而异。北方宜早,南方宜迟。对生长停止晚的宜迟,冬季土壤不冻结地区也可冬施。

2. 施追肥

花前追肥,以促坐果为主。一、二年生的多在"蹲苗"时或之后进行,多年生的于萌芽开花前施入,以氮肥为主;花后追肥,以促进坐果为主,除追氮肥外,配以磷、钾、钙及微肥;果实膨大肥,是木本垂直绿化植物花芽分化肥,施以磷、钾肥为主的复合肥;采后恢复肥,多年生草本和木本垂直绿化植物,为提高养分的贮存,采果后要追肥,以"无机促有机",提高贮养水平以有利于其翌年生长。

3. 叶面追肥

叶面追肥一般在上午 10 点前和下午 4 点后进行,干旱季节最好在傍晚或清晨喷施,以免溶液浓缩过快叶片难以吸收或溶液浓度变高而引起植株伤害。

(二)灌水

掌握需水时期,是垂直绿化植物水分管理中的重要环节。苗期应该适当控水,有利于根系的发育,培育壮苗。抽蔓展叶旺盛期,生长旺期需水量大,应该充分灌水。

开花期需水较多,但过多易产生落花。果实膨大期需水较多。越冬前灌水,可使其在整个冬季保持良好的水分状况;灌冬水可防过冷空气的侵入而冻坏根系,可越冬防寒。一般情况下,抽蔓展叶旺盛期需水最多,为需水临界期,对植株的生长量有很大影响。此期一般在夏初,有些垂直绿化植物一年内有多次枝蔓生长高峰,应注意充分供水。开花垂直绿化植物的花期需水较多且比较严格:水分过少,影响花朵的舒展和授粉受精;水分过多,会引发落花。观果垂直绿化植物,在果实快速膨大期需水较多;后期水分充足可增加果实产量,但会降低品质。多年生藤本在越冬前应浇足水,使其在整个冬季保持良好的水分状况。在冬季土壤冻结之地,冬前防冻水可保护根系免受冻害,有利于防寒越冬。

(三)排水

水淹比干旱对垂直绿化植物的危害更大。水涝 3~5 天即能使植株死亡。植物的耐水性与根系的需氧性关系密切,需氧性高的类型最怕涝,水涝会使它因缺氧而死亡;尤其在闷热多雨季节,大雨之后存积的涝水,遇烈日一晒,水温剧升,植株更易因根系缺氧死亡,故雨停后要尽快排水。地下水位过高的地方,也会因根系缺氧给植株生长带来危害,因此应在定植时即采取降低水位等防范措施。

(四)整形与修剪技艺

1. 棚架式

棚架式适用于卷须、缠绕类、藤本月季等,于近地面处重剪促发数条强壮主蔓,人工牵引至棚面，使其均匀分布形成凉荫，隔年疏剪病枝、老枝和过密枝即可。需藤蔓下架埋土防寒的地区，经修剪清理后，缚捆主蔓埋于土中。对结合花果生产的，应充分利用向阳垂直面，采用多种短截修剪，以增加开花结果面积。如葡萄的修剪：疏副穗和掐穗尖，以减少养分消耗；摘除过多叶片，以改善通风透光，促使果穗着色；摘除衰老叶、枯黄叶与病叶，防止病害蔓延。

格架栽培，多在框架间隔内，用较细的钢筋、粗铅丝、尼龙绳等条线材组成方格，有利于卷络。修剪手法，重截以培养侧蔓为主，缚扎使其均匀布满架面。

圈架栽培，株植其中，蔓自圈中出，如大花瓶一般。修剪时选留6~8根方位分布均匀的主蔓，衰老枝按"去老留新"法疏剪更新。云实等较豪放的类型，宜用高架圈型。

凉廊与棚架的不同之处在于设有两侧格子架，故应先采用连续重剪抑主蔓促侧蔓等措施，勿使主蔓过早攀上廊顶，以防两侧下方空虚并均缚侧蔓于垂直格架。如栽植吸附类型植物，需用砖等砌花墙，提供吸附所需的一定平面，并隔一定距离开设漏窗，以防过于郁暗。为防基部光秃，栽植初期宜重剪发蔓。

2. 壁柱式

壁柱式主要适用于吸附类，如爬山虎、常春藤、凌霄、扶芳藤等，包括吸附墙壁、巨岩、假山以及裹覆光秃树干或灯柱等。

壁柱式应用时要求一定直径的适缠柱形物，并保护和培养主蔓，使其能自行缠绕攀缘。对不能实现自缠的过粗的柱体，可以人工助牵引绕，直至能自行缠绕。在两柱间进行双株缠绕栽植，应在根际钉桩，结链绳分别呈环垂挂于两柱适合的等高处，牵引主蔓缠绕于绳链，形成连续花环状景观。对藤本月季类品种，需进行重剪促生侧蔓，以后对主蔓长留，人工牵引绕柱逐年延伸，同时需均匀缚扎侧蔓或弯下引缚补缺。

3. 悬垂式

对于自身不能缠绕又无特化攀缘器官的蔓生性种类，常栽植于屋顶、墙顶或盆栽置于阳台等处，使其藤蔓悬垂而下，只作一般整形修剪，顺其自然生长。用于室内吊挂的盆栽悬垂类型，应通过整形修剪达到蔓条均匀分布于盆四周，下垂之蔓有长有短，错落有致。对衰老枝应选适合的带头枝行回缩修剪。

4. 篱垣式

篱垣式整形修剪，若用于卷须类、缠绕类品种，通常将主蔓呈水平诱引，形成长距离、较低的篱垣，分二层或三层培养成"水平篱垣式"，每年对侧蔓行短截。如欲形成短距离的高篱，可进行短截使水平主蔓上垂直萌生较长的侧蔓。对蔓生性品种，如藤本月季、叶子花等，可植于篱笆、栅栏边，经短截萌枝后由人工编附于篱栅上。

利用有些垂直绿化植物枝蔓柔软、生长快、枝叶茂密的特点，进行人工造型，如动物、亭台、门坊等形体或墙面图案，以满足特殊景观的需要。立体造型栽培需先用细钢筋或粗铅丝构制外形，适用于卷须或缠绕类型植物。成坯后还需经适当修剪与整理，使枝蔓分布均匀、茂密不透。

5. 匍匐、灌丛式

匍匐、灌丛式的整形修剪方法：疏除过密枝、交叉重叠枝，匍匐栽植，可人工调整枝蔓使其分布均匀，如短截较稀处枝蔓，促发新蔓，雨季前按一定距离（0.5~1 m）于节位处培土压蔓，促发生根绵延。

对呈灌丛拱枝形的垂直绿化植物，整剪要求圆整，内高外低。其中为观花的，应按开花习性进行修剪，先花后叶类，在江南地区可花后剪；在北方大陆性气候地区宜花前冬剪，但应剪得自然些。由于单枝离心生长快，衰老也快，虽在弯拱高位及以下的潜伏芽易前枝更新，为维持其拱枝形态，不宜在弯拱高位处采用回缩更新，因易促枝直立而破坏株形，而应采用"去老留新"法，即将衰老枝从基部疏除。成片栽植时，一般不单株修剪更新，而是待整体衰老时，分批自地面割除，1~2 年即可更新复壮。对先灌后藤的某些缠绕藤本幼时呈灌状骨架，可植于草地、低矮假山石、水边较高处，但不给予攀缠条件，使之长成灌丛形。新植时结合整形按一般修剪，待枝条渐多和生出缠绕枝后，只作疏剪清理即可。

（五）盆器栽植垂直绿化植物的养护技术

1. 施肥

有机肥、饼肥在施肥前应先充分腐熟，防止发酵烧根；薄肥勤施，以防肥害；新栽植株，在新根未长出时不要急于施肥；施肥在盆土干燥时进行，施后要浇水；施用液态肥时不宜洒在叶片上，以免烂叶。梅雨季节不施肥。

施肥以有机氮肥为主，养分较全面的首推饼肥。将饼肥与水按 1∶4 沤制发酵，喜肥植物类型施用时稀释 10 倍，一般植物种类稀释 20~30 倍施用。在生长期 1~2 周施 1 次。对喜酸性的垂直绿化植物，以饼肥为主加硫酸亚铁等配制"矾肥水"，即将饼肥 5~6 kg 加人畜粪肥 10~15 kg、硫酸亚铁 2.5~3 kg、水 175~200 L，放入缸内沤制（冬季需在高温温室中沤制 1 个月）。碎块饼肥也可在雨季干施，或研成细粉撒于盆面，3~5 天可见效。叶面喷施 0.05%~0.1% 磷酸二氢钾，可防落花落果。

2. 浇水

浇水应掌握"不干不浇，浇则浇透"的原则。盆面浇水是常用的基本方法；叶面喷雾主要用于夏季高温季节。

浇水时间，春、秋季宜上午或下午浇；夏季高温时，宜在早晨和傍晚浇，切忌在中午烈日下浇水；冬季寒冷时，宜在中午气温较高时浇水，且尽量少浇。

3. 支架与整形

（1）单柱形：立较粗的竹、木、塑管柱于高蔓旁。盆内先内垫海绵或管内打孔，内填泡沫塑料再外包扎棕皮或塑料窗纱，多用于观叶类型植物，如绿萝等，直立缠蔓于柱。

（2）平面形：有各式拍子（如藤本月季、迎春等）、牌坊式（如香豌豆等）、丁字式、阶式、开蚌式等。垂直绿化植物作拍最好入室前完成，过迟枝条变硬易折断，需先放进高温温室，待枝变软后进行。

（3）立体形：如漏斗形、伞垂形、锥螺形、尖塔形、圆球形等。

六、评分标准

序号	考核项目	考核内容	考核标准	考核方法	得分
1	垂直绿化植物整形修剪	不同类型垂直绿化植物的整形修剪(60分)	能识别常见的垂直绿化植物,能正确进行垂直绿化植物的整形修剪	个人考核 小组考核	
2	垂直绿化植物肥水管理	垂直绿化植物施肥、灌水(40分)	能正确进行垂直绿化植物的施肥和灌水	个人考核 小组考核	

七、思考与练习

(1)如何进行垂直绿化植物的施肥?

(2)如何对垂直绿化植物进行水分管理?

(3)如何因地制宜对垂直绿化植物进行株形和架式的整剪?

八、知识拓展

令人叹为观止的空中垂直花园

法国一位植物学家将普通建筑同绿色植物相结合,创造出了令人叹为观止的空中垂直花园。

帕特里克·布兰克(Patrick·Blanc)是一位著名的法国植物学家,由他设计的诸多空中垂直花园系列作品得到了广泛好评,其中就包括葡萄牙一家购物中心里的一座垂直花园。这个花园面积比四个网球场的总面积还要大。另外还有为科威特所设计的一个垂直花园,也受到极大关注。这位植物学家用绿色植物覆盖了英国伦敦一座8层楼高的雅典娜酒店,使其成为了一座壮观的空中花园。这座绿色花园垂直绿化植物包括260个品种,由1.2万棵绿色植物组成,宛如一座脱离了引力限制的空中森林(见图5-3)。布兰克在建筑表面的围墙上铺设了一层铝制框架架构起固定作用,然后在铝层上又加上了一层塑料,最后在塑料表面铺上了合成纤维毛毯以便植物能够扎根。同时,嵌于建筑表面的灌溉系统也能够为植物提供溶液肥料

图5-3 雅典娜酒店外围

以及水分以供其生长。

由于楼层较高，而各种植物的具体生长条件不同，因而在选择植物种类时也需十分谨慎。楼层底部的阴影部非常适合亚洲荨麻的生长；而稍高一点的楼层，选用的是在悬崖边生长、能够抵抗风吹的植物。

项目六　教学实习实训

任务一　园林植物选配

一、目的要求

了解园林植物配置原则及要求，掌握园林植物的配置方式方法，能对不同用途园林植物进行合理配置，能根据不同环境条件进行园林植物的选配。

二、材料用具

一般包括各种调查图表、绘图纸、笔、尺、树木志等。

三、实训方法

（1）教师及设计单位技术员根据园林绿化要求，提出不同环境条件的园林植物配置要求。

（2）学生按小组根据设计要求，查找相关资料、访问、调查，确定园林植物选择和配置方法。

四、实训内容

（1）对新城区的行道树进行选配。行道树的配置要有利于街景与建筑物协调，不应该妨碍街道通风及建筑物内的通风采光，本次实训采取对称式配置方式进行设计。

（2）绿篱的配置。在新城区绿化中，道路两侧要栽植绿篱植物，根据设计要求选择适合的绿篱植物进行配置。进行规则式配置，要与道路两侧建筑物统一布局布置。既衬托建筑物又美化环境。修剪成规则形状，与主题一致，与环境协调。

五、实训考核

（1）行道树种的识别。

（2）行道树、绿篱植物的选择及配置。

六、实训成果

编写设计说明书。

任务二　园林树木带土球起苗

一、目的要求

了解带土球起苗的要求，掌握带土球起苗规格的确定和起苗方法，会根据树木规格挖掘带土球苗。

二、材料用具

(1)材料：生长健壮、树形标准、符合规格要求的树木。

(2)用具：草绳、编织袋、铁锹、镐、枝剪、手锯等。

三、实训方法

(1)教师布置实训任务，根据起苗要求指导学生进行号苗、起苗。

(2)学生按小组确定待起挖树木，按照带土球苗起苗方法，运用正确方法进行起苗。

四、实训内容

(1)起苗前的准备工作：选苗、号苗和拢冠；准备起苗工具。

(2)确定起苗范围：以树干胸径的4~5倍为半径画圆，将圆内上层疏松表土层除去。

(3)挖土球：沿圆的外围边缘垂直向下挖沟，深50~80 cm。随挖随修整土球表面，起苗时细根可用剪枝剪或铁锹切断，直径3 cm以上的大根要用手锯锯断，直至挖到规定深度。

(4)修整土球：挖至规定深度后，将土球表面铲平，修成上口稍大、下部稍小呈苹果状，主根较长的树种土球呈倒卵形。土球的上表面中部稍高，逐渐向外倾斜，其肩部要圆滑，不留棱角。

(5)掏底：土球修好后，再慢慢由底圈向内掏挖，直径小于50 cm的土球可以直接将底土掏空，剪除根系后，将土球抱出坑外包装；大于50 cm的土球太重，掏底时应将土球下方中心保留一部分支柱土球，以便在坑中包装。

(6)包装：将土球放在蒲包、草袋、编织袋等包装材料上，将包装材料向上翻，包裹土球，再用草绳绕基干扎牢、扎紧。

(7)装车：苗高不超过2 m的可直立摆放在车上；苗高在2 m以上的，要平放或斜放在车上，将土球向车厢前、树冠向后码放整齐，同时要用木架或软物将树冠架稳、垫牢挤严。

(8)假植：不能立即栽植的，要将树木的土球与土球紧靠在一起，上面盖一层壤土，填满土球间的空隙，再向树冠和土球上均匀喷水，保持其湿润。

五、实训考核

(1)带土球苗起苗范围的确定。

(2)带土球苗起苗的技术。

(3)带土球苗起苗后的包装技术。

六、实训成果

整理带土球苗起苗技术、经验,存在的问题,改进措施。

任务三　园林树木带土球栽植

一、目的要求

掌握带土球苗栽植时期、栽植方法,会进行带土球苗的栽植,并能指导完成带土球苗的栽植和养护。

二、材料用具

(1)材料:起出的符合栽植要求的带土球苗木。

(2)用具:肥料、铁锹、镐、剪枝剪、手锯、测绳等。

三、实训方法

(1)实践教师布置带土球苗栽植任务,讲解和示范带土球苗栽植技术。

(2)学生按小组根据绿化设计要求,在栽植地上分别栽植带土球苗。

四、实训内容

(一)定点放线

按设计图纸,选择适当方法进行定点和放线。

(二)挖穴

在定点位置挖穴,将表土、心土及渣土分别放置,如土质差则进行土壤改良。挖穴时,如遇特殊情况要及时与设计人员及有关部门协商解决;栽植穴挖好后,要由监理或专门负责的技术人员核对验收,如发现不合格的必须返工。

(三)配苗、散苗

按设计要求,将苗木放在挖好的穴旁,散苗时要保护好土球,不要碰散土球。

(四)栽前修剪

栽植前对带土球苗木地上部分进行常规的修剪,如果土球被碰散,要将露出的根系进行整理,对损坏的根系再次修剪。

(五)修穴、换土、施基肥

栽植前对不合格的栽植穴要进行修整,同时施入基肥。

(六)带土球树木的栽植

先量好已挖坑穴的深度与土球高度是否一致,对坑穴作适当填挖调整后,再放苗入穴,在土球四周下部垫入少量的土使树苗植立稳定,然后剪开包装材料,将不易腐烂的材料一律取出。为防止栽后灌水时土壤塌陷树木倾斜，填入表土至一半时，应用木棒将土球四周土砸实，再填土至地表并砸实，注意不要砸碎土球，做好围堰，最后把捆冠的草绳等解开取下。栽植后立即浇水，并进行栽植现场的清理。

五、实训考核

(1)按设计图和现场进行定点放线。
(2)根据设计要求挖栽植穴。
(3)带土球苗栽植技术。

六、实训成果

整理、完成实训报告。

任务四　园林树木裸根栽植

一、目的要求

掌握裸根苗栽植时期、栽植方法，会进行裸根苗的栽植，并能指导完成裸根苗的栽植和养护。

二、材料用具

(1)材料:起出的符合栽植要求的裸根苗木。
(2)用具:肥料、铁锹、镐、剪枝剪、手锯、测绳等。

三、实训方法

(1)实践教师布置裸根苗栽植任务，讲解和示范裸根苗栽植技术。
(2)学生分小组按园林绿化设计要求分别栽植裸根苗。

四、实训内容

(一)定点放线

根据设计要求在栽植地点采用适当的方法进行定点和放线。

(二)挖穴

以定点为圆心，以规定的穴径画圆。沿所画线垂直向下挖掘，将表土、心土分开放，同时拣净石块、草根等。一般穴径和穴深要比根幅与根系深大 20～30 cm，如需换土或施肥的栽植地，所挖树穴要加大加深。穴壁上下要垂直，挖穴时如发现电缆、管道，应停止操作，并及时与设计人员及有关部门配合商讨解决。

(三)配苗或散苗

将苗木按图纸及定点木桩上标示，散放在栽植地的定植穴旁对号入座，散苗时要细心核对，避免散错，以达到设计的景观效果。

(四)栽前修剪

(1)地上部分修剪:剪除衰老枝、病枯枝、纤细枝及受伤枝。

(2)地下部分修剪:裸根苗在运到栽植地后,栽植前还会有不同程度的损伤,要对根系进行适当修剪,主要是将断根、劈裂根、严重磨损根、生长不正常根、病虫根及生长过长的根系再次进行修剪,以利于栽植和栽植后根系的恢复。

(五)修穴、换土、施基肥

栽植前要检查树穴的质量,如过浅或穴不够大,应扩穴和加深挖掘。对需要换土的,将栽植穴内填上一些新土;同时在穴底施入有机肥或化肥,在基肥上面撒一层 5 cm 厚土后再栽植树木,以防化肥灼伤苗木根系。

(六)树木栽植

(1)堆土丘:在穴底堆一个半圆形土丘,厚 10~20 cm,土壤疏松。

(2)放苗:一人放苗于穴内土丘上、扶树、找直,使根系沿锥形土堆均匀向四周自然散开,保证根系舒展,防止窝根。

(3)栽植:一人先填入细碎、湿润、疏松、肥沃的表土或营养土,填入一半深表土,向上提苗,踩实。再填入底土踩实,再填土至地际、再踩实,比原地际深 2~3 cm。

(4)围堰、浇水:检查扶正后,围堰,直径略大于栽植穴的直径,高于地面 10~20 cm。围堰土要拍紧压实,不能松散。树木栽植后 24 小时内必须浇上第一遍水,隔 4~5 天浇第二遍水,以后视天气和土壤干湿情况确定浇水次数。

(5)清理栽植现场:栽植后,清理多余的土壤、草根、石块等;对拢冠的树木去除绑缚物;清理修剪下的树枝;冲刷道路上的泥土;搬走不用的材料、工具,达到洁净、规范,并达到绿化标准。

(七)栽植后管理

树体裹干,固定支撑等。

五、实训考核

(1)按设计图在现场进行定点放线。

(2)根据设计要求挖栽植穴。

(3)裸根苗栽植技术。

六、实训成果

整理、完成实训报告。

任务五 地被植物栽植

一、目的要求

通过实训了解地被植物栽植的适宜时期,栽前种植地及种植材料的准备,掌握地被植物栽植的操作规范及技术要求。

二、材料用具

(1)材料:生长健壮、符合设计要求的地被植物。

(2)用具:枝剪(剪枝剪)、齿耙、铁锹、浇水用具。

三、实训方法

(1)教师介绍并示范操作过程。

(2)学生按照要求分组进行地被植物栽植的练习。

四、实训内容

(一)一字形地被植物栽植

(1)挖掘种植穴:按设计要求确定放线范围,呈一字形挖掘浅沟。在沟外侧预留宽3 ~5 cm、深3~5 cm的保水沟,以利于灌水。

(2)栽植:沿沟栽植,按设计要求的栽植密度,确定株距。

(3)浇水:将水灌入保水沟内,直至完全灌透。

(4)栽后修剪:按设计要求的树形修剪。

(5)遮阳保墒。

(二)成片地被植物栽植

(1)挖掘种植穴:按设计要求确定放线范围,在放线范围内进行翻挖、松土,一般深度为15~30 cm。在轮廓线外侧预留宽3~5 cm、深3~5 cm的保水沟,以利于灌水。

(2)栽植:沿轮廓线栽植,确定种植范围。在种植范围内部,按照设计要求的栽植密度,确定株行距,呈品字形挖穴栽植。栽植顺序为:成块状模纹群植时,应由中心向外循序退植;坡式种植时,应由上向下种植;大型块植或分不同彩色丛植时,宜分区分块种植。

(3)浇水:将水灌入保水沟内,直至完全灌透。

(4)栽后修剪:按设计要求的树形修剪。种植前在苗圃内已培育成型的地被,也应整修。

(5)遮阳保墒:成片栽植的低矮灌木,在栽植轮廓线外打地桩拉网遮阳,网高距苗木顶部20 cm左右。待树木成活后,视实际情况,逐步去掉遮阳网。

五、实训考核

(1)一字形栽植和成片地被植物栽植的操作过程。

(2)地被植物栽植成活率调查。

六、实训成果

整理、完成实训报告。

任务六　观赏竹类栽植

一、目的要求

通过实训了解竹类植物栽植适宜时期的正确选择，栽前种植地及种植材料的准备，掌握竹类栽植的操作规范及技术要求。

二、材料用具

(1)材料：生长健壮、符合要求的母竹(以孝顺竹为例)。

(2)用具：枝剪、齿耙、铁锹、浇水用具。

三、实训方法

(1)教师介绍并示范操作过程。

(2)学生按照要求分组进行练习。

四、实训内容

(一)选择母竹

选择生长健壮、枝叶繁茂、无病虫害，秆基芽眼肥大充实，须根发达的 1~2 年生竹。孝顺竹属中型竹种，竹秆直径以 2~3 cm 为宜。

(二)母竹挖掘并处理

在株丛边缘挖取 1~2 年生的健壮竹株，即为母竹。先在离竹丛 25~30 cm 处扒开土壤，由远至近，逐渐深挖，在靠近老竹一侧，找出母竹秆柄与老竹秆基的连接点，用利刃切断，带土挖起母竹。保留 1.5~2.0 m 长的竹秆，用利刃从节间中部成马耳形截去竹梢，适当疏除过密枝和截短过长的枝。

(三)种植地准备、挖坑穴

全面耕翻种植地块，耕翻深度 30 cm 以上，清除土壤中的石块、杂草、树根等杂物。种植地点位于居住区内，建筑垃圾多要客土改良土壤质地。呈品字形挖掘坑穴，坑穴株行距 50~60 cm，种植穴的规格为 40 cm×30 cm。

(四)回填种植穴

将表土或有机肥与表土拌匀后回填种植穴内，一般厚 10 cm。

(五)母竹入穴

解除母竹根盘的包扎物，将母竹放入穴内，根盘面与地表面保持平行，使根部舒展，下部与土壤密接，然后先填表土，后填心土，分层踏实，使根系与土壤紧密相接。

(六)灌水、盖草

灌定根水，进一步使根土密接。待水全部渗入土中后再覆一层松土，在竹秆基部堆成馒头形。最后可在馒头形土堆上加盖一层稻草，以防止种植穴水分蒸发。

五、实训考核

(1)母竹的选择及栽植技术。
(2)栽植后成活率调查。

六、实训成果

整理、完成实训报告。

任务七　行道树、庭荫树的整形修剪

一、目的要求

掌握树木整形修剪的时期、修剪方法,掌握行道树、庭荫树整形修剪技艺,会正确确定当地的行道树、庭荫树整形修剪的方法并进行正确的整形和修剪。

二、材料用具

(1)材料:当地行道树、庭荫树树种,如杨树、榆树、柳树,油漆、刷子等。
(2)工具:剪枝剪、手锯、高枝剪、上树梯或升降机、运输工具、安全带等。

三、实训方法

(1)实践教师指导学生讨论和学习树木的生长习性、修剪时期、修剪方法。
(2)学生按小组对行道树、庭荫树进行观察,确定整形修剪方案并实施整形和修剪。

四、实训内容

(1)根据行道树、庭荫树整形修剪的技艺,结合待修剪树木的生长习性、树形确定整形修剪方案。

(2)对行道树上方有架空线的,将行道树如榆树整形修剪成杯状树冠,疏剪多余枝条。

(3)将庭荫树如柳树整形修剪成自然式树冠,剪去枯死枝、病虫枝、交叉枝、过密枝、重叠枝,对弱枝进行短截,以促进生长。对强枝进行疏枝,抑制生长,使其树冠分布均匀。

(4)对大剪口进行涂漆处理。

(5)修剪过程中要注意:一要系好安全带、戴好安全帽,注意操作中人身安全、使用工具安全、树木的安全。二要注意疏导树下人员,严格遵守作业规程,保证人员、车辆安全。三要在修剪后对修剪树木进行检查,进行补剪或纠正,并及时清理现场,保证交通。

五、实训考核

(1)修剪工具的使用和维护。
(2)修剪方法的运用。

(3)行道树、庭荫树修剪成果检查。

六、实训成果

将整形修剪的情况与结果记录进行整理,写出整形修剪报告。

任务八　绿篱的整形修剪

一、目的要求

能对不同造型绿篱进行正确的修剪,确定修剪方法,掌握其整形修剪技艺。

二、材料用具

(1)材料:本地不同造型绿篱植物。

(2)工具:打平剪、剪枝剪、测绳、钢卷尺、木桩等。

三、实训方法

(1)实践教师布置绿篱整形修剪任务,指导学生学习和识别绿篱的形状、绿篱植物选择标准。

(2)在现场学习和操作绿篱修剪工具。

(3)学生小组对待修剪绿篱,确定合理的修剪方法,选择适当的整形修剪工具进行整形修剪。

四、实训内容

(1)钉桩、拉绳:按设计方案制定好绿篱的修剪规格,钉桩、拉绳。用测绳和木桩在绿篱处定位、定高、定宽,新栽绿篱,栽后第一年先放任其自然生长,从第二年开始,按照预定的高度和宽度进行短截修剪。同一绿篱高度和宽度要统一,使整条绿篱平整、通直。修剪时要依苗木大小,截去苗高的1/3~1/2。

(2)成型后的修剪:根据设计要求将其修剪成各种形状。为达到修剪要求,修剪时要按照绿篱的长度和宽度钉桩,按绿篱高度拉绳,两头钉木桩,再沿绿篱上口和下沿拉绳,以达到预期效果。修剪较粗的枝条,剪口应略倾斜,以便雨水能尽快流掉,避免剪口积水腐烂。直径1 cm以上的粗枝剪口,应比篱面低1~2 cm,以掩盖在枝叶之中,避免因剪口暴露而影响美观。修剪后,清除剪下的枝叶,加强肥水管理,待新枝叶长至4~6 cm进行下一次修剪。常用的修剪手法主要是短截。将剪枝剪清理干净,撤桩、绳,或者将绿篱修剪机清理干净。清理修剪现场。

五、实训考核

(1)绿篱植物的识别。

(2)能否按设计要求进行拉绳、钉桩。

(3)修剪工具的使用与维护。
(4)绿篱的整形修剪。

六、实训成果

将绿篱的修剪记录进行整理,并写出不同形状绿篱的修剪技艺。

任务九　花灌木的整形修剪

一、目的要求

掌握花灌木的开花习性,能对不同观赏类型的花灌木进行正确的整形修剪,确定整形修剪方法,掌握整形修剪技艺。

二、材料用具

(1)材料:本地不同观赏类型花灌木(如连翘、榆叶梅、红瑞木等)。
(2)工具:剪枝剪、手锯等。

三、实训方法

(1)实践教师布置花灌木整形修剪任务,指导学生学习和识别花灌木。
(2)学生按小组根据花灌木的开花习性和观赏要求,确定整形修剪方案。
(3)小组对待修剪的花灌木实施修剪。

四、实训内容

(一)观花类灌木整形修剪技艺

(1)早春开花灌木的整形修剪技艺。修剪时首先要不断调整和发展原有树形,以保持理想树姿。疏除病虫枝、干枯枝、过密枝、交叉枝、徒长枝等,同时要进行造型修剪和花枝组的培养,以提高观赏效果。先花后叶树种,在春季开花后修剪老枝,保持理想树形。对有拱形枝条的灌木如迎春、连翘等,可采用疏剪的手法,疏除膛内过密枝、枯死枝、徒长枝和干扰枝,采用回缩的手法回缩老枝,促发强壮新枝,使株形丰满,提高观赏效果。

(2)夏秋开花灌木的整形修剪技艺。在早春树液流动前进行修剪,如果在二年生枝条基部留2~3个饱满芽重剪,可萌发出茁壮的枝条,花枝虽然减少,但由于营养集中会产生较大的花朵。一年两次开花的灌木,可在花后将残花及下方的2~3个芽剪除,刺激二次枝条的发生,适当增加肥水可再次开花。

对萌芽力强的灌木或冬季易枯梢的树种,如胡枝子等可在冬季自地面回缩,使其第二年春季重新萌发新枝。蔷薇、迎春、丁香、榆叶梅等在定植后的前几年任其生长,待株丛过密时再疏剪与回缩,否则会通风透光不良造成生长不良,影响开花。

(3)花芽着生在二年生和多年生枝的灌木整形修剪技艺。在早春将枝条先端干枯部分剪除,在生长季摘心,抑制其营养生长,促进花芽分化。

(4)花芽、混合芽着生在开花短枝上的灌木整形修剪技艺。一般在花后剪除残花，夏季生长旺时将生长枝适当摘心，抑制生长，将过多的直立枝、徒长枝进行疏剪。

(二)观果类灌木整形修剪技艺

在生长期采用环剥、疏花、疏果等手法，提高观果树木的坐果率，促进果实的生长发育。

五、实训考核

(1)不同类型花灌木的识别。

(2)不同类型花灌木整形修剪技艺。

六、实训成果

将不同观赏类型花灌木的修剪记录进行整理，并写出不同观赏类型花灌木的整形修剪技艺。

任务十　大树移栽

一、目的要求

了解大树移栽的技术流程与技术要求，掌握关键措施，使栽植坑穴与土球规格相符，大树栽植符合设计要求；能与现场技术员一道完成大树的移栽工作。

二、材料用具

(1)材料：本地区待移植的大树。

(2)工具：铁锹、镐、枝剪、锯、木板、吊车、绳等。

三、实训方法

(1)实践教师布置大树移栽任务，指导学生学习并了解移植大树的方法。

(2)学生小组与现场技术员共同确定大树移栽方案。

(3)与现场技术员共同完成大树移栽工作。

四、实训内容

(一)挖穴

(1)由施工人员负责安排学生用工具，到已定位定点的栽植地进行挖掘。

(2)树穴的形状以正方形或圆形为主，以定点为圆心，树穴的规格根据树木土球大小来确定，一般树穴的直径比规定的土球直径大20~30 cm。

(3)开挖预埋管线沟槽宽度，一般比以定点放线的灰线为中心线向两边拓宽至设计要求沟槽的宽度要宽一些。深度比设计要求的深度要深一点。

(4)挖掘的土一般置于穴的周围或沟槽两边，对挖掘的石块、杂物及不适合种植的土壤进行清理。

(二)施基肥

以有机肥为主。将基肥与挖掘出来的土壤混匀,根据土球高度,回填树穴底部土壤,至穴深与土球高度相同。

(三)栽植

(1)苗木修剪:在栽植前,要及时剪除部分枝叶,修剪时要遵循树木的生态习性,剪除萌枝、病弱枝、徒长枝、重叠枝、过密枝,适当摘除部分叶片。

(2)栽植:将树木放入树穴中,同时把生长势好的一面朝向主要观赏方向,扶直树木后,在树木土球两侧垫少量土以固定土球,填土至树穴一半,用木棒将土球四周的土壤捣实,再继续填土至地面,然后捣实。栽植完成后,做土堰,浇水。栽植后立支架,最后清理栽植现场。

五、实训考核

(1)栽植穴的规格是否符合树木土球的规格。

(2)回填土高度是否符合要求。

(3)大树栽植是否达到设计要求。

六、实训成果

整理、完成大树栽植报告。

任务十一　园林植物物候期观测

一、目的要求

通过观测了解植物的生理机能和形态发生与自然气候之间的关系,为园林植物栽培养护服务,使学生会进行不同植物、不同立地条件的园林植物的物候观测。

二、材料用具

(1)材料:校内或校外的乔木和灌木及草本植物各5种。

(2)用具:标签、记录表、铅笔等。

三、实训方法

(1)实践教师布置园林植物物候观测任务,指导学生学习并掌握物候观测的方法。

(2)学生小组确定物候观测地点、观测植物种类并制订方案。

四、实训内容

(1)确定观测地点:校园内或校园外均可以作为观测地点。

(2)确定观测植物:选择所定校内外观测点上的不同植物,并挂牌做好标记。

(3)观测范围和内容:乔灌木植物从早春萌芽开始,草本植物从出土开始隔日进行观测并做好现场记载,观测时间以下午为好。要连续观测1~2个生长周期。

(4)整理数据及分析。

五、实训考核

(1)对不同观测植物进行准确识别。

(2)物候观测的准确程度。

六、实训成果

(1)将记载情况整理好并填入到物候观测记载表中。

(2)分析比较乔灌木和草本植物的物候期特征。

任务十二　园林植物防寒

一、目的要求

了解园林树木低温危害的症状及防寒意义,掌握园林树木常用的防寒措施及操作技术要点。

二、材料用具

(1)材料:待防寒的园林树木,石灰、水、食盐或石硫合剂。

(2)用具:铁锹、帘子、稻草、桶、刷子、铁丝、钳子等。

三、实训方法

(1)包干:对园林树木用稻草或稻草帘子、塑料布,将树木包卷起来,或直接用草绳将树干一圈接一圈缠绕,直至分枝点或要求的高度。

(2)树干涂白:配制涂白剂,用刷子蘸涂白剂均匀涂抹树干,涂白时要求涂刷均匀,高度一致。

(3)培土:在树木根颈部分堆土,土堆高40~50 cm,直径80~100 cm。堆土时应选疏松的细土,忌用土块。堆后压实,减少透风。或在树木朝北方向,堆向南弯曲的半月形土堆,高度一般40~50 cm(高度依树木大小而定)。

(4)设置风障:在新植树上风方向或四周,搭设高于树体的风障。

(5)积雪、打雪:大雪之后,在树干周围堆雪防寒。对有发生雪压、雪折危害的树种,打掉积雪。

四、实训报告

对当地的园林树木,说明采取的防寒措施。写出实训防寒措施操作过程总结报告。

参考文献

[1] 李承水. 园林树木栽培与养护[M]. 北京:中国农业出版社,2007.
[2] 杜乃正,张凤英. 攀缘植物[M]. 北京:中国林业出版社,1984.
[3] 王鹏,贾志国,冯莎莎. 园林树木移植与整形修剪[M]. 北京:化学工业出版社,2010.
[4] 黄成林,周大跃,徐济中,等. 木本攀缘植物在现代城市垂直绿化中的应用[J]. 安徽农业大学学报,1995(1):48-52.
[5] 王玉华. 中国城市绿化的出路——攀缘绿化[J]. 中国园林,1988(3):24-26.
[6] 杨瑞兴. 垂直绿化与攀缘植物[J]. 中国园林,1986(2):20-21.
[7] 芦建国,等. 园林植物栽培学[M]. 南京:南京大学出版社,2000.
[8] 成海钟. 观赏植物栽培[M]. 北京:中国农业出版社,2000.
[9] 周武忠,等. 园林植物配置[M]. 北京:中国农业出版社,1999.
[10] 陈有民. 园林树木学[M]. 北京:中国林业出版社,1998.
[11] 吴泽民. 园林树木栽培学[M]. 北京:中国农业出版社,2003.
[12] 罗镪. 园林植物栽培与养护[M]. 重庆:重庆大学出版社,2006.
[13] 王秀娟,张兴. 园林植物栽培技术[M]. 北京:化学工业出版社,2007.
[14] 方彦,何国生. 园林植物[M]. 北京:高等教育出版社,2005.
[15] 刘金海. 观赏植物栽培[M]. 北京:高等教育出版社,2005.
[16] 魏岩. 园林植物栽培与养护[M]. 北京:中国科学技术出版社,2003.
[17] 楼炉焕. 观赏树木学[M]. 北京:中国农业出版社,2000.
[18] 王明荣. 中国北方园林树木[M]. 上海:上海科学技术出版社,2004.
[19] 闫永庆. 园林植物生产、应用技术与实训[M]. 北京:中国劳动社会保障出版社,2005.
[20] 祝遵凌,王瑞辉. 园林植物栽培养护[M]. 北京:中国林业出版社,2005.
[21] 卓丽环. 园林树木学[M]. 北京:中国农业出版社,2004.
[22] 卓丽环. 城市园林绿化植物应用指南[M]. 北京:中国林业出版社,2003.
[23] 龚维红,赖九江. 园林树木栽培与养护[M]. 北京:中国电力出版社,2009.
[24] 尤伟忠. 园林树木栽植与养护[M]. 北京:中国劳动社会保障出版社,2009.
[25] 吴丁丁. 园林植物栽培与养护[M]. 北京:中国农业大学出版社,2007.
[26] 张秀英. 园林树木栽培养护学[M]. 北京:高等教育出版社,2005.
[27] 郭学望,包满珠. 园林树木栽植养护学[M]. 2 版. 北京:中国林业出版社,2004.